普通高等教育电子信息类系列教材

移动通信原理与技术

余晓玫　赖小龙　喻　婷　易红薇　编著

机 械 工 业 出 版 社

本书详细介绍了现代移动通信的基本概念、基本原理、基本技术及第二代到第四代移动通信的典型系统及应用，充分反映了当前移动通信的发展现状及技术需求。全书共9章，包括：移动通信概述；移动通信电波传播及损耗模型；编码及调制技术；抗信道衰落技术；组网技术；2G、3G、LTE（4G）移动通信系统；5G移动通信展望等内容。

本书分为两个部分：第1~5章介绍移动通信相关技术；第6~9章介绍系统及原理。本书前后呼应，尽量避免烦琐的公式推导，并注重理论和实践的结合。本书可作为通信工程、电子信息工程及相关专业的本、专科生的专业必修课程教材，也可供从事移动通信行业的技术人员参考。

图书在版编目（CIP）数据

移动通信原理与技术/余晓玫等编著. —北京：机械工业出版社，
2017.8（2023.8重印）

普通高等教育电子信息类系列教材

ISBN 978-7-111-57399-9

Ⅰ.①移…　Ⅱ.①余…　Ⅲ.①移动通信-高等学校-教材　Ⅳ.①TN929.5

中国版本图书馆CIP数据核字（2017）第167877号

机械工业出版社（北京市百万庄大街22号　邮政编码100037）
策划编辑：徐　凡　　　　责任编辑：徐　凡　路乙达
责任校对：刘　岚　王　延　封面设计：张　静
责任印制：邸　敏
北京富资园科技发展有限公司印刷
2023年8月第1版第6次印刷
184mm×260mm · 15印张 · 365千字
标准书号：ISBN 978-7-111-57399-9
定价：35.00元

电话服务　　　　　　　网络服务
客服电话：010-88361066　　机　工　官　网：www.cmpbook.com
　　　　　010-88379833　　机　工　官　博：weibo.com/cmp1952
　　　　　010-68326294　　金　书　网：www.golden-book.com
封底无防伪标均为盗版　机工教育服务网：www.cmpedu.com

前　言

移动通信技术的发展日新月异，特别是随着第四代移动通信技术（4G）在我国的全面推广，移动通信已成为通信行业发展最活跃、最快的领域之一，它给社会带来了深刻的变化，成为备受青睐的通信手段。然而，另一方面，这种快速的变化给教学造成了很大的困难。原有教材中，有些内容已比较陈旧，难以适应教学的要求，需要修订或重新编写。如何编写一本理论与实践相结合并能适应当前变化的教材就显得尤为重要。为此，我们在参考大量教材、专著及文献资料的基础上，结合多年的教学和实践经验，力求以图文并茂的形式，较详细地介绍移动通信的基本原理、相关技术及系统应用，期望编写出一本既能反映当前移动通信展现状，又能符合学生实际需求，理论与实践相结合的教材。因此，本书在编写过程中兼顾了以下几个方面：

1）考虑到应用型本科学生的实际情况，在第1~5章介绍移动通信相关理论、相关技术时，去掉了烦琐的公式推导，浅显易懂地阐明移动通信的基本概念、基本原理和基本技术等内容。

2）考虑到目前移动通信的发展现状，对当前已正式投入商用的第四代移动通信的长期演进（Long Term Evolution，LTE）技术的系统架构、工作原理、关键技术等做了详细介绍，并对未来第五代移动通信技术（5G）的体系架构、关键技术、应用场景进行了展望，突出反映了移动通信的最新研究成果。

3）本书可分为两部分：第一部分（1~5章）介绍移动通信基本理论及相关技术；第二部分（6~9章）介绍系统原理及应用。另外，附录中补充了TD-LTE 4G移动通信实验的相关内容，可供已具备该实验条件的学生参考。

4）充分考虑到教材容量和课程学时的限度，对教材内容的编写安排上主次分明，力争做到精选素材、精心编写，使本书做到篇幅虽小，但覆盖面大。

本书共分为9章：第1、2章讲述了移动通信的基本概念、基本原理及移动信道电波传播理论；第3、4、5章讲述了移动通信的基本技术，包括编码调制技术、抗信道衰落技术及组网技术；第6、7、8章讲述了2G、3G、4G这三代移动通信系统的网络结构、关键技术、主要业务及网络规划等，第9章对5G的网络体系架构、关键技术、应用场景及发展趋势进行了展望。

本书第1、2、4章由余晓玫编写，第3、5章由赖小龙编写，第7、9章由喻婷编写，第6章由易红薇编写，第8章和附录由余晓玫和赖小龙共同编写。全书由余晓玫统稿。

本书在编写过程中参考了大量的书籍资料，并在网络上获取了很多相关资料和素材，在此对它们的作者表示诚挚的感谢。

由于时间仓促、编者水平有限，书中难免存在不妥之处，敬请各位读者批评指正。

编　者

目　　录

第1章 移动通信概述

随着通信行业的发展和科学技术的进步，以手机为代表的移动通信设备已经成为人们日常生活中必不可少的一部分。人们可以用手机打电话、发短信、上网、玩游戏等。可以说，手机已成为人们身边的必需品，并大大改变了人们的生活、学习和工作方式，导致人们对移动通信的依赖性不断增加；同时移动通信设备价格急剧下降至可被普通百姓阶层接受的水平，也有力地促进了移动通信的普及。事实表明，移动通信已经渗透到了海、陆、空等现代社会的各个角落。移动通信有力地促进了人们跨地区乃至国家的信息传输，加速了日益丰富的手机文化的形成。可见，移动通信已成为现代通信领域中至关重要的一部分，因此，学习和研究与此相关的移动通信技术及应用知识已成为通信领域的重要内容。

1.1 移动通信的概念及特点

1.1.1 移动通信的概念

移动通信就是通信双方至少有一方是在运动中（或临时静止状态）实现通信的通信方式，采用的频段遍及低频、中频、高频、甚高频和特高频。移动通信包括海、陆、空移动通信。例如固定体（固定无线电台、有线用户等）与移动体（人、汽车、火车、轮船、飞机、收音机等）之间、移动体与移动体之间的信息交换，都属于移动通信。这里的"信息交换"不仅指双方的通话，还包括数据、电子邮件、传真、图像等通信业务。移动体与移动体之间通信时，必须依靠无线通信技术；而移动体与固定体之间通信时，除了依靠无线通信技术之外，还依赖于有线通信技术，如公用电话网（PSTN）、公用数据网（PDN）和综合业务数字网（ISDN）等。移动通信为人们随时随地、迅速可靠地与通信的另一方进行信息交换提供了可能，满足了现代社会信息交流的迫切需要。

1.1.2 移动通信的特点

相比于其他类型的通信方式，移动通信主要有以下几个特点：

1. 移动性

移动性即要保持物体在移动状态中进行通信，因此必须是无线通信或无线通信与有线通信的结合。

2. 电波传播条件复杂

因移动体可能在各种环境中运动，电磁波在传播时会产生反射、折射、绕射、多普勒效应等现象，从而产生多径干扰、信号传播延迟和展宽等效应。目前，大量应用的移动通信频率范围是在甚高频（VHF，30～300MHz）和特高频（UHF，300～3000MHz）内。该频段的特点是：传播距离在视距范围内，通常为几十千米；天线短，抗干扰能力强；以直射波、反射波、散射波等方式传播，受地形、地物影响很大，如在移动通信应用面很广的城市中，高楼林立、高低不平、疏密不同、地物形状各异，这些都使移动通信传播路径进一步复杂化，并导致其传输特性变化十分剧烈。

3. 噪声和干扰严重

移动台受到的噪声干扰主要来自在城市环境中的汽车火花噪声、各种工业噪声等，而对风、雨、雪等自然噪声，由于频率较低，对移动台影响较小，因此可以忽略。

移动用户之间的干扰主要有互调干扰、邻道干扰、同频干扰、多址干扰以及近地无用强信号对远地有用信号产生的干扰。所以，在移动通信系统设计中，抗干扰措施就显得至关重要。

4. 系统和网络结构复杂

因为移动通信系统是一个多用户通信系统和网络，因此必须使用户之间互不干扰，能协调一致地工作。此外，移动通信系统还应与市话网、卫星通信网、数据网等互连，在入网和计费方式上也有特殊要求，所以整个移动通信网络结构是很复杂的。

5. 要求频带利用率高、移动设备性能好

无线电频谱是一种特殊的、有限的自然资源。尽管电磁波的频谱很宽，但作为无线通信使用的资源仍然是有限的，特别是随着移动通信业务量需求与日俱增，如何提高频谱利用率以增加系统容量，始终是移动通信发展中的焦点。

另外，移动设备长期处于移动状态，外界的影响很难预料，这就要求移动设备具有很强的适应能力，还要求其性能稳定可靠、体积小、重量轻、省电、操作简单和携带方便等。

1.2 移动通信发展概况

1.2.1 移动通信的发展历史

移动通信从无线电通信发明之日就产生了。1897 年，M·G·马可尼所完成的无线通信试验就是在固定站与一艘拖船之间进行的，距离为 18 海里。

现代移动通信技术的发展始于 20 世纪 20 年代，大致经历了以下几个发展阶段。

第一阶段：20 世纪 20 年代至 40 年代初期为早期发展阶段。在此期间，首先在短波几个频段上开发出专用移动通信系统，其代表是美国底特律市警察使用的车载无线电系统。该系统工作频率为 2MHz，到 40 年代提高到 30～40MHz，可以认为这个阶段是现代移动通信的起步阶段，特点是专用系统开发，工作频率较低。

第二阶段：20 世纪 40 年代中期至 60 年代初期。在此期间，公用移动通信业务问世。1946 年，根据美国联邦通信委员会（FCC）的计划，贝尔系统在圣路易斯城建立了世界上第一个公用汽车电话网，称为"城市系统"。当时使用三个频道，间隔为 120kHz，通信方式为单工，随后，西德（1950 年）、法国（1956 年）、英国（1959 年）等国相继研制了公用移动电话系统。美国贝尔实验室完成了人工交换系统的接续问题。这一阶段的特点是从专用移动网向公用移动网过渡，接续方式为人工，网的容量较小。

第三阶段：20 世纪 60 年代中期至 70 年代中期。在此期间，美国推出了改进型移动电话系统（IMTS），使用 150MHz 和 450MHz 频段，采用大区制、中小容量，实现了无线频道自动选择并能够自动接续到公用电话网。西德也推出了具有相同技术水平的 B 网。可以说，这一阶段是移动通信系统改进与完善的阶段，其特点是采用大区制、中小容量，使用450MHz 频段，实现了自动选频与自动接续。

第四阶段：20 世纪 70 年代中期至 80 年代中期是移动通信蓬勃发展时期。1978 年底，美国贝尔试验室研制成功先进移动电话系统（AMPS），建立了蜂窝状移动通信网，大大提高了系统容量。1983 年，蜂窝状移动通信网首次在芝加哥投入商用。同年 12 月，在华盛顿也开始启用。之后，其服务区域在美国逐渐扩大，到 1985 年 3 月已扩展到 47 个地区，约 10 万移动用户。其他工业化国家也相继开发出蜂窝式公用移动通信网。日本于 1979 年推出800MHz 汽车电话系统（HAMTS），在东京、神户等地投入商用。西德于 1984 年完成 C 网，频段为 450MHz。英国在 1985 年开发出全入网通信系统（TACS），首先在伦敦投入使用，以后覆盖了全国，频段为 900MHz。法国开发出 450 系统。加拿大推出 450MHz 移动电话系统MTS。瑞典等北欧四国于 1980 年开发出 NMT－450 移动通信网，并投入使用，频段为450MHz。这一阶段的特点是蜂窝状移动通信网成为实用系统，并在世界各地迅速发展。移动通信大发展的原因，除了用户要求迅猛增加这一主要推动力之外，还有其他几方面技术的发展所提供的条件。首先，微电子技术在这一时期得到长足发展，使得通信设备的小型化、微型化有了可能性，各种轻便电台被不断推出。其次，提出并形成了移动通信新体制。随着用户数量增加，大区制所能提供的容量很快饱和，这就必须探索新体制。在这方面最重要的突破是贝尔试验室在 20 世纪 70 年代提出的蜂窝网的概念。蜂窝网（即小区制）实现了频率再用，大大提高了系统容量。可以说，蜂窝概念真正解决了公用移动通信系统要求容量大与频率资源有限的矛盾。第三，随着大规模集成电路的发展而出现的微处理器技术的日趋成熟以及计算机技术的迅猛发展，为大型通信网的管理与控制提供了技术手段。

第五阶段：20 世纪 80 年代中期至 90 年代初期是数字移动通信系统发展和成熟时期。以 AMPS 和 TACS 为代表的第一代蜂窝移动通信网是模拟系统。模拟蜂窝网虽然取得了很大成功，但也暴露了一些问题。例如，频谱利用率低，移动设备复杂，费用较贵，业务种类受限制以及通话易被窃听等，最主要的问题是其容量已不能满足日益增长的移动用户需求。解决这些问题的方法是开发新一代数字蜂窝移动通信系统。数字无线传输的频谱利用率高，可大大提高系统容量。另外，数字网能提供语音、数据多种业务服务，并与综合业务数字网（ISDN）等兼容。实际上，早在 20 世纪 70 年代后期，当模拟蜂窝系统还处于开发阶段时，一些发达国家就着手数字蜂窝移动通信系统的研究。到 20 世纪 80 年代中期，欧洲首先推出了泛欧数字移动通信网（GSM）的体系。随后，美国和日本也制定了各自的数字移动通信体制。GSM 已于 1991 年 7 月开始投入商用，并很快在世界范围内获得了广泛认可，成为具有现代网络特征的通用数字蜂窝系统。由于美国的第一代模拟蜂窝系统尚能满足当时的市场需求，所以美国数字蜂窝系统的实现晚于欧洲。为了扩展容量，实现与模拟系统的兼容，1991 年，美国推出了第一套数字蜂窝系统（UCDC，又称 D－AMPS），UCDC 标准是美国电子工业协会（EIA）的数字蜂窝暂行标准，即 IS－54，它提供的容量是 AMPS 的 3 倍。1995年，美国电信工业协会（TIA）正式颁布了窄带 CDMA（N－CDMA）标准，即 IS－95A 标准。IS－95A 系统是美国第二套数字蜂窝系统。随着 IS－95A 的进一步发展，TIA 于 1998 年制定了新的标准 IS－95B。另外，还有 1993 年日本推出的采用 TDMA 多址方式的太平洋数字蜂窝（PDC）系统。

第六阶段：从 20 世纪 90 年代中期至 21 世纪初。围绕对第三代移动通信进行的大量讨论，1996 年底国际电信联盟（ITU）确定了第三代移动通信系统的基本框架，当时称为未来公众陆地移动通信系统（Future Public Land Mobile Telecommunication System，FPLMTS），1996 年更名为 IMT-2000（International Mobile Telecommunication-2000），意即该系统在 2000 年左右投入商用，工作在 2000MHz 频段，最高业务速率可达 2000kbit/s，主要体制有 WCDMA（Wideband CDMA，宽带码分多址）、CDMA2000 和 TD-SCDMA（Time Division-Synchronous CDMA，时分同步码分多址）。1999 年 11 月 5 日，国际电联 ITU-R TG8/1 第 18 次会议通过了"IMT-2000 无线接口技术规范"建议，其中我国提出的 TD-SCDMA 技术写在了第三代无线接口规范建议的 IMT-2000 CDMA TDD 部分中。

与之前的 1G 和 2G 相比，3G 拥有更宽的带宽，其传输速度最低为 384kbit/s，最高为 2Mbit/s，带宽可达 5MHz 以上。3G 不仅能传输话音，还能传输数据，从而提供快捷、方便的无线应用，如无线接入 Internet。能够实现高速数据传输和宽带多媒体服务是 3G 的一个主要特点。另外，3G 网络能将高速移动接入和基于互联网协议的服务结合起来，提高无线频率利用效率。并能提供包括卫星在内的全球覆盖，实现有线和无线以及不同无线网络之间业务的无缝连接，还能满足多媒体业务的要求，从而为用户提供更经济、内容更丰富的无线通信服务。

3G 的发展也可分为两个阶段，第一阶段为早期阶段，语音传输在原有的以"电路交换"为基础的网络上继续运行，而数据传输则在新部署的以"IP（Internet Protocol）分组交换"为核心的网络上运行。第二阶段为下一代网络（Next Generation Network，NGN）阶段，完全基于"IP 分组交换"，电路交换网络被淘汰，而基于 IP 的语音传输可以完全实现免费，运营商的主要收入来自数据业务的服务，而不是像现在这样收入主要来自语音服务。不论技术标准如何竞争，市场如何发展，基本的发展方向是"无线"+"IP"+"高速"+"无缝漫游"。当下的一些语音服务，如德国的 Skype 的语音服务就是基于当下的 IP 分组交换进行的。

1.2.2　我国移动通信的发展

我国的移动通信电话业务发展始于 1981 年，当时采用的是早期 150MHz 系统，8 个信道，能容纳的用户数只有 20 个。随后相继发展的有 450MHz 系统，如重庆市电信局首期建设的诺瓦特系统、河南省交通厅建成的 MAT-A 系统等。1987 年，我国在上海首次开通了 TACS 制式的 900MHz 模拟蜂窝移动电话系统。1994 年 9 月，广东省首先建成了 GSM 数字移动通信网，初期容量为 5 万户，于同年 10 月试运行。1996 年，我国研制出自己的数字蜂窝系统全套样机，完成了接入公众网的运行试验，并逐步实现了产业化开发。1996 年 12 月，广州建起我国第一个 CDMA 试验网。1997 年 10 月，广州、上海、西安、北京四个城市通过了 CDMA 试验网漫游测试，同年 11 月，北京试验点向社会开放。2005 年 6 月，我国完成了 WCDMA、CDMA2000 和 TD-SCDMA 三大系统的网络测试，为商用化做好了准备。2009 年 1 月，工业与信息化部正式向中国移动、中国联通和中国电信三大运营商发放 3G 牌照，标志着中国正式进入 3G 时代。

在过去的二十年，我国移动通信技术和产业取得了举世瞩目的成就。我国主导的 TD-SCDMA 成为三个国际主流 3G 标准之一，2012 年我国主导的 TD-LTE-Advanced 技术成为国际上两个 4G 主流标准之一，我国实现了移动通信技术从追赶到引领的跨越发展，成为世界上移动通信领域有重要话语权的国家;以华为、中兴等为代表的我国的移动通信企业,已经形成了移动通信设备和系统的产业链,产品在全球的市场份额位居世界前列,我国移动通信产业已经具有较强的国际竞争力。

2013 年 12 月,工信部向中国移动、中国电信、中国联通颁发 TD - LTE 的 4G 牌照。2015 年 2 月,工信部正式向中国电信和中国联通发放 FDD 制式的 4G 牌照。至此,移动互联网的网速在我国达到了一个全新的高度,国内三家运营商大规模开展 4G 业务。如今,2G、3G 和 4G 移动通信技术共同存在,4G 通信技术更是逐渐将 3G 和 2G 技术取代,成为人们应用的主要通信技术。中国移动已成为全球 4G 网络规模和用户最大的电信运营商。据最新数据统计,截止 2016 年底,我国 4G 用户约为 7.5 亿,占移动电话用户的 58%,全面超越 2G、3G 用户;我国 4G 用户规模占全球 4G 用户总数的 45%,超过美国和欧洲之和,实现后发赶超。在国家政策的支持及利益的驱动下,我国 4G 用户数量还会继续快速增长,而3G 和 2G 用户的数量则将进一步减少。

1.2.3 移动通信的发展趋势

移动通信的发展速度令人震惊。据统计,2006 年 9 月,全球移动电话数已超过 27 亿。移动通信行业在全球达到第一个 10 亿用户经过了 20 年,而达到第二个 10 亿用户仅仅经历了 3 年时间。而从 2005 年底到 2006 年底短短一年的时间,全球新增移动用户数量就高达 5 亿。固定电话用户数持续呈逐年下降的趋势,2009 年 7 月,全球固定用户数仅占移动电话用户数的 1/4。目前,全球手机用户已超 60 亿,移动互联网流量已达互联网总流量的 10%,移动通信和移动互联网的快速发展,正在对人们的生产和生活方式带来显著的变化。

虽然 3G 系统在许多国家得到大规模商业应用,但另一方面宽带无线接入技术从固定向移动化发展,形成了与移动通信技术竞争的局面。为应对“宽带接入移动化”的挑战,同时为了满足新型业务需求,2004 年底第三代合作伙伴项目(3rd Generation Partnership Project,3GPP)组织启动了长期演进(Long Term Evolution,LTE)的标准化工作。LTE 致力于进一步改进和增强现有 3G 技术的性能,以提供更快的分组速率、频谱效率以及更低的延迟。在推动 3G 系统产业化的同时,世界各国已把研究重点转入后三代/第四代(B3G/4G)移动通信系统。可以称之为移动通信发展的第七阶段。2005 年 10 月,国际电信联盟正式将B3G/4G 移动通信技术命名为 IMT - Advanced(International Mobile Telecommunication - Advanced)。IMT - Advanced 技术需要实现更高的数据传输速率和更大的系统容量,在低速移动、热点覆盖场景下数据传输速率可达到 100 ~ 1000Mbit/s,在高速移动情况下数据速率可达到 20 ~ 100Mbit/s。4G 集 3G 与 WLAN 于一体,并能够传输高质量视频图像,它的图像传输质量与高清晰度电视不相上下。4G 系统能够满足几乎所有用户对于无线服务的要求。而在用户最为关注的价格方面,4G 与固定宽带网络在价格方面不相上下,而且计费方式更加灵活机动,用户完全可以根据自身的需求确定所需的服务。此外,4G 可以在 DSL 和有线电视调制解调器没有覆盖的地方部署,然后再扩展到整个地区。很明显,4G 有着不可比拟的优越性。

当 4G 正在如火如荼地开展时,5G 已经提上了日程。如今,世界上的各个国家正在对5G 移动通信系统的应用需求、发展愿景、候选频段等各个方面开展相关的研讨活动,并在2016 年左右启动标准化的进程。5G 移动通信系统的首要推动力就是移动互联网的飞速发展，移动互联网不久便会成为各种各样新兴业务发展的基础，现有的各种互联网业务将会更多地利用无线向客户提供，云计算和后台的服务等技术的应用将会在传输质量和系统容量上面向5G通信系统提出更高层次的要求。5G移动通信系统的发展目标就是和其他的无线移动通信技术进行密切衔接，为互联网的发展带来基础性的业务方面的能力。

从技术角度看，移动通信将向宽带化、分组化、智能化、业务多样化和融合化的方向发展。可以预见，未来移动通信系统将提供全球性的优质服务，真正实现4W的目标，即任何时间（Whenever）、任何地点（Wherever）、向任何人（Whoever）提供任何种类（Whatever）的移动通信。

1.3 移动通信的分类及工作方式

1.3.1 移动通信的分类

移动通信按照不同的分类准则有以下多种分类方法：

1）按使用对象分为民用通信和军用通信。两者在技术和结构上有相同或相似之处，但所用的网络不同，加密程度不同，甚至通信协议都不是国际通用的。民用是"中国移动""中国联通""中国电信"等公用网络；而军用是专用网络，加密程度很高。

2）按使用环境分为陆地通信、海上通信和空中通信。在陆地、海上和空中不同的环境中，由于无线信道传播条件不同，使得采用的技术、方式和系统结构也有所不同。

3）按多址方式可分为频分多址（FDMA）、时分多址（TDMA）和码分多址（CDMA）。采用不同的多址方式对系统容量的影响也不同。

4）按覆盖范围分为广域网、城域网、局域网和个域网。

5）按业务类型分为电话网、数据网和综合业务数字网。

6）按工作方式分为单工、双工和半双工方式。现代公共移动通信系统均采用双工方式，一些小型的专用系统仍采用单工方式。

7）按服务范围分为专用网和公用网。专用通信网为一个或几个部门所拥有，它只为拥有者提供服务，这种网络不向拥有者以外的人提供服务。例如军队、铁路、电力等系统均有本系统的专用网络。公用网对所有的人提供服务，公众只要付费就可以接入使用，也就是说它是为全社会所有的人提供服务的网络。目前公用网构成了移动通信的主要部分。

8）按信号形式分为模拟网和数字网。模拟移动通信网络的无线传输采用模拟通信技术，而数字移动通信网络的无线传输采用数字通信技术。第一代蜂窝移动通信网是模拟网，第二代和第三代蜂窝移动通信网都是数字网。

1.3.2 移动通信的工作方式

移动通信的传输方式分为单向传输和双向传输。单向传输只用于无线电寻呼系统；双向传输有单工、双工和半双工三种工作方式。

1. 单工通信

单工通信是指通信双方电台交替地进行收信和发信。单工通信通常用于点到点通信，如图1.1所示。根据收、发频率的异同，分为同频单工和异频单工。

同频单工通信是指通信双方（如图 1.1 中的电台甲和电台乙）使用相同的频率 f_1 工作，发送时不接收，接收时不发送。当电台甲要发话时，它就按下其送受话器的按讲开关（PTT），一方面关掉接收机，另一方面将天线接至发射机的输出端，接通发射机开始工作。当确知

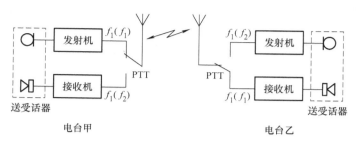

图 1.1　单工通信

电台乙接收到载频为 f_1 的信号时，即可进行信息传输。同样，电台乙向电台甲传输信息也使用载频 f_1。

同频单工工作的收发信机是轮流工作的，收发天线和发射机、接收机中的某些电路可以共用，所以电台设备简单、省电。但这种工作方式只允许一方发送时另一方接收。例如，在甲方发送期间，乙方只能接收而无法应答，这时即使乙方启动其发射机也无法通知甲方使其停止发送。另外，任何一方发话完毕时，必须立即松开其按讲开关，否则接收不到对方发来的信号。

异频单工通信是指收发信机使用两个不同的频率分别进行发送和接收。例如，电台甲的发射频率和电台乙的接收频率为 f_1，电台乙的发射频率和电台甲的接收频率为 f_2。不过，同一部电台的发射机与接收机还是轮换进行工作的。

2. 双工通信

双工通信是指通信双方可同时进行消息传输的工作方式，亦称全双工通信，如图 1.2 所示。双工通信分为频分双工（FDD）和时分双工（TDD）。图 1.2 中，基站的发射机和接收机各使用一副天线，而移动台通过双工器共用一副天线。双工通信一般使用一对频道，

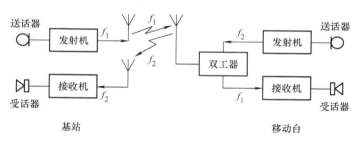

图 1.2　双工通信

以实现频分双工（FDD）的工作方式。这种工作方式使用方便，同普通有线电话相似，接收和发射可同时进行。但是，在电台的运行过程中，不管是否发话，发射机总是工作的，所以电源消耗大，这对用电池作电源的移动台而言是不利的。为解决这个问题，在一些简易通信设备中可以采用半双工通信。

3. 半双工通信

半双工通信是指移动台采用单工方式，基站采用双工方式的通信方式，如图 1.3 所示。该方式主要用于解决双工方式耗电大的问题，其组成与图 1.2 相似，差别在于移动台不采用双工器，而是按讲开关使发射机工

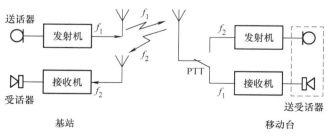

图 1.3　半双工通信

作，而基站的接收机总是工作的。基站工作情况与双工方式完全相同。

1.4 移动通信采用的基本技术

移动通信的基本技术包括调制技术、电波传播技术、多址技术、抗干扰技术、组网技术等。

1.4.1 调制技术

第二代移动通信是数字移动通信，数字调制技术是其关键技术之一。对数字调制技术的主要要求有四点：

1）已调信号的频谱窄和带外衰减快。

2）易于采用相干或非相干解调。

3）抗噪声和抗干扰的能力强。

4）适宜在衰落信道中传输。

数字调制的基本类型分为振幅键控（ASK）、频移键控（FSK）和相移键控（PSK）。此外，还有许多由基本调制类型改进或综合而获得的新型调制技术。

在实际应用中，有两类用得最多的数字调制技术：

1）线性调制技术，包括 PSK、四相相移键控（QPSK）、差分相移键控（DQPSK）、交错四相相移键控（OQPSK）、$\pi/4 - DQPSK$ 和多电平 PSK 等。这类调制技术会增大移动设备的制造难度和成本，但是可获得较高的频谱利用率。

2）恒定包络（连续相位）调制技术，包括最小频移键控（MSK）、高斯滤波最小频移键控（GMSK）、高斯频移键控（GFSK）和平滑调频（TFM）等。这类调制技术的优点是已调信号具有相对窄的功率谱和对放大设备没有线性要求，不足之处是其频谱利用率通常低于线性调制技术。

1.4.2 移动信道中电波传播特性的研究

移动信道的传播特性对移动通信技术的研究、规划和设计十分重要，是人们历来非常关注的研究课题。在移动信道中，接收机收到的信号受到传播环境中地形、地物的影响而产生绕射、反射或散射，从而形成多径传播。多径传播使接收端的合成信号在幅度、相位和到达时间上均发生随机变化，严重降低接收信号的传输质量，这种现象称为多径衰落。

研究移动信道的传播特性，首先要弄清移动信道的传播规律和各种物理现象的产生机理以及这些现象对信号传输所产生的不良影响，进而研究消除各种不良影响的对策。为了给通信系统的规划和设计提供依据，人们通常采用理论分析或根据实测数据进行的统计分析（或二者结合）的方法，来总结和建立有普遍性的数学模型。利用这些模型，估算一些传播环境中的传播损耗和其他有关的传播参数。

理论分析方法：通常用射线表示电磁波束的传播，在确定收发天线的高度、位置和周围环境的具体特征后，根据直射、折射、反射、散射、透射等波动现象，用电磁波理论计算电波传播的路径损耗及有关信道参数。

实测分析方法：在典型的传播环境中进行现场测试，并用计算机对大量实测数据进行统计分析，建立预测模型（如冲击响应模型），进行传播预测。

不管采用哪种分析方法得到结果，在进行信道预测时，其准确程度都与预测环境有关。由于移动通信的传播环境十分复杂，因此很难用一种或几种模型来表征不同地区的传播特性。通常每种预测模型都是根据某一特定传播环境总结出来的，有其局限性，所以选用时应注意其适用范围。

1.4.3　多址方式

多址方式的基本类型有频分多址（FDMA）、时分多址（TDMA）和码分多址（CDMA）。实际中，常用到三种基本多址方式的混合多址方式，比如 FDMA/TDMA、FDMA/CDMA、TDMA/CDMA 等。随着数据业务需求的日益增长，随机多址方式（如 ALOHA 和 CSMA）等也日益得到广泛应用。其中，也包括固定多址和随机多址的综合应用。

选择什么样的多址方式取决于通信系统的应用环境和要求。对移动通信网络而言，由于用户数和通信业务量的激增，一个突出的问题就是在通信资源有限的条件下，如何提高通信系统的容量。因此采用什么样的多址方式更有利于提高通信系统的容量，一直是人们非常关心的问题，也是当前研究和开发移动通信技术的热门课题。

1.4.4　抗干扰措施

抗干扰技术是无线电通信的重点研究课题。在移动信道中，除存在大量的环境噪声和干扰外，还存在大量电台产生的干扰（邻道干扰、共道干扰和互调干扰）。因此，在设计、开发和生产移动通信网络时，必须预计到网络运行环境中可能存在的各种干扰强度，采取有效措施，使干扰电平和有用信号相比不超过预定的门限值或者传输差错率不超过预定的数量级，以保证网络正常运行。

移动通信系统中采用的抗干扰措施主要有五类：

1）利用信道编码进行检错和纠错［包括前向纠错（FEC）和自动请求重传（ARQ）］是降低通信传输的差错率、保证通信质量和可靠性的有效手段。

2）为克服由多径干扰所引起的多径衰落，广泛采用分集技术（空间分集、频率分集、时间分集、Rake 接收技术等）、自适应均衡技术和选用具有抗码间干扰和时延扩展能力的调制技术（多电平调制、多载波调制等）。

3）为提高通信系统的综合抗干扰能力而采用扩频和跳频技术。

4）为减少蜂窝网络中的共道干扰而采用扇区天线、多波束天线和自适应天线阵列等。

5）在 CDMA 通信系统中，为了减少多址干扰而使用干扰抵消和多用户信号检测器技术。

1.4.5　组网技术

1. 网络结构

在通信网络的总体规划和设计中必须解决的一个问题是：为了满足运行环境、业务类型、用户数量和覆盖范围等要求，通信网络应该设置哪些基本组成部分［移动台（MS）、基站（BS）、移动交换中心（MSC）、网络控制中心、操作维护中心（OMC）等］以及怎样部署这些组成部分，才能构成一种实用的网络结构。数字蜂窝通信系统的网络结构如图1.4所示。

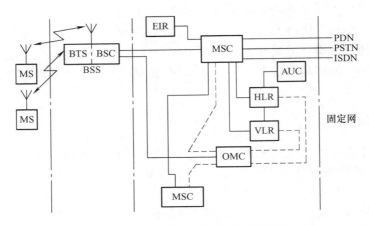

图 1.4　数字蜂窝通信系统的网络结构

MS—移动台　BTS—基站收发信台　BSC—基站控制台　BSS—基站子系统　EIR—移动设备识别寄存器
MSC—移动业务交换中心　AUC—鉴权中心　HLR—归属位置寄存器　VLR—访问位置寄存器
OMC—操作维护中心　PDN—公用数据网　PSTN—公用电话交换网　ISDN—综合业务数字网

2. 网络接口

移动通信网络由许多功能实体组成。在用这些功能实体进行网络部署时，为了相互之间交换信息，相关功能实体之间都要用接口进行连接。同一通信网络的接口，必须符合统一的接口规范。数字蜂窝移动通信系统（GSM）的接口和接口协议模型分别如图 1.5 和图 1.6 所示。

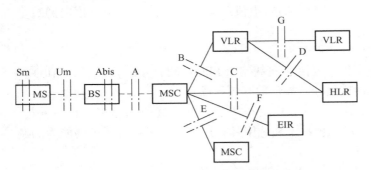

	连接管理(CM)
L₃	移动管理(MM)
	无线资源管理(RRM)
L₂	数据链路层
L₁	物理层

图 1.5　GSM 系统的接口　　　　图 1.6　GSM 的无线接口协议模型

图 1.5 中，Sm、Um、Abis、A、B、C、D、E、F、G 均为接口。图 1.6 中，L_1 是物理层，为高层信息传输提供无线信道，能支持在物理媒介上传输信息所需要的全部功能，如频率配置、信道划分、传输定时、比特或时隙同步、功率设定、调制和解调等；L_2 是数据链路层，向第三层提供服务，并接受第一层的服务，其主要功能是为网络层（L_3）提供必需的数据传输结构，并对数据传输进行控制；L_3 是网络层，其主要功能是进行连接管理，控制呼叫过程，支持附加业务和短消息业务，以及进行移动管理和无线资源管理等。

3. 网络的控制与管理

当某一移动用户向另一移动用户（或有线用户）发起呼叫或某一有线用户呼叫（移动用户）时，移动通信网络就要按照预定的程序开始运转。这一过程中涉及基站、移动台、

10

移动交换中心、各种数据库以及网络的各个接口等功能部件。网络需要为用户呼叫配置所需的信道（控制信道和业务信道），指定和控制发射机的功率，进行设备和用户的识别与鉴权，完成无线链路和地面线路的连接与交换，在主呼用户和被呼用户之间建立起通信链路以提供通信服务。这一过程称为呼叫接续过程，提供移动通信系统的连接控制（或管理）功能。无线资源管理是网络控制与管理的重要功能，其目的是在保证通信质量的前提下，尽可能提高通信系统的频谱利用率和通信容量。无线资源管理通常采用动态信道分配（DCA）法，即根据当前用户周围的业务分布和干扰状态，选择最佳的信道分配给通信用户使用。显然，这一过程既要在用户的常规呼叫时完成，也要在用户越区切换的通信过程中迅速完成。

网络控制和管理功能均由网络系统的整体操作实现，每一过程均涉及各个功能实体的相互支持和协调配合。为此，网络系统必须为这些功能实体规定明确的操作程序、控制规程和信令格式。

1.5　移动通信的典型应用系统

移动通信系统形式多样，已经发展成熟的常用移动通信系统包括集群移动通信系统、卫星移动通信系统、无线局域网、蜂窝移动通信系统。

1. 集群移动通信系统

集群系统是一种专用高级移动调度系统，由控制中心、基站、调度台、移动台组成。最简单的调度通信网是由若干个使用同一频率的移动电台组成，其中一个移动台充当调度台，用广播方式向所有其他的移动台发送消息，以进行指挥与控制。该系统对网中的不同用户常常赋予不同的优先等级，适用于在各个行业中（和几个行业合用）进行调度和指挥。比如，集群移动通信可用于部队、公安、消防、交通、防汛、电力、铁道、金融等部门作分组调度使用。

集群移动通信使用多个无线信道为众多的用户服务，就是将有线电话中继线的工作方式运用到无线电通信系统中，把有限的信道动态地、自动地、迅速地和最佳地分配给整个系统的所有用户，以便在最大程度上利用整个系统的信道的频率资源。它运用交换技术和计算机技术，为系统的全部用户提供了很强的分组能力。可以说，集群移动通信系统是一种特殊的用户程控交换机。我国最早引进集群移动通信系统的城市是上海。后来，北京、天津、广东、沈阳等地相继开发了集群移动通信业务。

2. 无线寻呼系统

无线寻呼系统是一种不用语音的单向选择呼叫系统。其接收端是多个可以由用户携带的高灵敏度收信机（称作袖珍铃），俗称"BB 机"。它在收信机收到呼叫时，就会自动振铃、显示数码或汉字，向用户传递特定的信息。可看做有线电话网中呼叫振铃功能的无线延伸或扩展。

无线寻呼系统可分为专用系统和公用系统两大类。专用系统由用户交换机、寻呼中心、发射台及寻呼接收机组成，多采用人工方式。一般在操作台旁有一部有线电话。当操作员收到有线用户呼叫某一袖珍铃时，即进行接续、编码，然后经编码器送到无线发射机进行呼叫；袖珍铃收到呼叫后就自动振铃。公用系统由与公用电话网相连接的无线寻呼控制中心、寻呼发射台及寻呼接收机组成，多采用人工和自动两种方式。

由于无线寻呼系统受蜂窝移动通信网短信业务的冲击，因此目前公用无线寻呼业务已经停止。

3. 无绳电话通信系统

无绳电话最初是应有线电话用户的需求而诞生的，初期主要应用于家庭。这种无绳电话系统十分简单，只有一个与有线电话用户线相连接的基站和随身携带的手机，基站与手机之间利用无线电沟通，故而得名。

后来，无绳电话很快得到商业应用，并由室内走向室外，诞生了欧洲数字无绳电话系统（DECT）、日本的个人手持电话系统（PHS）、美国的个人接入通信系统（PACS）和我国开发的个人通信接入系统（PAS）等多种数字无绳电话通信系统。无绳电话系统适用于低速移动、较小范围内的移动通信。

以上提到的 PAS 俗称为"小灵通系统"。它是在日本 PHS 基础上改进的一种无线市话系统，充分利用已有的固定电话网络交换、传输等资源，以无线方式为在一定范围内移动的手机提供通信服务，是固定电话网的补充和延伸。小灵通系统主要由基站控制器、基站和手机组成，基站散布在办公楼、居民楼之间，以及火车站、机场、繁华街道、商业中心、交通要道等，形成一种微蜂窝或微微蜂窝覆盖。

"小灵通系统"作为以有线电话网为依托的移动通信方式，在我国曾经得到很好的发展。但由于 PHS 所存在的基站覆盖范围有限、信号穿透能力不强（室内使用效果差）、越区切换导致通话断断续续等缺陷，加上移动通信行业的竞争，"小灵通"最终退出了市场。

4. 卫星移动通信系统

卫星移动通信系统是利用卫星中继，在海上、空中和地形复杂而人口稀疏的地区实现的移动通信系统。20 世纪 80 年代末以来，以手机为移动终端的卫星移动通信系统纷纷涌现，其中美国摩托罗拉公司提出的铱星（IRIDIUM）系统是最具代表性的系统。铱星系统是世界是第一个投入使用的大型低地球轨道（LEO）的卫星通信系统，它由距地面 785km 的 66 颗卫星、地面控制设备、关口站和用户端组成。尽管铱星系统技术最先进、星座规模最大、投资最多、建设速度最快，占尽了市场先机，但遗憾的是，由于其手机价格和话费昂贵、用户少、运营成本高，使得运营铱星系统的公司入不敷出，被迫于 2000 年 3 月破产。

除此之外，成功商用化的典型移动卫星通信系统有美国休斯公司的 Spaceway（宽带多媒体卫星通信系统），国际海事卫星组织（IMARSAT）的 IMARSAT－P（属于低轨道卫星移动通信系统），美国的 RITIUM 系统和 CELSAT 系统（属于同步轨道卫星通信系统）、日本的 COMETS（通信广播工程试验卫星）等。

卫星移动通信系统覆盖广、通信距离远、不受地理环境限制、话音质量优，能解决人口稀少、通信不发达地区的移动通信服务，是全球个人通信的重要组成部分。但是它的服务费用较高，传输速率低，目前还无法代替地面蜂窝移动通信系统。

5. 无线局域网

无线局域网（Wireless Local Area Networks，WLAN）利用无线技术在空中传输数据、话音和视频信号。作为传统布线网络的一种替代方案或延伸，无线局域网把个人从办公桌边解放了出来，使他们可以随时随地获取信息，提高了员工的办公效率。

WLAN 是无线通信的一个重要领域，它支持小范围、低速的游牧移动通信。IEEE802.11、802.11a/802.11b 以及 802.11g 等标准已相继出台，为无线局域网提供了完整的解决方案和标准。现在，只要给笔记本电脑装上一张网卡，不管是在酒店咖啡馆的走廊里，还是出差在外地的机场等候飞机，都可以摆脱线缆实现无线宽频上网，甚至可以在遥远的外地进入自己公司的内部局域网进行办公处理或者给你的下属发出电子指令。这种看似遥不可及的梦想，其实已悄悄走进大众的生活。

目前 WLAN 常直接称为 Wi-Fi（Wireless Fidelity）网络。Wi-Fi 是 WLAN 的众标准之一，俗称无线宽带。它是一种可以将个人电脑、手持设备（手机、平板电脑）等以无线方式相互连接的技术。用户只需要打开 Wi-Fi，就可以方便地进行网页浏览、语音聊天、网络视频，观看网络电视节目等。

随着需求的增长和技术的发展，无线局域网的移动性增强，已在解决人口密集区的移动数据传输问题上显现出优势，成为移动通信一个重要组成部分。

6. 蜂窝移动通信系统

蜂窝移动通信系统也叫"小区制"系统。是将所有要覆盖的地区划分为若干个小区，每个小区的半径可视用户的分布密度在 1 ~ 10km 左右。在每个小区设立一个基站为本小区范围内的用户服务。小区的大小可根据容量和应用环境决定。

蜂窝移动通信系统适用于全自动拨号、全双工工作、大容量公用移动陆地网组网，可与公用电话网中任何一级交换中心相连接，实现移动用户与本地电话网用户、长途电话网用户及国际电话网用户的通话接续。这种系统具有越区切换、自动或人工漫游、计费及业务量统计等功能。

蜂窝移动通信的迅猛发展奠定了移动通信乃至无线通信在当今通信领域的重要地位。

思考与练习题

1. 什么是移动通信？与有线通信相比，移动通信有哪些特点？
2. 简述移动通信的发展过程和发展趋势。
3. 移动通信有哪几种工作方式？各有何特点？
4. 移动通信中采用了哪些基本技术？
5. 移动通信系统由哪几部分组成？移动台之间是如何进行通信的？
6. 常用的移动通信系统有哪些？

第2章　移动通信电波传播及损耗模型

移动通信的首要问题就是研究电波的传播特性，掌握移动通信电波传播特性对移动通信无线传输技术的研究、开发和移动通信的系统设计具有十分重要的意义。对移动无线电波传播特性的研究就是对移动信道特性的研究。移动信道的基本特性就是衰落特性，包括多径衰落和阴影衰落。这种衰落特性取决于无线电波的传播环境，不同的传播环境，其传播特性也不尽相同，而传播环境的复杂，就导致了移动信道特性十分复杂。本章主要介绍了移动通信电波传播的基本概念和原理以及常用的几种传播预测模型。

2.1　无线电波传播的基本特性

2.1.1　概况

移动通信信道是移动用户在各种环境中进行通信时的无线电波传播通道。电波的传播特性是研究任何无线通信系统的首要问题。对移动信道的研究构成了移动通信系统开发和设计的理论基础。

移动通信信道是各种通信信道中最复杂的一种。例如，模拟有线信道的信噪比约为46 dB，波动范围通常是1~2dB。与此对应，陆地移动通信信道中信号强度更低，即衰落深度为30 dB。在城市环境中，一辆快速行驶车辆上的移动台的接收信号在1s之内的显著衰落可达数十次且是随机的，这比固定点的无线通信要复杂得多。

移动信道的衰落取决于无线电波的传播环境，而运动中进行无线通信这一方式导致了其传播条件是时变、复杂、恶劣的。这正是移动信道的特征。对移动通信而言，恶劣的信道是不可避免的问题，要在这样的传播条件下保持可以接受的传输质量，就必须采用各种技术措施来抵消衰落的不利影响。目前，移动通信信道研究的基本方法有理论分析、现场电波传播实测和计算机仿真三种。第一种方法是用电磁场理论或统计理论分析电波在移动环境中的传播特性，并用各种数学模型来描述移动信道，此法的缺陷是数学模型往往过于简化导致应用范围受限；第二种方法是通过在不同的电波传播环境中的实测试验，得出接收信号幅度、时延及其他反映信道特征的参数，此法的缺陷是费时费力且往往只针对某个特定传播环境。由于对实测数据进行统计分析可以得出一些有用的结果，现场实测一直是研究移动信道的重要方法。第三种方法是通过建立仿真模型，用计算机仿真来模拟各种无线电波传播环境。计算机在硬件支持下有很强的计算能力，此法因能灵活快速地模拟出各种移动通信信道而得到越来越多的应用。

本章主要讨论无线电信号在移动信道中可能发生的变化及发生这些变化的原因，即移动信道电波传播特性。无线电波传播特性的研究结果可以用某种统计描述，也可以通过建立电波传播模型来描述，如图表、近似计算公式或计算机仿真模型等。

2.1.2　电波传播方式

无线电波从发射天线发出，可依不同的路径到达接收机，这与电波频率有关，当频率 $f > 30\text{MHz}$ 时，主要传播方式有直射波传播、地面反射波传播、地表面波传播，如图 2.1 所示。图中路径①是直射波，它是从发射天线直接到达接收天线的电波，是 VHF 和 UHF 频段的主要传播方式；路径②是地面反射波，它是从发射天线发出经过地面反射到达接收天线的电波；路径③是地表面波，它是沿地球表面传播的电波，要求天线最大辐射方向沿地面方向，由于地表面波的损耗随频率升高而急剧增加，传播距离迅速减小，因此在 VHF 和 UHF 频段，地表面波的传播可以忽略不计。电波在移动通信信道中传播时遇到各种障碍物时会发生反射、折射和散射等现象。因此，通过不同路径到达接收机的电波信号会产生衰落现象。下面主要讨论直射波、反射波、大气折射以及自由空间的电波传播。

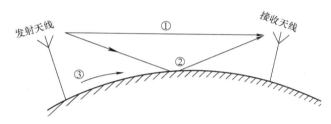

图 2.1　电波传播的主要方式

2.1.3　直射波传播

直射波传播按自由空间传播来考虑。自由空间传播指的是天线周围为无限大真空时的电波传播，是无线电波的理想传播模式。在自由空间传播时，电波的能量既不会被障碍物所吸收，也不会产生反射或散射。如果地面上空的大气层是各向同性的均匀媒质，其相对介电常数 ε_r 和相对磁导率 μ_r 都等于 1，传播路径上没有障碍物阻挡，到达接收天线的地面反射信号场强也可以忽略不计，则电波可视作在自由空间传播。

虽然电波在自由空间里传播不受阻挡，不产生反射、折射、绕射、散射和吸收，但电波经过一段路径传播之后，能量仍有衰减，这是由辐射能量的扩散而引起的。

如图 2.2 所示，假设自由空间中有一个无方向性点源天线作为发射天线，发射功率为 P_t。因为无损耗，点源天线的发射功率均匀分布在以点源天线为球心，半径为 d 的球面上，其中 d 是接收天线与发射天线的距离。

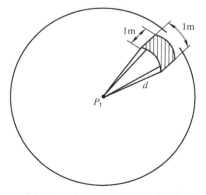

设该球面上电波的功率密度为 S，发射天线的增益为 q_r，则有

$$S = \frac{P_t}{4\pi d^2} q_r \qquad (2.1)$$

在球面处的接收天线接收到的功率为

$$P_r = S A_r \qquad (2.2)$$

式中，A_r 为接收天线的有效面积，即投射到 A_r 上的电磁

图 2.2　自由空间的传输损耗

波功率全部被接收机负载所吸收。可以推出，无方向性接收天线的有效接收面积为

$$A_r = \frac{\lambda^2}{4\pi} q_r \tag{2.3}$$

式中，λ 是波长。由式(2.1)、(2.2) 和 (2.3) 可得接收功率为

$$P_r = P_t \left(\frac{\lambda}{4\pi d}\right)^2 q_t q_r \tag{2.4}$$

工程上常用传输损耗来表示电波通过传输介质时的功率损耗。将发射功率 P_t 与接收功率 P_r 之比定义为传输损耗，或称系统损耗。由式(2.4) 可得出传输损耗 L_s 的表达式为

$$L_s = \frac{P_t}{P_r} = \left(\frac{4\pi d}{\lambda}\right)^2 \frac{1}{G_t G_r} \tag{2.5a}$$

其中，G_t 和 G_r 为发射和接收天线增益（dB）。损耗常用分贝来表示。由式(2.5a) 可得

$$L_s = 32.45 + 20\lg d + 20\lg f - 10\lg(G_t G_r) \tag{2.5b}$$

式中，距离 d 的单位是 km，频率 f 的单位是 MHz。

式(2.5a) 和 (2.5b) 也可以表示为

$$L_s = L_{bs} - G_t - G_r \tag{2.6a}$$
$$L_{bs} = 32.45 + 20\lg d + 20\lg f \tag{2.6b}$$

式中，L_{bs} 表示自由空间中两个理想点源天线（增益系数 $G=1$ 的天线）之间的传输损耗，又称为自由空间路径损耗或自由空间基本传输损耗，单位为 dB。由式(2.6a、b) 可知，自由空间中电波传播损耗（亦称衰减）只与工作频率 f 和传播距离 d 有关。当 f 或 d 增大一倍时，L_{bs} 将增加 6dB。这里所说的自由空间损耗是指球面波在传播过程中，电磁能量扩散所引起的球面波扩散损耗。

2.1.4 反射波传播

当电波在传播中遇到两种不同介质的光滑面时，如果界面尺寸比电波波长大得多，就会产生镜面反射（由于大地和大气是不同的介质，所以入射波会在界面上产生反射），如图2.3所示。图中 T 和 R 分别表示基站和移动台天线，h_t 和 h_r 为两者的天线高度。d_1 为直射波路径长度，d_2 为反射波路径长度。

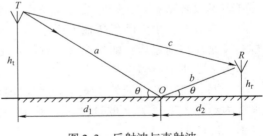

图2.3　反射波与直射波

通常，在考虑地面对电波的反射时，按平面波处理，即电波在反射点的反射角等于入射角。不同界面的反射特性用反射系数 R 表示。它被定义为反射波场强与入射波场强的比值，R 可表示为

$$R = |R| e^{-j\varphi} \tag{2.7}$$

式中，$|R|$ 为反射点上反射波场强与入射波场强的振幅比；φ 为反射波相对于入射波的相移。

图 2.3 中，由发射点 T 发出的电波分别经过直射线（TR）与地面反射路径（TOR）到达接收点 R，由于两者的路径不同，从而会产生附加相移。由图 2.3 可知，反射波与直射波的路径差为

$$\Delta d = a + b - c = \sqrt{(d_1 + d_2)^2 + (h_t + h_r)^2} - \sqrt{(d_1 + d_2)^2 + (h_t - h_r)^2}$$

$$= d\left[\sqrt{1 + \left(\frac{h_t + h_r}{d}\right)^2} - \sqrt{1 + \left(\frac{h_t - h_r}{d}\right)^2}\right] \tag{2.8}$$

式中，$d = d_1 + d_2$。

通常 $h_t + h_r \ll d$，将 Δd 用级数展开可得

$$\Delta d = \frac{2h_t h_r}{d} \tag{2.9}$$

反射路径与直射路径的相位差为

$$\Delta \varphi = \frac{2\pi}{\lambda} \Delta d \tag{2.10}$$

式中，$2\pi / \lambda$ 称为传播相移常数。

当传播路径远大于天线高度时，并假设一定的简化条件，接收天线 R 处的总场强为

$$E = E_0(1 + Re^{-j\Delta\varphi}) = E_0\left[1 + |R|e^{-j(\varphi + \Delta\varphi)}\right] \tag{2.11}$$

式中，E_0 是自由空间单径传播的场强。

由式（2.11）可知，直射波与地面反射波的合成场强将随反射波系数以及路径差的变化而变化，有时会同相相加，有时会反相抵消，这就造成了合成波的衰落现象。R 越接近 1，衰落就越严重。为此，在固定站址通信中，选择站址时应力求减弱地面反射，或调整天线的位置和高度，使地面反射区离开光滑界面。然而，这种做法在移动通信中是很难实现的。

2.1.5 大气中的电波传播

在实际移动通信信道中，电波在低层大气中传播。而低层大气并不是均匀介质，它的温度、湿度以及气压均随时间和空间而变化，因此会产生折射和吸收现象，在 VHF、UHF 波段的折射现象尤为突出，它将直接影响视线传播的极限距离。

在不考虑传导电流和介质磁化的情况下，介质的折射率 n 与相对介电常数 ε_r 的关系为

$$n = \sqrt{\varepsilon_r} \tag{2.12}$$

大气相对介电常数取决于大气的温度、湿度和压力。大气高度不同 ε_r 也不同，即 dn/dh（大气折射率的垂直梯度）是不同的。根据折射定理，电波传播速度 v 与大气折射率 n 成反比，即

$$v = \frac{c}{n} \tag{2.13}$$

当一束电波通过折射率 n 随高度变化的大气层时，由于不同高度上的电波传播速度不同，从而使电波射束发生弯曲，弯曲的方向和程度取决于 dn/dh。这种由大气折射率引起电波传播方向发生弯曲的现象，称为大气对电波的折射。

在工程上，大气折射对电波传播的影响通常用"等效地球半径"来表征，即认为电波在以等效地球半径 R_e 为半径的球面上空沿直线传播与电波在实际地球上空沿曲线传播等效。等效地球半径 R_e 与地球的实际半径 R_0（$6.37 \times 10^6 \text{m}$）的关系为

$$k = \frac{R_e}{R_0} = \frac{1}{1 + R_0 \dfrac{\mathrm{d}n}{\mathrm{d}h}} \tag{2.14}$$

式中，k 称作等效地球半径系数。由式(2.14) 可知，等效地球半径系数与大气折射率随高度变化的梯度 $\mathrm{d}n/\mathrm{d}h$ 有关。根据 $\mathrm{d}n/\mathrm{d}h$ 值的不同，电波传播在大气中折射分为三种类型：

1）无折射：$\mathrm{d}n/\mathrm{d}h = 0$，$k = 1$，$R_e = R_0$。此情况下，大气是均匀的，电波沿直线传播，如图 2.4 中①所示。

2）负折射：$\mathrm{d}n/\mathrm{d}h > 0$，$k < 1$，$R_e < R_0$。此情况下，大气折射率随高度的增加而增大，电波传播向上弯曲，如图 2.4 中②所示。

3）正折射：$\mathrm{d}n/\mathrm{d}h < 0$，$k > 1$，$R_e > R_0$。此情况下，大气折射率随高度的增加而减小，电波传播向下弯曲。如图 2.4 中的③和④所示。通常情况下，大气折射都是正折射，正折射又可以分为三种情况。

① 标准大气折射：此时等效地球半径系数 $k = 4/3$，等效地球半径 $R_e = 8500\mathrm{km}$，如图 2.4 中③所示。

② 临界折射：此时 $k = \infty$，电波传播的轨迹与地球表面圆弧平行，如图 2.4 中④所示。

③ 超折射：在超折射情况下，折射作用会使射线向地面弯曲得很厉害，射线的曲率半径小于地球半径，使射线改变方向返回地面，形成大气波导，从而引起超视距传播，如图 2.4 中⑤所示。

由上分析可知，大气折射有利于超视距的传播，但在视线距离内，因为由折射现象所产生的折射波会同直射波同时存在，从而也会产生多径衰落。视线传播的极限距离可由图 2.5 计算。

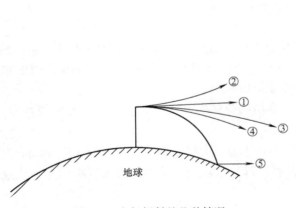

图 2.4　大气折射的几种情况

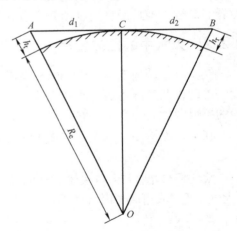

图 2.5　视线传播的极限距离

假设天线的高度为 h_t 和 h_r，两副天线顶点的连线 AB 与地面相切于 C 点，R_e 为等效地球半径。由于 R_e 远大于天线高度，可以证明，自发射天线顶点 A 到切点 C 的距离 d_1 为

$$d_1 \approx \sqrt{2R_e h_t} \tag{2.15}$$

同理，由切点 C 到接收天线顶点 B 的距离 d_2 为

$$d_2 \approx \sqrt{2R_e h_r} \tag{2.16}$$

则视线传播的极限距离 d 可以表示为

$$d = d_1 + d_2 = \sqrt{2R_e}\left(\sqrt{h_t} + \sqrt{h_r}\right) \qquad (2.17)$$

在标准大气折射的情况下，$R_e = 8500\text{km}$，故式(2.17) 可写成

$$d = 4.12\left(\sqrt{h_t} + \sqrt{h_r}\right) \qquad (2.18)$$

式中，h_t、h_r 的单位是 m；d 的单位是 km。

2.1.6　障碍物的影响及绕射损耗

陆地无线通信中，电波的直射路径上存在各种障碍物（如山丘、建筑物、树木等），这些障碍物会引起电波传播的损耗，该损耗称为绕射损耗。

1. 电波传播的菲涅耳区

绕射损耗与电波传播的菲涅耳区的概念紧密相关。由于波动特性，电波从发射端到接收端传播时的能量传送是分布在一定空间内的。菲涅耳提出一种简单的方法，给出了这种传输空间区域的分布特性，如图 2.6a 所示。

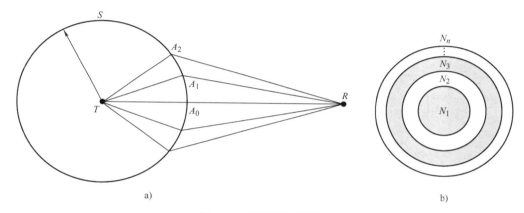

图 2.6　菲涅耳区的概念

设发射天线为 T，是一个点源天线；接收天线为 R。发射电波沿球面传播。TR 连线交球面于 A_0 点。根据惠更斯-菲涅耳原理，对于处于远区场的 R 点来说，波阵面上的每个点都可视为二次波源。在球面上选择 A_1 点，使得

$$A_1 R = A_0 R + \frac{\lambda}{2} \qquad (2.19)$$

则有一部分能量是沿着 $TA_1 R$ 传送的。这条路径与直线路径 TR 的路径差为

$$\Delta d = (TA_1 + A_1 R) - (TA_0 + A_0 R)$$
$$= A_1 R - A_0 R = \frac{\lambda}{2} \qquad (2.20)$$

所引起的相位差为

$$\Delta\varphi = \frac{2\pi}{\lambda}\Delta d = \pi \qquad (2.21)$$

也就是说，沿这两条路径到达接收点 R 的射线之间的相位差为 π。

同样，可以在球面上选择点 A_2，A_3，$\cdots$，A_n，使得

$$A_n R = A_0 R + n\frac{\lambda}{2} \qquad (2.22)$$

这些点在球面上可以构成一系列圆，并将球面分成许多环形带 N_n，如图 2.6b 所示，并且相邻两带的对应部分的惠更斯源在 R 点的辐射将有二分之一波长的路径差，因此具有 $180°$ 的相位差。

当电波传播的波阵面的半径变化时，具有相同相位特性的环形带构成的空间区域就是菲涅耳区。第一菲涅耳区就是以上分析中 $n = 1$ 时所构成的菲涅耳区。第一菲涅耳区分布在收发天线的轴线上，是能量传送的主要空间区域。理论分析表明：通过第一菲涅耳区到达接收天线 R 的电磁波能量约占 R 点接收到的总能量的 $1/2$。如果在这个区域内有障碍物存在，将会对电波传播产生较大的影响。

2. 电波传播的绕射损耗

为了衡量障碍物对传播通路的影响程度，定义了菲涅耳余隙的概念。设障碍物与发射点和接收点的相对位置如图 2.7 所示。图中，障碍物的顶点 P 到发射端与接收端的连线 TR 的距离 x 称为菲涅耳余隙。当障碍物阻挡视线通过时（见图 2.7a），规定余隙为负；不阻挡视线通过时（见图 2.7b），规定余隙为正。

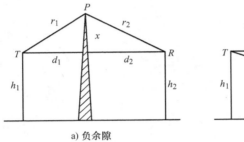

a) 负余隙   b) 正余隙

图 2.7 障碍物与余隙

工程上，根据障碍物的菲涅耳余隙与第一菲涅耳区在障碍物处横截面的半径之比 x/x_1，求出相对于自由空间的绕射损耗，并制成图表，如图 2.8 所示。其中，x 是菲涅耳余隙，x_1 是第一菲涅耳区在 P 点横截面的半径，它可由下列关系式求得：

$$x_1 = \sqrt{\frac{\lambda d_1 d_2}{d_1 + d_2}} \quad (2.23)$$

由图 2.8 可见，当 $x/x_1 > 0.5$ 时，绕射损耗约为 0dB，障碍物对直射波传播基本上没有影响。因此，在选择天线高度时，根据地形应尽可能使服务区内各处的菲涅耳余隙 $x > 0.5x_1$；当 $x < 0$ 时，直射波低于障碍物的顶点，衰减急剧增加；当 $x = 0$，即 TR

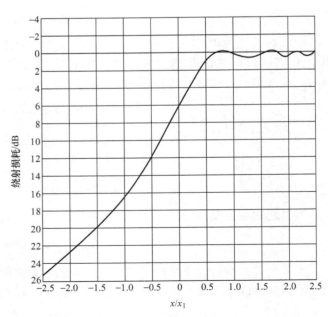

图 2.8 绕射损耗与菲涅耳余隙的关系

射线从障碍物顶点擦过时，附加损耗为 6dB。

例 2.1　电波传播路径如图 2.9 所示，设菲涅耳余隙 $x = -82$m，$d_1 = 5$km，$d_2 = 10$km，工作频率为 150MHz。试求出电波传播损耗。

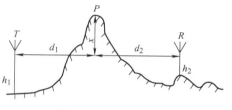

图 2.9　电波传播路径

解：先求出自由空间传播的损耗 L_{bs} 为

$$L_{bs} = 32.45 + 20\lg 150 + 20\lg(5 + 10) = 99.5\text{dB}$$

再求第一菲涅耳区半径 x_1 为

$$x_1 = \sqrt{\frac{\lambda d_1 d_2}{d_1 + d_2}} = \sqrt{\frac{2 \times 5 \times 10^3 \times 10 \times 10^3}{15 \times 10^3}}\text{m} = 81.7\text{m}$$

所以，$x/x_1 \approx -1$。查图 2.8 可得绕射损耗为 16.5dB。

因此，电波传播的损耗 L 为

$$L = L_{bs} + 16.5 = 116.0\text{dB}$$

2.2　移动无线信道的多径传播特性

2.2.1　移动信道的时变特性

移动信道是一种时变信道。无线电信号通过移动通信信道时会产生来自不同途径的衰减损耗。按接收信号功率，可用公式表示为

$$p(d) = |\bar{d}|^{-n} \times S(\bar{d}) \times R(\bar{d}) \tag{2.24}$$

式中，$|\bar{d}|$ 表示移动台与基站的距离。

式（2.24）是信道对传输信号作用的一般表示式。这些作用有三类。

1）传播损耗，又称为路径损耗。它是指电波传播所引起的平均接收功率衰减，其值用 $|\bar{d}|^{-n}$ 表示。其中 n 为路径衰减因子，自由空间传播时 $n = 2$，一般情况下 $n = 3 \sim 5$。

2）阴影衰落，用 $S(\bar{d})$ 表示。这是由于传播环境中的地形起伏、建筑物及其他障碍物对电波遮蔽所引起的衰落。

3）多径衰落，用 $R(\bar{d})$ 表示。这是由于移动通信传播环境的多径传播而引起的衰落。多径衰落是移动通信信道特性中最具特色的部分。

上述三种效应表现在不同距离范围内，如图 2.10 所示的典型实测接收信号的场强。其规律如下：

1）在数十波长范围内，

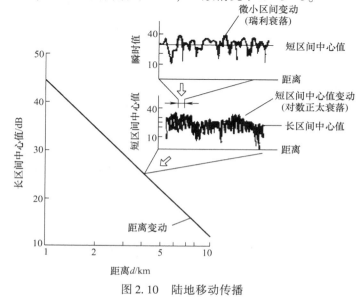

图 2.10　陆地移动传播

接收信号场强的瞬时值呈现快速变化的特征，这就是多径衰落引起的，称为快衰落或短区间衰落。其衰落特性符合瑞利分布，因此多径衰落又称为瑞利衰落。在数十波长范围内对信号求平均值，可得到短区间中心值（又称中值）。

2）在数百米波长的区间内，信号的短区间中心值也出现缓慢变动的特征，这就是阴影衰落。在较大区间内对短区间中心值求平均值，可得长区间中心值。

3）在数百米或数千米的区间内，长区间中心值随距离基站位置的变化而变化，且其变化规律服从 d^{-n} 律。它表示的是较大范围内接收信号的变化特性。

从工程设计角度看，传播损耗和阴影衰落合并在一起反映了无线信道在大尺度上对传输信号的影响，它们主要影响到无线覆盖范围，合理的设计可以消除这种不利的影响；而多径衰落严重影响信号传播质量，并且是不可避免的，只能采用抗衰落技术（如分集、均衡等）来减小其影响。

2.2.2 移动环境的多径传播

在移动通信中，移动台往往受到各种障碍物（如建筑物、树木、植被等）和其他移动体的影响，引起电波的反射，如图 2.11 所示。这样就导致移动台的接收信号是来自不同传播路径的信号之和，这种现象称为多径效应。由于电波通过各个路径的距离不同，因此各条反射波到达时间不同，相位也就不同。不同相位的多个信号在接收端叠加，有时同相叠加而增强，有时反相叠加而减弱。这样，接收信号的幅度将急剧变化，便产生了多径衰落。

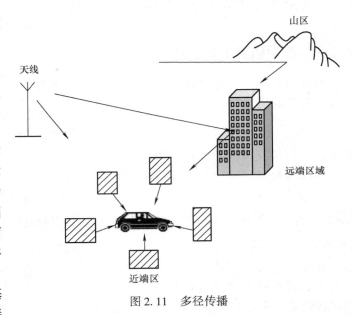

图 2.11 多径传播

通常在移动通信系统中，基站用固定的高天线，移动台用接近地面的低天线。例如，基站天线通常高 30m，可达 90m；移动台天线通常在 2～3m 以下。移动台周围的区域称为近端区域，该区域内物体的反射是造成多径效应的主要原因。离移动台较远的区域称为远端区域，在远端区域，只有高层建筑、较高的山峰等的反射才能对该移动台构成多径影响，并且这些路径要比近端区域中建筑物所引起的多径的长度要长。

2.2.3 多普勒频移

当移动台在运动中通信时，接收信号频率会发生变化，称之为多普勒效应。

由多普勒效应引起的附加频移称为多普勒频移，可用下式表示

$$f_D = \frac{v}{\lambda}\cos\alpha = f_m\cos\alpha \qquad (2.25)$$

式中，α 是入射波与移动台运动方向的夹角，如图 2.12 所示；v 是运动速度；λ 是波长；$f_{\mathrm{m}} = \dfrac{v}{\lambda}$ 与入射角度无关，是 f_{D} 的最大值，称为最大多普勒频移。

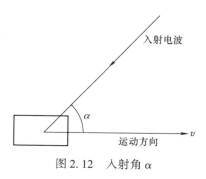

图 2.12　入射角 α

　　例 2.2　若载波 $f_{\mathrm{c}} = 600\mathrm{MHz}$，移动台速度 $v = 30\mathrm{km/h}$，求最大多普勒平移。

　　解：因为

$$\lambda = \frac{c}{f_{\mathrm{c}}} = \frac{3 \times 10^8}{600 \times 10^6}\mathrm{m} = 0.5\mathrm{m}$$

所以
$$f_{\mathrm{m}} = \frac{v}{\lambda} = \frac{30 \times 10^3}{0.5 \times 3600}\mathrm{Hz} \approx 16.7\mathrm{Hz}$$

2.3　描述多径衰落信道的主要参数

2.3.1　时延扩展

　　当发射端发送一个极窄的脉冲信号 $s(t) = a_0\delta(t)$ 至移动台时，由于在多径传播条件下存在着多条长短不一的传播路径，发射信号沿各个路径到达接收天线的时间就不一样，移动台所接收的信号 $s_{\mathrm{r}}(t)$ 是由多个时延信号构成，产生时延扩展（Time Delay Spread），如图 2.13 所示。

　　时延扩展的大小可以直观地理解为在一串接收脉冲中，最大传输时延和最小传输时延的差值，记为 Δ。若发送的窄脉冲宽度记为 T，则接收信号的宽度为 $T + \Delta$。

　　由于存在时延扩展，接收信号中一个码元的波形会扩展到其他码元周期中，引起码间串扰（Inter-Symbol Interference，ISI）。当码元速率 R_{b} 较小，满足 $R_{\mathrm{b}} < 1/\Delta$ 时，可以避免码间串扰。当码元速率较高时，应该采用相应的技术来消除或减少码间串扰的影响。

　　严格意义上，时延扩展 Δ 可以用实测信号的统计平均值的方法来定义。利用宽带伪噪声信号所测得的典型功率时延分布（又称时延谱）曲线如图 2.14 所示。所谓时延谱是由不同时延的信号分量具有的平均功率所构成的谱，$p(\tau)$ 是归一化的时延谱曲线。图 2.14 中横坐标为时延 τ，$\tau = 0$ 表示 $p(\tau)$ 的前沿，纵坐标为相对功率密度。

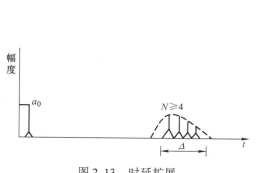

图 2.13　时延扩展

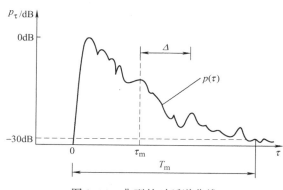

图 2.14　典型的时延谱曲线

定义 $p(\tau)$ 的一阶矩为平均时延 τ_m，$p(\tau)$ 的方均根值为时延扩展，即

$$\tau_m = \int_0^\infty \tau p(\tau)\mathrm{d}\tau \qquad (2.26)$$

$$\Delta^2 = \int (\tau - \tau_m)^2 p(\tau)\mathrm{d}\tau \qquad (2.27)$$

另外，工程上还定义了另一个参量：最大多径时延差 T_m，即归一化的包络 $p(\tau)$ 下降到 $-30\mathrm{dB}$ 处所对应的时延差。

式(2.14) 定义的时延扩展 Δ 是对多径信道及多径接收信号时域的统计描述，表示时延扩展的程度。Δ 值越小，时延扩展就越轻微。反之，Δ 值越大，时延扩展就越严重。各个地区的时延扩展值可以由实测得到。

2.3.2 相关带宽

与时延扩展相关的一个重要概念就是相关带宽。当信号通过移动通信信道时，会引起多径衰落。根据多径信号中不同的频率分量的衰落是否相同，可将衰落分为两种：频率选择性衰落与非频率选择性衰落，后者又称为平坦衰落。

频率选择性衰落是指信号中各分量的衰落状况与频率有关，即传输信道对信号中不同频率分量有不同的随机响应。由于信号中不同频率分量衰落不一致，衰落信号波形将产生失真。非频率选择性衰落是指信号中各分量的衰落状况与频率无关，即信号经过传输后，各频率分量所遭受的衰落具有相关性，因此衰落信号的波形不失真。发生什么样的衰落是由信号和信道两方面因素决定的。对移动信道来说，存在一个相关带宽。当信号的带宽小于相关带宽时，发生非频率选择性衰落；当信号带宽大于相关带宽时，发生频率选择性衰落。

考虑频率分别为 f_1 和 f_2 的两个信号的包络相关性。这种相关性可由两信号（设它们的包络为 r_1 和 r_2，频率差为 Δf，信号衰落服从瑞利分布）的相关系数 $\rho_r(\Delta f, \tau)$（归一化的相关函数）得出。设 Δ 为参变量，可得到不同 Δ 值时的 $\rho_r(\Delta f)$ 的曲线，如图 2.15 所示。图中给出了若干个在效区测得的实测数据，工作频率为 836MHz。从图中可看出，实测数据接近于 $\Delta = 1/4\mu s$ 的理论曲线。

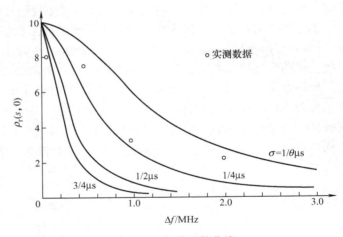

图 2.15 相关系数曲线

从图 2.15 中可知，当两信号频率间隔增加时，相关系数减小，也就是信号的不一致性增加。将信号包络相关系数等于 0.5 时所对应的频率间隔定义为相关带宽 B_c，即

$$B_c = \Delta f_1 \qquad (2.28)$$

从物理概念上讲，相关带宽表征的是衰落信号中两个频率分量基本相关的频率间隔。即

是说，衰落信号中的两个频率分量，当其频率间隔小于相关带宽时，它们是相关的，其衰落具有一致性；当频率间隔大于相关带宽时，它们就不相关了，其衰落具有不一致性。

实际应用中，常用最大时延 T_m 的倒数来规定相关带宽，即

$$B_c = \frac{1}{T_\mathrm{m}}$$

(2.29)

相关带宽实际上是对移动通信信道传输具有一定带宽信号能力的统计度量。对于某个移动环境，其时延扩展 Δ 可由大量实测数据经过统计处理计算出来，并可进一步确定这个移动通信信道的相关带宽 B_c。也就是说，相关带宽是移动通信信道的一个特性。

2.4　阴影衰落

当电波在传播路径上遇到起伏地形、建筑物、植被（高大的树木）等障碍物的阻挡时，会产生电磁场的阴影。移动台在运动中通过不同障碍物的阴影时，就构成接收天线处场强中值的变化，从而引起衰落，称为阴影衰落。由于这种衰落变化速率较慢，又称为慢衰落。

阴影衰落是长期衰落（中尺度衰落），其信号电平起伏是相对缓慢的。它的特点是衰落与无线电传播地形和地物的分布、高度有关。图 2.16 表示阴影衰落。

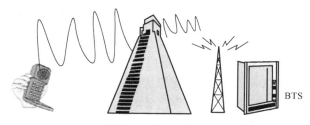

图 2.16　阴影衰落

阴影衰落一般表示为电波传播距离 r 的 m 次幂与表示阴影损耗的正态对数分量的乘积。移动用户和基站之间的距离为 r 时，传播路径损耗和阴影衰落可以表示为

$$l(r, \zeta) = r^m \times 10^{\zeta/10}$$

(2.30)

式中，ζ 是由于阴影产生的对数损耗（dB），服从零平均和标准方差 σ（dB）的对数正态分布；m 为路径损耗指数。实验数据表明，$m=4$、标准方差 $\sigma=8\mathrm{dB}$ 是合理的。当用 dB 表示时，式(2.30) 变为

$$10\lg l(r, \zeta) = 10m\lg r + \zeta$$

(2.31)

2.5　电波传播损耗预测模型

2.5.1　电波传播的地形环境

1. 地形特征参数

（1）地形波动高度

地形波动高度 Δh 在平均意义上描述电波传播路径中地形变化的程度。Δh 定义为：沿传播方向，距接收地点 10km 范围内，10% 高度线和 90% 高度线的高度差，如图 2.17 所示。10% 高度线是指在地形剖面图上有 10% 的地段高度超过此线的一条水平线。90% 高度线可用同样的方法定义。

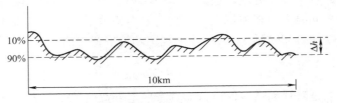

图 2.17　地形波动高度 Δh

（2）天线有效高度

移动台天线有效高度定义为移动台天线距地面的实际高度。基站天线有效高度 h_b 定义为沿电波传播方向，距基站天线 3～15km 的范围内平均地面高度以上的天线高度，如图 2.18 所示。

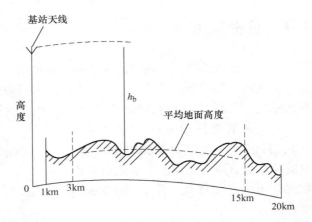

图 2.18　基站天线有效高度

2. 地形分类

实际地形虽然千差万别，但从电波传播的角度考虑，可分为两大类，即准平坦地形和不规则地形。

准平坦地形是指该地区的地形波动高度在 20m 以内，而且起伏缓慢，地形峰顶与谷底之间的水平距离大于地面波动高度，在以千米计的范围内，其平均地面高度差仍在 20m 以内。

不规则地形是指除准平坦地形之外的其他地形。不规则地形按其形态，又可分为若干类，如丘陵地形、孤立山峰、斜坡和水陆混合地形等。

实际上，各类地形中的主要特征是地形波动高度 Δh。各类地形中 Δh 的估计值见表 2.1。

表 2.1　各类地形中 Δh 的估计值

地　　形	$\Delta h/m$	地　　形	$\Delta h/m$
非常平坦地形	0～5	小山区	80～150
平坦地形	5～10	山区	150～300
准平坦地形	10～20	陡峭山区	300～700
小土岗式起伏地形	20～40	特别陡峭山区	≥700
丘陵地形	40～80		

3. 传播环境分类

1）开阔地区：在电波传播方向上没有建筑物或高大树木等障碍的开阔地带。其间，可以有少量的农舍等建筑。平坦地区的农村就属于开阔地区。另外，在电波传播方向 300～400m 以内没有任何阻挡的小片场地，如广场也可视为开阔地区。

2）郊区：有 1～2 层楼房，但分布不密集，还可以有小树林等。城市外围以及公路网可视为效区。

3）中小城市地区：建筑物较多，有商业中心，可以有高层建筑，但数量较少，街道也比较宽。

4）大城市地区：建筑物密集，街道较窄，高层建筑也较多。

2.5.2　奥村模型

奥村（Okumura）模型是最常用的传播模型，比较简单，分析起来比较方便，常用于无线网络的设计中。

奥村模型得名于奥村等人。奥村在 20 世纪 60 年代测量了日本东京等地无线信号的传播特性，根据测量数据得到了一些统计图表，用于对信号衰耗的估计。这一模型以准平坦地形大城市地区的场强中值损耗或路径损耗为基准，用不同修正因子来校正不同传播环境和地形等因素的影响。

奥村模型有一定的适用范围，例如，载波频率从 150～2000MHz；离基站不能太近，有效距离为 1～100km；天线高度要在 30m 以上。

下面以准平坦地形大城市地区的中值路径损耗为例对这个模型作简单介绍。

奥村模型中准平坦地形大城市地区的中值路径损耗由下式给出

$$L_{\mathrm{M}} = L_{\mathrm{bs}} + A_{\mathrm{m}}(f,d) - H_{\mathrm{b}}(h_{\mathrm{b}},d) - H_{\mathrm{m}}(h_{\mathrm{m}},f) \qquad (2.32)$$

式中，L_{bs} 为自由空间路径损耗（dB）；$A_{\mathrm{m}}(f,d)$ 为大城市地区当基站天线高度 $h_{\mathrm{b}} = 200\mathrm{m}$、移动台天线高度 $h_{\mathrm{m}} = 3\mathrm{m}$ 时相对自由空间的中值损耗，又称为基本中值损耗；$H_{\mathrm{b}}(h_{\mathrm{b}},d)$ 是基站天线高度增益因子（dB），即实际基站天线高度相对于标准天线高度 h_{b} 的增益，为距离的函数；$H_{\mathrm{m}}(h_{\mathrm{m}}, f)$ 是移动台天线高度增益因子（dB），即实际移动台天线高度相对于标准天线高度 $h_{\mathrm{m}} = 3\mathrm{m}$ 的增益，为频率的函数。

图 2.19 给出了准平坦地形大城市地区的基本中值损耗 $A_{\mathrm{m}}(f,d)$ 与频率、传播距离的关系，纵坐标刻度以 dB 计，是以自由空间的传播损耗为 0dB 的相对值。由图可知，随着频率升高和距离的增大，市区基本中值损耗都将增加。

图 2.20 给出了不同传播距离 d 时，$H_{\mathrm{b}}(h_{\mathrm{b}},d)$ 与 h_{b} 的关系。由图可见，当 $h_{\mathrm{b}} > 200\mathrm{m}$ 时，$H_{\mathrm{b}}(h_{\mathrm{b}},d) > 0\mathrm{dB}$；反之，当 $h_{\mathrm{b}} < 200\mathrm{m}$ 时，$H_{\mathrm{b}}(h_{\mathrm{b}},d) < 0\mathrm{dB}$。

如图 2.21 给出了移动台天线高

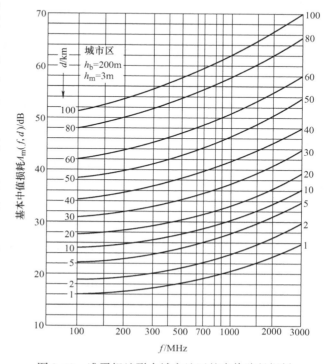

图 2.19　准平坦地形大城市地区的中值路径损耗

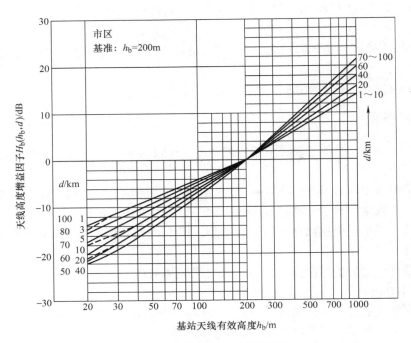

图 2.20　基站天线高度增益因子

度增益因子与天线高度、频率的关系。由图可知，当 $h_m > 3m$ 时，$H_m(h_m,f) > 0dB$；反之，当 $h_m < 3m$ 时，$H_m(h_m,f) < 0dB$。由图 2.21 还可见，当移动台天线高度高于 5m 以上时，其高度增益因子 $H_m(h_m,f)$ 不仅与天线高度、频率有关，而且还与环境条件有关。例如，在中小城市，因建筑物的平均高度较低、屏蔽作用较小，当移动台天线高于 4m 时，随天线高度增加，天线高度增益因子明显增大；若移动台天线高度在 1~4m 范围内，受环境影响较小，移动台天线高度增加一倍时，$H_m(h_m,f)$ 变化约为 3dB。

　　由以上讨论可知奥村模型计算中值路径损耗的基本思路：首先，计算对应于基准的基站天线高度（$h_b = 200m$）和移动台天线高度（$h_m = 3m$）的基本中值损耗，然后再根据实际天线高度进行修正。这种在基本条件下的计算再加上对于条件变化进行修正的思路应用于奥村模型的各个环节。

　　例 2.3　某一移动信道，工作频段为 450MHz，基站天线高度为 50m，移动台天线高度为 3m，在市区工作，传播路径为准平坦地形，通信距离为 10km。试求：传播中值路径损耗。

　　解：自由空间传播损耗

$$L_{bs} = 32.45 + 20\lg f + 20\lg d$$
$$= 32.45 + 20\lg 450 + 20\lg 10$$
$$= 105.5dB$$

因为工作在准平坦地形的市区环境，所以由图 2.19 查得，市区基本中值路径损耗

$$A_m(f,d) = 27dB$$

由图 2.20 查得，基站天线高度增益因子

$$H_b(h_b,d) = -12dB$$

28

由图 2.21 查得，移动台天线高度增益因子

$$H_m(h_m, f) = 0 dB$$

所以，传播中值路径损耗为

$$L_M = L_{bs} + A_m(f, d) - H_b(h_b, d) - H_m(h_m, f)$$
$$= (105.5 + 27 + 12) dB = 144.5 dB$$

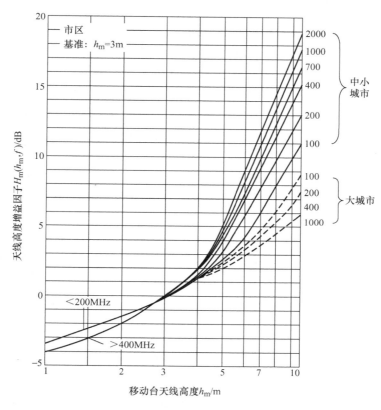

图 2.21 移动台天线高度增益因子

2.5.3 Hata 模型

Hata 模型是根据奥村用图表给出的路径损耗数据归纳出的一个经验公式，该公式适用的频率范围为 150～1500MHz。该模型的特点是：以准平坦地形大城市地区的场强中值路径损耗作为基准，对不同的传播环境和地形条件等因素用校正因子加以修正。中值路径损耗经验公式为

$$L_b = 69.55 + 26.16\lg f - 13.82\lg h_b - \alpha(h_m) + (44.9 - 6.55\lg h_b)\lg d \qquad (2.33)$$

式中，f 为工作频率（MHz）；h_b 为基站天线有效高度（m）；h_m 为移动台天线有效高度（m）；d 为移动台与基站之间的距离（km）；$\alpha(h_m)$ 为移动台天线高度因子（dB）。

由于大城市和中小城市建筑物状况相差较大，故修正因子是分别给出的。

大城市修正因子（建筑物平均高度超过 15m）如下：

$$\alpha(h_m) = 8.29[\lg(1.54h_m)]2 - 1.1 \qquad 150MHz \leqslant f \leqslant 300MHz \qquad (2.34)$$

$$\alpha(h_m) = 3.2 \left[\lg(11.75h_m) \right] 2 - 4.97 \qquad 400\text{MHz} \leqslant f \leqslant 1500\text{MHz} \qquad (2.35)$$

当 h_m 在 $1.5 \sim 4\text{m}$ 之间，上面两式基本一致。

中小城市修正因子（除大城市以外的其他所有城市）如下：

$$\alpha(h_m) = (1.1\lg f - 0.7)h_m - (1.56\lg f - 0.8) \qquad (2.36)$$

2.5.4 Hata 模型扩展

欧洲研究委员会 COST－231 对 Hata 模型进行了扩展，使它适用于 PCS 系统，适用频率也达到了 2GHz。这种模型考虑到了自由空间损耗、沿传播路径的绕射损耗以及移动台与周围建筑屋顶之间的损耗。扩展 Hata 模型的市区路径损耗的计算公式为

$$L_b = 46.3 + 33.91\lg f - 13.82\lg h_b - \alpha(h_m) + (44.9 - 6.55\lg h_b)\lg d + C_M \qquad (2.37)$$

式中，$\alpha(h_m)$ 由式(2.34)、式(2.35) 和式(2.36) 计算，C_M 由下式给出

$$C_M = 0\text{dB} \qquad \text{中等城市和郊区} \qquad (2.38a)$$

$$C_M = 3\text{dB} \qquad \text{市中心} \qquad (2.38b)$$

COST－231 模型已被用于微小区的实际工程设计中。

2.5.5 IMT－2000 模型

为了评估第三代移动通信 IMT－2000 的无线传输技术，人们对大城市、小城市、郊区和沙漠地区等传播环境特征进行了广泛的研究和考虑。室内办公环境、室外到室内徒步环境、车载环境共同构成了 IMT－2000 的工作环境。每一种传播模型的关键参数包括时延扩展、信号包络的多径衰落特性和无线工作频段。

1. 室内办公环境

室内办公环境的特点是小区小、反射功率低。由于墙壁、地板和各种分隔、阻挡物的阻挡和电波的散射，使路径衰落规律发生了变化，衰落特性在莱斯到瑞利之间变化。同时，还会产生阴影效应，这种阴影效应符合标准方差为 12dB 的对数正态分布。步行用户的移动也造成相应的多普勒频移。基站和步行用户位于室内时，时延扩展 Δ 在 $35 \sim 460\text{ms}$ 间变化。

2. 室外到室内徒步环境

室外到室内徒步环境的特点是小区小、反射功率低。基站位于室外，天线高度低，步行用户在街道上或建筑物内时，时延扩展 Δ 在 $100 \sim 1800\text{ns}$ 间变化。如果路径是在峡谷似的街道中的视线距离，当存在绕射形成的菲涅耳区域间隙时，路径损耗遵循 d^{-2} 规律；当有更长的菲涅耳区域间隙时，损耗范围或达 d^{-6}。室外对数正态阴影衰落的标准方差为 10dB，室内为 12dB。瑞利和莱斯衰落速率依步行用户速度而定，来自运动车辆的反射有时会造成更快的衰落。

3. 车载环境

车载环境的特点是小区较大，反射功率较高。在丘陵和多山地形环境下，隆起的道路上时延扩展 Δ 在 $0.4 \sim 12\text{ms}$ 间变化。在城市和效区，d^{-4} 的路径损耗规律和标准方差为 10dB 的对数正态阴影衰落是比较适合的，建筑物穿透损耗平均均为 18dB，其标准方差为 10dB。在地形平坦的乡村，路径损耗低于城市和郊区。在多山地区，如果选择基站位置避免路径障碍，路径损耗接近 d^{-2} 规律。

思考与练习题

1. 无线电波传播有哪几种方式？各有什么特点？

2. 分析快衰落和慢衰落产生的原因，它们各服从什么分布规律？

3. 自由空间传播的特点是什么？

4. 什么是等效地球半径？标准大气的等效地球半径是多少？

5. 什么是大气折射效应？有哪几种类型？

6. 在标准大气折射下，发射天线高度为 200m，接收天线的高度为 2m，试求视线传播的极限距离。

7. 电波传播的菲涅耳区是如何定义的？什么是第一菲涅耳区？

8. 什么是绕射损耗？画图解释菲涅耳余隙的定义。

9. 试计算工作频率为 900MHz，通信距离分别为 10km 和 20km 时，自由空间传播衰耗。

10. 相距 15km 的两个电台之间有一个 50m 高的建筑物，一个电台距建筑物 10km，两电台天线高度均为 10m，电台工作频率为 50MHz，试求电波的传播损耗。

11. 产生多普勒效应的原因是什么？如何解决？

12. 在一水平传输电波的方向上，有一接收设备以 72km/h 的速度逆向电波传播方向移动，此电波的频率为 150MHz，试求多普勒频移。

13. 时延扩展产生的原因是什么？会带来哪些影响？

14. 信号通过移动信道时，在什么情况下遭受到平坦衰落？在什么情况下遭受到频率选择性衰落？

15. 某移动通信系统，基站天线高度为 40m，移动台天线高度为 1m，市区为准平坦地形，通信距离为 10km，工作频率为 2000MHz，试求传播路径上的中值损耗。

第3章 编码及调制技术

编码及调制技术可以在不降低系统有效传输速率的前提下进行有效的编码和调制，是未来宽带移动通信系统中的关键技术之一。信源编码将信源中的冗余信息进行压缩，减少传递信息所需要的带宽资源，这对于频谱有限的移动通信系统而言是至关重要的。移动通信中的信源编码与有线通信不同，它不仅需要对信息传输有效性进行保障，还应该与其他一些系统指标（如容量、覆盖和质量等）密切相关。移动通信系统使用信道编码的目的在于改善通信系统的传输质量，发现或纠正差错，从而提高通信系统的可靠性。而调制的目的是为了使携带信息的信号与信道特性相匹配以及有效地利用信道。

3.1 信源编码概述

信息是事物的行为、状态的表征。信息可以脱离其源事物而独立存在。通常，将信息脱离源事物而附着于另一种事物的过程，称为信息的表示过程，或称为"信息交换过程"。随着通信技术的发展，人们对信息传输的质量要求越来越高，不仅要求快速、高效、可靠地传递信息，还要求在传递过程中保证信息的安全性，防止其被伪造和篡改。典型的信息传输模型如图3.1所示。

图3.1中，信源和信宿，是信息或信息序列的产生源和接收者，

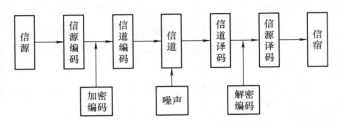

图3.1　典型的信息传输模型

可以是人、机器或其他事物。信源编码是为了减少信源输出符号序列中的剩余度、提高符号的平均信息量，对信源输出的符号序列所实施的变换。信源编码又称为频带压缩编码或数据压缩编码。信源编码的作用之一是设法减少码元数目和降低码元速率，即通常所说的数据压缩；作用之二是将信源的模拟信号转化成数字信号（即 A-D 转换），以实现模拟信号的数字化传输。信源译码是信源编码的反变换（即 D-A 转换）。

最原始的信源编码就是莫尔斯电码，另外还有 ASCII 码和电报码。现代通信应用中常见的信源编码方式有霍夫曼编码、算术编码、L-Z 编码，这三种都是无损编码，另外还有一些有损的编码方式。信源编码的目标就是使信源减少冗余，更加有效、经济地传输，最常见的应用形式就是压缩。

信道编码是为了对抗信道中的噪声和衰减，通过在信息序列上附加一些监督码元，并利用这些冗余码元（如校验码等）来提高抗干扰的能力以及纠错的能力。信道译码是发端信道编码的反变换。信道是指通信系统中传输信息的媒介，如有线信道（光纤、同轴电缆）、无线信道（各波段电磁波、红外线）等，信道中不可避免地会存在噪声和干扰。

在数字通信系统中，信息的传输都是以数字信号的形式进行的，因此在发送端必须将模

拟信号转换为数字信号，在接收端将数字信号还原成模拟信号。通信系统中的模拟信号主要是语音信号和图像信号，相应的转换过程就是语音编码/解码和图像编码/解码。

移动通信中语音通信是重要的业务之一，因此语音编码技术在数字移动通信中具有相当关键的作用。高质量低速率的语音编码技术与高效率数字调制技术一起为数字移动网提供了高的系统容量。本节主要介绍语音压缩编码。

3.1.1　语音编码

语音编码作为一种信源编码，能够将模拟语音信号变成数字信号以便在信道中传输。在通信系统中，语音编码是相当重要的，因为在很大程度上，语音编码决定了接收到的语音质量和系统容量。在移动通信系统中，带宽是十分宝贵的。低比特率语音编码提供了解决该问题的一种方法。在编码器能够传送高质量语音的前提下，如果比特率越低，可在一定的带宽范围内传输更多的高质量语音。语音编码技术本身已发展多年并且日趋成熟，形成了各种实用技术，在各类通信网中得到了广泛应用。

语音编码技术主要可分为波形编码、参量编码和混合编码三大类。

1. 波形编码

波形编码是对模拟语音波形信号经过采样、量化、编码而形成的数字语音技术。为了保证数字语音技术解码后的高保真度，波形编码需要较高的编码速率，一般为 16 ~ 64kbit/s。波形编码适用于很宽范围的语音特性，在噪声环境下也能保持稳定。实现所需的技术复杂度很低而费用中等，但其所占用的频带较宽，多用于有线通信中。波形编码包括脉冲编码调制（PCM）、差分脉冲编码调制（DPCM）、自适应差分脉冲编码调制（ADPCM）、增量调制（DM）、连续可变斜率增量调制（CVSDM）、自适应变换编码（ATC）、子带编码（SBC）和自适应预测编码（APC）等。

2. 参量编码

参量编码是基于人类语言的发声机理，找出表征语音的特征参量，对特征参量进行编码的一种方法。在接收端，根据所接收的语音特征参量信息，恢复出原来的语音。由于参量编码只需传送语音特征参数，可实现低速率（一般为 1.2 ~ 4.8kbit/s）的语音编码。线性预测编码（LPC）及其变形均属于参量编码。参量编码的缺点在于语音质量只能达到中等水平，不能满足商用语音通信的要求。

3. 混合编码

混合编码是基于参量编码和波形编码发展的一类新的编码技术。在混合编码的信号中，既含有若干语音特征参量又含有部分波形编码信息，其编码速率一般为 4 ~ 16kbit/s。当编码速率为 8 ~ 16kbit/s 时，其语音质量可达商用语音通信标准的要求，因此混合编码技术在数字移动通信中得到了广泛应用。混合编码包括规则脉冲激励-长时预测-线性预测编码（RPE - LTP - LPC）、码激励线性预测编码（CELP）等。在数字移动通信中，码激励的一种变形即矢量和激励（VSELP）已成为美国和日本数字蜂窝移动通信系统中的语音编码标准。

3.1.2　语音编码技术的应用及发展

语音编码技术首先应用于有线通信和保密通信，其中最成熟的实用数字语音系统是 64kbit/s 的 PCM。这是一种典型的波形编码技术，主要用于有线电话网，它的语音质量好，可与模拟语音相比，达到网络质量。另一类型的波形编码是增量调制（DM），较简单且能抗误码。当速率达到 32～40kbit/s 时，语音质量较好；当速率在 8～16kbit/s 时，语音质量较差。速率为 24kbit/s 的声码器是一种典型的采用参量编码技术的数字语音系统，其优点是速率低，主要用于军事保密通信；缺点是语音质量仅能达到合成质量，且对背景噪声敏感。

在数字通信发展的推动下，语音编码技术的研究进展迅速，出现了众多编码方案。研究的方向主要有两个：一是降低语音编码速率，主要是针对语音质量好但速率高的波形编码，特别是 64kbit/s 的 PCM；二是提高语音质量，主要针对速率低但语音质量较差的参量编码，特别是 24kbit/s 的声码器。

波形编码的改进主要有自适应差分 PCM（Adaptive Differential PCM，ADPCM）、子带编码（Sub-Band Coding，SBC）、自适应变换编码（Adaptive Transform Coding，ATC）、时域谐波压扩（Time Domain Harmonic Scaling，TDHS）等。这些编码的速率为 9.6～32kbit/s，语音质量较好。

参量编码的一项突出进展是提出了矢量量化编码，可进一步压缩速率。为改进参量编码语音质量，人们提出了多脉冲激励线性预测编码（Multi-Pulse Excited LPC，MPE-LPC）、规则脉冲激励线性预测编码（Regular Pulse Excited LPC，RPELPC）等。当速率为 4.8～16kbit/s 时，可达到中等语音质量。这些编码不是单纯的参量编码，属于混合编码。码激励线性预测编码（Code Excited Linear Predictive，CELP）也是近年来提出的较好的编码方案。

按速率不同可将语音编码器分为低速率编码器（速率低于 4.8kbit/s）和中速率编码器（速率 4.8～32kbit/s）。目前较好的语音编码器多属于中速率编码，并且速率集中在 8kbit/s 左右，编码方法多为混合编码。泛欧数字蜂窝网和美国数字蜂窝网的语音编码都是如此。

什么样的语音编码技术适用于移动通信呢？这主要取决于移动信道的条件。由于频率资源十分有限，所以要求编码信号的速率较低。考虑到移动信道的衰落将导致较高的误比特率，因此编码算法应有较好的抗误码能力，此外，从用户的角度出发，还应有较好的语音质量和较短的延迟。

3.1.3 脉冲编码调制（PCM）

脉冲编码调制（PCM）是最早提出的语音编码方法，是一种波形编码，至今仍被广泛使用，尤其在有线通信网中。PCM 的优点是技术简单、无时延，对语音信号和其他类型信号都能可靠地编码传输。PCM 是一种基本的语音编码方式，在此基础上，发展出各种各样的编码技术。脉冲编码调制就是把一个时间连续、取值连续的模拟信号变换成时间离散、取值离散的数字信号后在信道中传输。脉冲编码调制就是对模拟信号先抽样，再对样值幅度量化、编码的过程。PCM 的工作原理框图如图 3.2 所示。

所谓抽样，就是对模拟信号进行周期性扫描，把时间上连续的信号变成时间上离散的信号。该模拟信号经过抽样后还应当包含原信号中所有信息，也就是说能无失真此恢复原模拟信号。

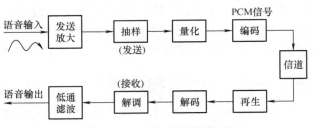

图 3.2　PCM 的工作原理框图

所谓量化，就是把经过抽样得到的瞬时值将其幅度离散，即用一组规定的电平，把瞬时抽样值用最接近的电平值来表示。

一般语音信号的带宽为 300~3400Hz，编码时通常采用的抽样速率为 $f_s = 8000\text{Hz}$，如果采用 8bit 量化，则单路语音编码的比特速率为 64kbit。这也就是在有线数字通信中常用的 64kbit PCM 编码方式。一个模拟信号经过抽样、量化后，得到已量化的脉冲幅度调制信号，它仅为有限个数值。

所谓编码，就是用一组二进制码组来表示每一个有固定电平的量化值。然而，实际上量化是在编码过程中同时完成的，故编码过程也称为模-数转换，可记作 A - D。

3.1.4　线性预测编码（LPC）

线性预测编码（Linear Predictive Coding, LPC）是一种参数编码方式。参数编码的基础是人类语音的生成模型，通过这个模型，提取语音的特征参数，然后对特征参数进行编码传输。

在线性预测编码中，将语音激励信号简单地划分为浊音信号和清音信号。浊音信号可以用准周期脉冲序列激励信号来表示，清音信号可以用白色随机噪声激励信号来表示。由于语声信号是短时平稳的，根据语声信号的短时分析和基音提取方法，可以用若干的样值对应的一帧来表示短时语声信号。再逐帧将语音信号用基音周期 T_p，清/浊音（u/v）判决，声道模型参数和增益 G 来表示。对这些参数进行量化、编码，在接收端再进行语声的合成。线性预测编译码原理如图 3.3 所示。

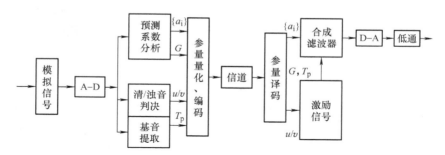

图 3.3　线性预测编译码原理

在发送端，原始语音信号送入 A - D 转换器，以 8kHz 速率抽样变成数字化语音信号。以 180 个抽样样值为一帧，以一帧为处理单元逐帧完成每一帧的线性预测系数分析，并作相应的清/浊音（u/v）处理、基音 T_p 提取，再对这些参量进行量化、编码并送入信道传送。在接收端，经参量译码分出参量、G、T_p、u/v，以这些参数作为合成语音信号的参量，最后将合成产生的数字化语音信号经 D - A 转换还原为语音信号。

3.1.5　码激励线性预测编码（CELP）

码激励线性预测编码（Code Excited Linear Prediction, CELP）是一种 IS - 95 语音编码，属于混合编码，是一个简化的 LPC 算法，以其低比特率著称，具有很清晰的语音品质和很高的背景噪声免疫性。CELP 是一种在中低速率上广泛使用的语音压缩编码方案。CELP 用线性预测提取声道参数，用一个包含许多典型的激励矢量的码本作为激励参数，每次编码时都在这个码本中搜索一个最佳的激励矢量，这个激励矢量的编码值就是这个序列的码本中的序号。

CELP 能改善语音的质量，主要体现在以下几方面：

1）对误差信号进行感觉加权，利用人类听觉的掩蔽特性来提高语音的主观质量。

2）用分数延迟改进基音预测，使浊音的表达更为准确，尤其改善了女性语音的质量。

3）使用修正的 MSPE 准则来寻找"最佳"的延迟，使得基音周期延迟的外形更为平滑。

4）根据长时预测的效率，调整随机激励矢量的大小，提高语音的主观质量。

5）使用基于信道错误率估计的自适应平滑器，在信道误码率较高的情况下也能合成自然度较高的语音。

CELP 已经被许多语音编码标准所采用，美国联邦标准 FS1016 就是采用 CELP 的编码方法，主要用于高质量的窄带语音保密通信。

3.2　信道编码概述

信道编码也称为差错控制编码，它是以提高信息传输的可靠性为目的的编码，通常通过增加信源的冗余度来改善信道链路的性能。用于检测错误的信道编码称为检错编码，既可检错又可纠错的信道编码称为纠错编码。移动通信系统使用信道编码技术可以降低信道突发的和随机的差错。

信息论的开创者香农（Shannon）在他的奠基性论文"通信的数学理论"中首次提出著名的信道编码定理。香农论证了通过对信息的恰当编码，可以将由信道噪声而导致的错误控制在任何误差范围之内，同时不需要降低信息传输速率。应用于加性高斯白噪声（Additive White Gaussian Noise，AWGN）信道的香农信道容量公式如下：

$$C = B\log_2\left(1 + \frac{P}{N_0 B}\right) = B\log_2\left(1 + \frac{S}{N}\right) \tag{3.1}$$

式中，C 为信道容量（bit/s）；B 为传输带宽（Hz）；P 为接收信号的功率（W）；N_0 为单边带噪声功率谱密度（W/Hz）；S/N 是信号与噪声的功率之比，简称信噪比（SNR）。

检错和纠错技术的基本思想是通过在数据传输中引入冗余来提高通信的可靠性。冗余的引入将消耗一定的带宽，这会降低频谱效率，但却能够大大降低 SNR 情况下的误码率。香农指出，只要 SNR 足够大，就可以用很宽的带宽实现无差错通信。另外，差错控制编码的带宽是随编码长度的增加而增大的。因此，纠错编码应用于带宽受限或功率受限的环境具有一定优势。本节将分别介绍分组码、卷积码、交织编码及 Turbo 码。

3.2.1　分组码

要使信道编码具有一定的检错或纠错能力，必须加入一定的多余码元。信息码元先按组进行划分，然后对各信息组按一定规则加入多余码元，这些附加监督码元仅与本组的信息码元有关，而与其他码组的信息无关，这种编码方法称为分组编码。

分组码是一种前向纠错码，前向纠错码（FEC）的码字是具有一定纠错能力的码型，它在接收端解码后，不仅可以发现错误，而且能够判断错误码元所在的位置，并自动纠错。这种纠错码信息不需要储存，不需要反馈，实时性好。所以，广播系统（单向传输系统）都采用这种信道编码方式。

分组码将信源的信息序列按照独立的分组进行处理和编码。编码时将每 k 个信息位分为一组进行独立处理，变换成长度为 $n(n > k)$ 的二进制码组。分组码一般用符号 (n, k) 表示，其中 n 是码组的总位数，又称为码组的长度（码长），k 是码组中信息码元的数目，$n - k = r$ 为码组中的监督码元数目。比值 $(n-k)/k$ 称为码的冗余度，比值 k/n 称为编码效率。编码效率可表示分组中信息比特所占的比例。

分组码的纠错能力是码距的函数，不同的编码方案提供了不同的差错控制能力。码距是指两个码字 C_i 与 C_j 间不相同比特的数目，又称为汉明距离。可用如下公式表示：

$$d(C_i, C_j) = \sum_{l=1}^{n} C_{i,l} \oplus C_{j,l} \tag{3.2}$$

式中，d 是码距。最小码距是码距集合中的最小值。可表示成：

$$d_{\min} = \min\{d(C_i, C_j)\} \tag{3.3}$$

某种编码中，最小码距 $d_{\min}$ 的大小直接关系着这种编码的检错和纠错能力。一般情况下，码的检错、纠错能力与最小码距 $d_{\min}$ 的关系分为以下三种情况。

1）为检测 e 个错码，要求最小码距：$d_{\min} \geq e + 1$。

2）为纠正 t 个错码，要求最小码距：$d_{\min} \geq 2t + 1$。

3）为纠正 t 个错码，同时检测 e 个错码，要求最小码距：$d_{\min} \geq e + t + 1 (e > t)$。

线性分组码的最小码距越大，则检错、纠错能力越强。

在分组码中，把码组中"1"的数目称为码组的重量，简称码重。可用下式表示：

$$\omega(C_i) = \sum_{l=1}^{n} C_{i,l} \tag{3.4}$$

下面介绍几种常用的分组码。

1. 汉明（Hamming）码

Hamming 码是一种简单的纠错码。这种编码以及由它们衍生的编码，已被用于数字通信系统的差错控制中。Hamming 码包括二进制 Hamming 码与非二进制 Hamming 码。二进制 Hamming 码具有如下特性：

$$(n, k) = (2^m - 1, 2^m - 1 - m) \tag{3.5}$$

式中，k 是生成一个 n 位的码字所需的信息位的数目；m 是一个正整数，检测位的数目是 $n - k = m$。

2. Hadamard 码

一个 $N \times N$ 的 Hadamard 矩阵由 0 和 1 组成，其任意两行恰好有 $N/2$ 个元素不同。除了一行为全 0 外，其余行均有 $N/2$ 个 0 和 $N/2$ 个 1，最小码距为 $N/2$。

当 $N = 2$ 时，Hadamard 矩阵为

$$A = \begin{bmatrix} 0 & 0 \\ 0 & 1 \end{bmatrix} \tag{3.6}$$

除了上述 $N = 2^m$（m 为正整数）的特殊情况之外，也可以有其他长度的 Hadamard 编码，但它们不是线性的。

3. 循环（Cyclic）码

循环码是常用的校验码，在早期的通信中运用广泛，它是线性码的子集，具有大量可用的结构。循环码可以由 $(n-k)$ 次的生成多项式 $g(p)$ 生成。(n,k) 的循环码的生成多项

式表示如下：

$$g(p) = p^{n-k} + g_{n-k-1}p^{n-k-1} + \cdots + g_1 p + g_0 \tag{3.7}$$

消息多项式 $x(p)$ 定义如下：

$$x(p) = x_{k-1}p^{k-1} + \cdots + x_1 p + x_0 \tag{3.8}$$

式中，x_{k-1}，$\cdots$，x_0 代表 k 个信息位，而最后生成的码多项式 $c(p)$ 如下：

$$c(p) = x(p)g(p) \tag{3.9}$$

式中，$c(p)$ 是一个小于 n 次的多项式。循环码的编码通常由一个基于生成多项式或校验多项式的线性反馈移位寄存器完成。

4. BCH 码

BCH 码是循环码的一个重要子类，纠错能力很强，具有多种码率，可获得很大的编码增益，并能够在高速方式下实现。二进制 BCH 码可被推广到非二进制 BCH 码，它的每个编码符号代表 m 个比特。最重要且最通用的多进制 BCH 码为 Reed – Solomon 码。BCH 码有严密的代数理论，是目前研究最透彻的一类码。

5. RS 码

RS 码是 Reed – Solomon（里德–索洛蒙）码的简称，它是一种多进制 BCH 码。把多重码元当成一个码元，编成 BCH 码，就是 RS 码。它能够纠突发错误，通常在连续编码系统中采用。Reed – Solomon 码是所有线性码中最小码距（$d_{\min}$）值最大的码。

3.2.2 卷积码

卷积码是信道编码中的一类重要的编码方式，主要用来纠正随机错误，其结构如图 3.4 所示。卷积码 (n, k, N)（其中 k 为每次输入到卷积编码器的比特数，n 为每个 k 元组码字对应的卷积码输出 n 元组码字，N 为约束长度）表示该编码器有 Nk 个移位寄存器，n 个模 2 加法器，n 个移位寄存器为输出。卷积码将 k 元组输入码元编成 n 元组输出码元，则编码效率为 $R_c = k/n$，但 k 和 n 通常很小，特别适合以串行形式进行传输，时延小。

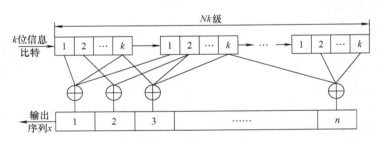

图 3.4　卷积码结构

卷积码与分组码的根本区别在于，它不是把信息序列分组后再进行单独编码，而是由连续输入的信息序列得到连续输出的已编码序列。即进行分组编码时，其本组中的 $n-k$ 个校验元仅与本组的 k 个信息元有关，而与其他各组信息无关；但在卷积码中，其编码器将 k 个信息码元编为 n 个码元时，这 n 个码元不仅与当前段的 k 个信息有关，而且与前面的 $(N-1)$ 段信息有关（N 为编码的约束长度）。同样，在卷积码译码过程中，不仅从此时刻收到的码组中提取译码信息，而且还要利用以前或以后各时刻收到的码组中提取有关信息，同时卷积码的纠错能力随约束长度的增加而增强，差错率则随着约束长度增加而呈指数下降。

描述卷积码的方法有两种：图解法和解析法。图解法又包括树状图、网格图和状态图。当给定输入信息序列和起始状态时，可以用上述三种图解法中的任何一种，找到输出序列和状态变化路径。解析法可以采用生成矩阵和生成多项式这两种方法。图解法和解析法各有特点，用延时多项式表示卷积码编码器的生成多项式最为方便。网格图对分析卷积码的译码算法十分有用。状态图表明卷积码编码器是一种有限状态的马尔科夫过程，可以用信号流图理论来分析卷积码的结构及性能。

对于 (n,k,N) 卷积码的一般情况，可以延伸出如下结论：

1）对应于每组 k 个输入比特，编码后产生 n 个比特。

2）树状图中每个节点引出 2^k 条支路。

3）网格图和状态图都有 $2^{k(N-1)}$ 种可能的状态，每个状态引出 2^k 条支路，同是也有 2^k 条支路从其他状态或本状态引出。

译码器通过运用一种可以将错误的发生概率减小到最低程度的规则或方法，从已编码的码字中解出原始信息。在信息序列和码序列之间存在对应关系，任何信息序列和码序列将与网格图中的唯一一条路径相对应，因此，卷积译码器的工作就是找到网格图中的这条路径。

解卷积码的技术有许多种，常用的是 Viterbi 算法和序贯译码法。

3.2.3　交织编码

交织编码的作用是将源信息分散到不同的时间段中，这样，当出现深衰落或突发干扰时，源信息中的某一块数据不会被同时扰乱。并且，源比特在时间上被分开后，还可以利用信道编码来减弱信道干扰对源信息的影响。交织编码设计的思路不是为了适应信道，而是为了改造信道，它是通过交织与去交织将一个有记忆的突发信道改造为基本上是无记忆的随机独立差错的信道，然后再用随机独立差错的纠错码来纠错。

通常，交织编码与各种纠正随机差错的编码（如卷积码或其他分组码）结合使用，从而具有较强的既能纠正随机差错又能纠正突发差错的能力。

交织编码不像分组码那样，它不增加监督元，即交织编码前后，码速率不变，因此不影响有效性。

在交织编码之前，先要进行分组码编码，将待编码的 $m \times n$ 个数据位进行交织。通常，每行由 n 个数据位组成一个字，行数 m 表示交织的深度，其结构如图 3.5 所示。由图所见，数据位被按列写入，而在发送时是按行读出的，这样就产生了对原始数据位以 m 个比特为周期进行分隔的效果。在接收端的解交织操作过程则与之相反。

由于接收机在收到了 $m \times n$ 个比特并进行解交织以后才能解码，所以交织编码存在一个固有延时。对于语音信号而言，当延时小于 40ms 时，人们是可以忍受的，所以应用于语音信息的交织器的延时不能超

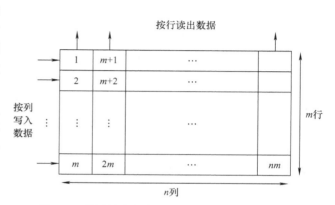

图 3.5　常用的交织方法（按列写入、按行读出）

过 40ms。此外，交织编码的字长和交织深度与所用的语音编码器、编码速率和最大容许时延有较大的关系。

在移动信道中，数字信号传输常出现成串的突发差错，因此，数字化移动通信中经常使用交织编码技术。

3.2.4 Turbo 码

Turbo 码是近年来倍受瞩目的一项新技术。虽然它的复杂性、译码时延对有些应用带来困难（例如对实时语音），但它是目前已知的可实现的最好的编码技术。

Turbo 码的基本原理是通过编码器的巧妙构造，即多个子码通过交织器进行并行或串行级联（PCC/SCC），然后以类似内燃机引擎废气反复利用的机理进行迭代译码，从而获得卓越的纠错性能，Turbo 码也因此得名。它不仅在信噪比较低的高噪声环境下性能优越，而且具有很强的抗衰落、抗干扰能力，其纠错性能接近香农极限。这使得 Turbo 码在信道条件较差的移动通信系统中有很大的应用潜力。

图 3.6 所示为 AWGN（加性高斯白噪声）信道中的码率与香农极限，该图是计算机仿真的结果，给出了 Turbo 码与其他编码方案的性能比较。从图中可以看出，在一定条件下，Turbo 码在 AWGN 信道上的码率（误比特率）接近香农极限。

Turbo 码最先是由 Claude. Berrou 等人提出的。它实际上是一种并行级联卷积码（Parallel Concatenated Convolutional Codes）。Turbo 码编码器是由两个反馈的系统卷积编码器通过一个交织器并行连接而成，编码后的校验位经过删余阵，从而产生不同的码率的码字。Turbo 码编码器结构如图 3.7 所示。信息序列 $u = \{u_1, u_2 \cdots, u_N\}$ 经过交织器形成一个新序列 $u_1 = \{u'_1, u'_2, \cdots, u'_N\}$（长度与内容没变，但比特位经过重新排列），$u$ 和 u_1 分别传送到两个分量编码器（RSC1 与 RSC2），一般情

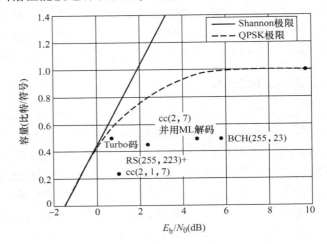

图 3.6　AWGN 信道中的码率与香农极限

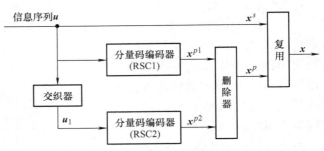

图 3.7　Turbo 码编码器结构

况下，这两个分量编码器结构相同，生成序列 x^{p1} 和 x^{p2}。为了提高码率，序列 x^{p1} 和 x^{p2} 需要经过删余器，采用删余（puncturing）技术从这两个校验序列中周期地删除一些校验位，形成校验序列 x^p，x^p 与未编码序列 x^s 经过复用调制后，生成了 Turbo 码序列 X。

Turbo 码译码器结构如图 3.8 所示。它由两个软输入/软输出（SISO）译码器 DEC1 和

DEC2 串行级联组成，交织器与编码器中所使用的交织器相同。译码器 DEC1 对分量编码器 RSC1 进行最佳译码，产生关于信息序列 u 中每一比特的似然信息，并将其中的"新信息"经过交织给 DEC2，译码器 DEC2 将此信息作为先验信息，对分量编码器 RSC2 进行最佳译码，产生关于交织后的信息序列每一比特的似然信息，然后将其中的"外信息"经过解交织送给 DEC1，进行下一次译码。这样，经过多次迭代，DEC1 或 DEC2 的外信息趋于稳定，似然比渐近值逼近于对整个码的最大似然译码，然后对此似然比进行硬判决，即可得到信息序列 u 的每一比特的最佳估值序列 $\hat{u}$。

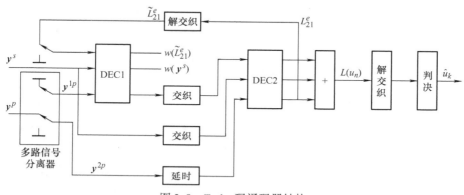

图 3.8 Turbo 码译码器结构

Turbo 码的提出，更新了编码理论研究中的一些概念和方法。现在人们更喜欢基于概率的软判决译码方法，而不是早期基于代数的构造与译码方法，而且不同编码方案的比较方法也发生了变化，从以前的相互比较过渡到现在的都与香农极限进行比较。同时，也使编码理论家变成了实验科学家。

日前 Turbo 码的研究尚缺少理论基础支持，但是在各种恶劣条件下（即低 SNR 情况下），提供接近香农极限的通信能力已经通过模拟证明。但 Turbo 码也存在着一些亟待解决的问题，例如译码算法的改进、复杂性的降低、译码延时的减小。作为商用 3G 移动通信系统的关键技术之一，Turbo 码将逐渐获得较好的理论支持并且得到进一步开发和完善。

3.3 调制技术概述

调制是对信号源的编码信息进行处理，使其变为适合传输的形式的过程，即是把基带信号（信源）转变为一个相对基带频率而言频率非常高的带通信号。带通信号叫做已调信号，而基带信号叫作调制信号。调制可以通过使高频载波随信号幅度的变化而改变载波的幅度，相位或者频率来实现。移动通信系统的调制技术包括用于第一代移动通信系统的模拟调制技术和用于现今及未来系统的数字调制技术。由于数字通信具有建网灵活、容易采用数字差错控制和数字加密、便于集成化、能够进入 ISDN 等优点，所以通信系统都在由模拟方式向数字方式过渡。而移动通信系统作为整个通信网络的一部分，其发展趋势也必然是由模拟方式向数字方式过渡，所以现代的移动通信系统都使用数字调制方式。

3.3.1 移动通信对数字调制的要求

在移动通信中，由于信号传播的条件恶劣和快衰落的影响，接收信号的幅度会发生急剧的变化。因此，在移动通信中必须采用一些抗干扰性能强、误码性能好、频谱利用率高的调制技术，尽可能地提高单位频带内传输数据的比特速率，以适应移动通信的要求。数字调制方式应考虑如下因素：抗干扰性能、抗多径衰落的能力、已调信号的带宽以及使用成本等。

移动通信对数字调制技术的要求如下：

1）所有的技术必须在规定频带内提供高的传输效率。

2）抗干扰性能要强，要使信号深衰落引起的误差数降至最小。

3）应使用高效率的放大器。

4）在衰落条件下获得所需要的误码率。

5）占用频带要窄，带外辐射要小。

6）同频复用的距离小。

7）能提供较高的传输速率，使用方便、成本低。

3.3.2 移动通信实用的调制技术

目前已经开发出的实用调制技术包括以调频技术为基础的 MSK、TFM、GMSK 等，以调相技术为基础的 QPSK、OQPSK、$\pi/4$ - QPSK、8PSK 等，以调相技术和调幅技术结合为基础的 16QAM、32QAM、64QAM 等。目前单纯的调制技术比较成熟，对调制技术的研究注重与其他传输技术的结合，例如调制与编码技术的结合，调制与传输信道状况的结合等。

从技术方法的角度看，移动通信实用的调制技术主要有两类。

1）线性调制技术：以 PSK 为基础发展起来的调制技术，已调信号的包络不恒定，因而要求射频功放具有较高的线性。线性调制技术的优点是可以获得较高的频带利用率，例如 $\pi/4$ - QPSK 调制信号的频谱利用率为 $1.6\text{bit}/(\text{s}\cdot\text{Hz})$；缺点是设备成本较高，这是由于必须采用较为昂贵的线性功率放大器的缘故。线性调制技术包括 QPSK、OQPSK、$\pi/4$ - QPSK 等移动通信实用的调制技术。

2）恒定包络调制技术：以 FSK 为基础发展起来的调制技术，特点是已调信号的包络恒定，因此不要求线性功放，可以采用功率效率较高的 C 类放大器，降低成本。恒定包络调制技术包括 MSK、TFM、GMSK 等。

3.4 线性调制技术

3.4.1 四相相移键控（QPSK）

四相相移键控（QPSK）又称为正交相移键控。相移键控是指用二进制基带信号去控制正弦载波的相位变化。一个比特有两种状态："0" 和 "1"，所以最简单的相移键控技术就是二相相移键控（BPSK），而 QPSK 是由两个比特组成一个双比特码去控制载波的相位状态，这样共有四种相位状态。

在 QPSK 的基础上又出现了 OQPSK 和 DQPSK。OQPSK 是在正交支路引入了一个比特（半个码元）的时延，这使得两个支路的数据不会同时发生变化，不可能产生像 QPSK 那样 $\pm\pi$ 的相位跳变，而仅产生 $\pm\pi/2$ 的相位跳变，因此，频谱旁瓣要低于 QPSK 信号的旁瓣。DQPSK 的相位跳变介于 QPSK 和 OQPSK 之间，为 $3\pi/2$，是前两种调制方法的折中。一方面，DQPSK 保持了信号包络基本不变特性，降低了对射频器件的工艺要求；另一方面，DQPSK 可以采用非相关检测，从而大大简化了接收机的结构。

四相相移键控调制是二相的推广，是利用载波的四种不同相位来表征输入的数字信息，由于四种相位可代表四种数字信息，因此对输入的二进制序列应先进行分组，将每两个信息数字编为一组，然后根据其组合情况用四种不同载波相位去表征它们，即每一种载波相位代表两个比特信息，因此称为双比特码元。双比特码元与载波相位有两种对应关系，见表 3.1。在相位图上标示出来如图 3.9a、b 所示，相位分别是 π/2 和 π/4。

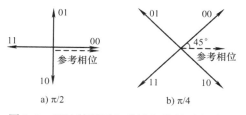

图 3.9　双比特码元与载波相位的对应关系

表 3.1　双比特码元与载波相位的对应关系

双比特码元		载 波 相 位	
a	b	A 方式	B 方式
0	0	0°	45°
0	1	90°	135°
1	1	180°	225°
1	0	270°	315°

QPSK 信号的表达式为（π/2 方式）：

$$S_{QPSK} = \sqrt{\frac{2E_s}{T_s}} \cos\left[2\pi f_c t + (i-1)\frac{\pi}{2}\right] \quad 0 \leq t \leq T_s \quad i = 1, 2, 3, 4 \tag{3.10}$$

式中，T_s 是符号间隙，等于两个比特周期。式（3.10）可进一步写成

$$S_{QPSK}(t) = \sqrt{\frac{2E_s}{T_s}}\left\{\cos(2\pi f_c t)\cos\left[(i-1)\frac{\pi}{2}\right] - \sin(2\pi f_c t)\sin\left[(i-1)\frac{\pi}{2}\right]\right\} \tag{3.11}$$

QPSK 频带利用率比 BPSK 系统提高了一倍。而 QPSK 载波相位共有四个可能的取值，对应于四个已调信号的矢量图。QPSK 信号也可看成是载波相互正交的两个 BPSK 信号之和。

图 3.10 给出了典型的 QPSK 发射机框图。单极性二进制信息流比特率为 R_b，首先用一个单极性-双极性转换器将它转换为双极性非归零序列。然后将比特流 $m(t)$ 分为两个比特流 $m_I(t)$ 和 $m_Q(t)$（同相和正交流），每一个比特率为 $R_s = R_b/2$。两个二进制序列分别用两个正交的载波 $\phi_1(t)$ 和 $\phi_2(t)$ 进行调制。两个已调信号每一个都可以被看作一个 BPSK 信号，对它们求和产生一个 QPSK 信号。解调器输出端的滤波器将 QPSK 信号的功率谱限制在分配的带宽内，这样可以防止信号能量泄露到相邻的信道，还能去除在调制过程中产生的带外杂散信号。在绝大多数实现方式当中，脉冲成形在基带进行，并在发射机的输出端提供适当的 RF 滤波。

由于四相移相信号可以看作是两个正交 2PSK 信号的合成，因此可以采用与 2PSK 信号类似的解调方法进行解调。图 3.11 给出了相干 QPSK 解调接收机框图。前置带通滤波器可以去除带外噪声和相邻信道的干扰。滤波后的输出端分为两个部分，分别用同相和正交载波进行解调。解调用的相干载波用载波恢复电路从接收信号中恢复。解调器的输出提供一个判决电路，产生同相和正交二进制流。这两个部分复用后，再生出原始二进制序列。

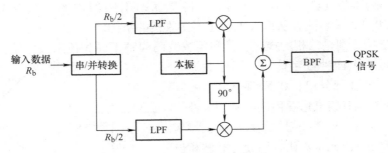

图 3.10　QPSK 发射机框图

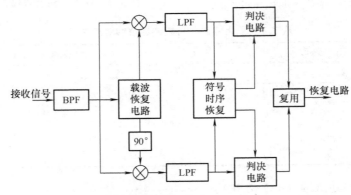

图 3.11　QPSK 解调接收机框图

3.4.2　交错四相相移键控（OQPSK）

QPSK 由于两个信道上的数据沿对齐，所以在码元转换点上，当两个信道上只有一路数据改变极性时，QPSK 信号的相位将发生 90°突变；当两个信道上数据同时改变极性时，QPSK 信号的相位将发生 180°突变。QPSK 的相位关系如图 3.12 所示。

OQPSK 信号产生时，是将输入数据经数据分路器分成奇偶两路，并使其在时间上相互错开一个码元间隔，然后再对两个正交的载波进行 BPSK 调制，叠加成为 OQPSK 信号。OQPSK 调制框图如图 3.13 所示。

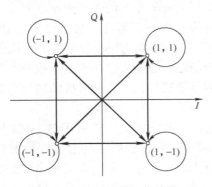

图 3.12　QPSK 的相位关系

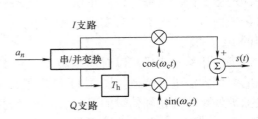

图 3.13　OQPSK 调制框图

44

　　OQPSK 的 I 信道和 Q 信道的波形及相位路径如图 3.14 所示，每次只有其中一个可能发生极性转换。输出的 OQPSK 信号的相位只有 $\pm \pi/2$ 跳变，而没有 π 的相位跳变，同时经滤波及硬限幅后的功率谱旁瓣较小，这是 OQPSK 信号在实际信道中的频谱特性优于 QPSK 信号的主要原因。其相位关系如图 3.15 所示。但是 OQPSK 信号不能接受差分检测，这是因为 OQPSK 信号在差分检测中会引入码间干扰。

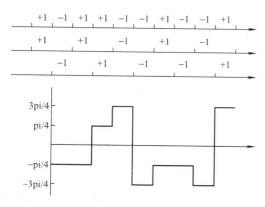

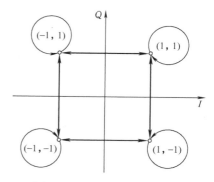

图 3.14　OQPSK 的 I、Q 信道波形及相位路径　　　　图 3.15　OQPSK 的相位关系

　　应用时需注意：四相移相信号解调时，相干载波的相位会出现不确定性，从而导致解调输出的信号也存在不确定性，因此在实际通信中使用的一般都是四相相对移相调制（QDPSK）。

3.4.3　$\pi/4$ - QPSK

1. 概述

　　$\pi/4$ - QPSK 是在现代移动通信中使用较多的一种正交相移键控技术，它是在常规 QPSK 调制基础上发展起来的。它可以相干解调，也可以非相干解调。从最大相位跳变来看，它是 QPSK 和 OQPSK 的折中。它的相位跳变值是 $n\pi/4$（$n = \pm 1$ 或 ± 3），而 QPSK 是 π，OQPSK 是 $\pi/2$。因此，带限 $\pi/4$ - QPSK 信号保持恒包络的性能比带限后的 QPSK 好，但比 OQPSK 更容易受包络变化的影响。$\pi/4$ - QPSK 最大的优点是它能够非相干解调，这将大大简化接收机的设计工作。而且，在多径扩展和衰落的情况下，$\pi/4$ - QPSK 的性能优于 OQPSK。$\pi/4$ - QPSK 采用差分编码，以便在恢复载波中存在相位模糊时，实现差分检测或相干解调。$\pi/4$ - QPSK 已成功应用于美国的 IS - 136 数字蜂窝系统、日本的 PDC 系统和美国的 PACS 系统。

　　为改进 QPSK 调制信号的频谱特性，把 QPSK 调制的 A、B 两种方式的矢量图合二为一，并且使载波相位只能从一种模式（A 或 B）向另一种模式（B 或 A）跳变，如图 3.16 所示。图 3.16 中"·"表示 QPSK 调制 A 方式的矢量图，

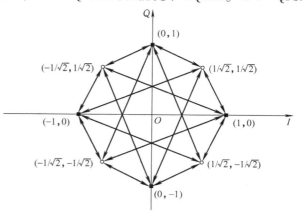

图 3.16　$\pi/4$ - QPSK 调制的矢量图

"。" 表示 QPSK 调制 B 方式的矢量图。矢量图中的箭头表示载波相位的跳变路径，显然，相位变化只有 ±π/4 和 ±3π/4 四种状态，不存在相位为 π 的相位跳变，因此，相比于 QPSK 调制，π/4 – QPSK 具有更好的频谱特性。

2. 调制器

π/4 – QPSK 调制器的硬件实现可用图 3.17 来表示。

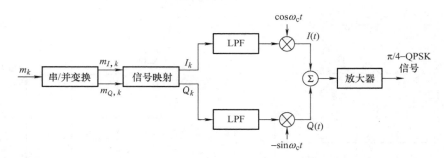

图 3.17　π/4 – QPSK 调制器的硬件实现

输入比特流由串/并转换器分成两个并行比特流 m_I 和 m_Q，每一个码元速率等于输入比特率的一半。第 k 个同相和正交脉冲 I_k 和 Q_k 在时间 $kT \leqslant t \leqslant (k+1)T$ 内，在信号映射电路的输出端产生。信号映射的基本关系式为

$$I_k = I_{k-1}\cos\Delta\theta_k - Q_{k-1}\sin\Delta\theta_k \tag{3.12}$$

$$Q_k = I_{k-1}\sin\Delta\theta_k + Q_{k-1}\cos\Delta\theta_k \tag{3.13}$$

式中，$\Delta\theta_k$ 是输入双比特符号 $\{m_{I,k}, m_{Q,k}\}$ 所对应的相移值，相移值的大小符合表 3.1 所示的规律，与图 3.17 相对应的是 QPSK 调制的 B 方式；I_k 和 Q_k 分别为双比特符号 $m_{I,k}$ 与 $m_{Q,k}$ 经映射逻辑变换后输出的同相和正交支路双比特符号；I_{k-1} 和 Q_{k-1} 分别为双比特符号 $m_{I,k-1}$ 与 $m_{Q,k-1}$ 经映射逻辑变换后输出的同相和正交支路双比特符号。

在映射逻辑输出的数据流中，第 k 个同相正交双比特符号 I_k 和 Q_k 的合成相位用 θ_k 表示；第 $k-1$ 个同相正交双比特符号 I_{k-1} 和 Q_{k-1} 的合成相位用 θ_{k-1} 表示。

3. π/4 – QPSK 解调

在移动通信中，由于接收信号的衰落和时变特性，相干解调性能变差，而差分检测不需要载波恢复，能实现快速同步，获得好的误码性能，因此差分解调在窄带 TDMA 和数字蜂窝系统中用得多。

π/4 – QPSK 信号的解调包括基带差分检测、中频（IF）差分检测和 FM 鉴频器检测。基带和 IF 差分检测器先求出相差的余弦和正弦函数，再由此判断相应的相差；而 FM 鉴频器用非相干方式直接检测相差。尽管每种技术有各自实现的问题，但仿真显示三种接收机结构有非常近似的误比特率性能。

（1）基带差分检测

π/4 – QPSK 的基带差分检测器的框图如图 3.18 所示。

输入的 π/4 – QPSK 接收信号通过两个正交的本地振荡器信号进行混频，两个本地振荡器信号具有和发射载波相同的频率，但相位不一定相同。当存在相位差时，通过适当的解码算法可以消除相位差对判决的影响。

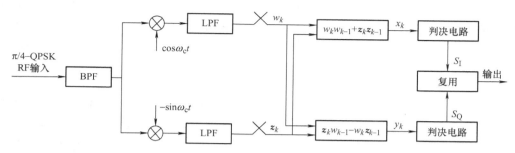

图 3.18　π/4 – QPSK 的基带差分检测器的框图

（2）中频差分检测

π/4 – QPSK 的中频差分检测器框图如图 3.19 所示。

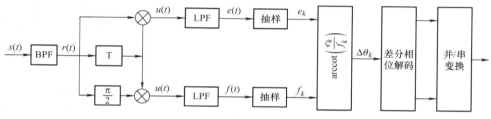

图 3.19　π/4 – QPSK 的中频差分检测器框图

中频差分检测器使用延迟线和两个鉴相器，而不需要本地振荡器。接收到的射频信号先变频到中频，然后进行带通滤波。带通滤波器设计成与发送的脉冲波形匹配，因此载波相位保持不变，噪声功率降到最小。差分检测器输出端信号的带宽是发射端基带信号带宽的两倍。

（3）FM 鉴频器解调

采用 FM 鉴频检测器解调 π/4 – QPSK 信号的框图如图 3.20 所示。

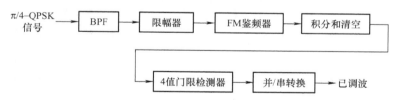

图 3.20　采用 FM 鉴频检测器解调 π/4 – QPSK 信号的框图

输入信号先通过带通滤波器滤波，使其与发送信号匹配。滤波后的信号被硬限幅去除包络的波动。硬限幅保留了输入信号相位的变化，所以没有丢失信息。FM 鉴频器提取出接收信号瞬时频率的变化，并在每个码元周期内积分，可得到两个抽样时刻间的相差。该相差再通过一个四值门限比较器来检测，也可以通过模为 2π 的鉴相器检测。

3.4.4　正交振幅调制（QAM）

在带宽有限的通信系统中，大容量信息必须通过高进制调制后进行传输。M 进制 QAM 信号星座图如图 3.21 所示，此时如果单独使用幅度或相位携带信息，则信号星座点仅发生在一条直线或一个圆点上，不能够充分利用信号平面。基于这种考虑产生了幅度和相位相结合的调制技术——正交幅度调制（Quadrature Amplitude Modulation，QAM），它可以保证在最小欧式距离的前提下尽可能多地增加星座点数目。目前，矩形星座具有容易产生的特点，也利于使用在正交相关方式解调中，所以矩形星座的 QAM 信号在实际应用中占了绝大部分。

类似于其他数字调制方式，QAM 发射信号集可以用星座图方便地表示。星座图上每一个星座点对应发射信号集上的一个信号。设正交幅度调制的发射信号集的大小为 M，称之为 M－QAM。常见的 M 进制 QAM 信号星座图如图 3.21 所示。从欧式距离的角度看，图 3.21 所示的矩形星座并不一定是最好的 M 阶星座点分布，还有其他通信系统选择了不同的信号映射方式，例如蜂窝形状的。数字通信中数据常采用二进制编码表示，这种情况下星座点的个数一般是 2 的幂。常见的 QAM 形式有 16－QAM、64－QAM、256－QAM 等。星座点数越多，每个符号能传输的信息量就越大。但是，在星座图的平均能量保持不变的情况下，增加星座点，会使星座点之间的距离变小，进而导致误码率上升。因此，高阶星座图的可靠性比低阶要差。

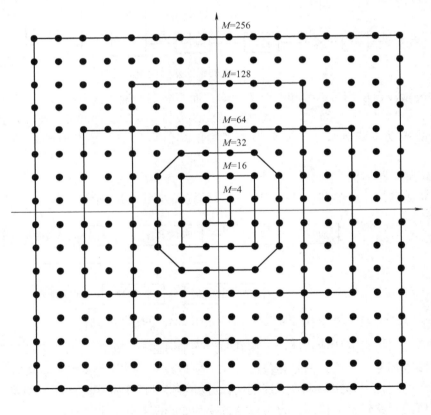

图 3.21　常见的 M 进制 QAM 信号星座图

从 QAM 调制实现过程看，QAM 信号可以看成是两路正交的多进制调幅信号之和。另一方面，图 3.22 中的 QAM 调制与 QPSK 调制完全相同。因此，也可以把 QAM 信号看成多层 QPSK 信号的线性组合。例如，一个 16QAM 星座图可以看成由两层 QPSK 调制组成，第一层调制确定了星座点处于哪个象限，第二层调制再映射为该象限的四个星座点之一。

当对数据传输速率的要求高于 8 - PSK 提供的速率上限时，一般采用 QAM 的调制方式。因为 QAM 的星座点比 PSK 的星座点更分散，星座点之间的距离也更大，所以能提供更好的传输性能。由于 QAM 星座点的幅度不是完全相同的，从而它的解调器需要能同时正确检测相位和幅度，不像 PSK 解调只需要检测相位即可，这增加了 QAM 解调器的复杂性。

产生多进制 QAM 信号的数学模型如图 3.22 所示。图中 $x'(t)$ 由序列 a_1，a_2，$\cdots$，a_k 组成，$y'(t)$ 由序列 b_1，b_2，$\cdots$，b_k 组成，它们是两组互相独立的二进制数据，经 2/m 变换器变为 m 进制信号 $x(t)$ 和 $y(t)$，经正交调制组合后可形成 QAM 信号。

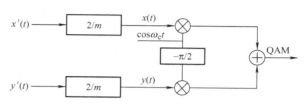

图 3.22 多进制 QAM 信号的数学模型

QAM 信号采取正交相干解调的方法解调，其数学模型如图 3.23 所示。解调器首先对收到的 QAM 信号进行正交相干解调。低通滤波器 LPF 滤除乘法器产生的高频分量。LPF 输出经抽样判决可恢复出 m 电平信号 $x(t)$ 和 $y(t)$。因为取值一般为 ±1，±3，$\cdots$，±$(m-1)$，所以判决电平应设在信号电平

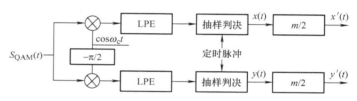

图 3.23 QAM 正交相干解调的方法解调数学模型

间隔的中点，即 $U_b = 0$，±2，±4，$\cdots$，±$(m-2)$。根据多进制码元与二进制码元之间的关系，经 m/2 转换，可将电平信号 m 转换为二进制基带信号 $x'(t)$ 和 $y'(t)$。

3.5 恒定包络调制技术

很多实际的移动无线通信系统都使用非线性调制方法，即无论调制信号如何变化，必须保证载波的振幅是恒定的。这就是恒定包络调制。

恒定包络调制能消除由于相位跃变带来的峰均功率比增加和频带扩展，它具有很多优点，例如：极低的旁瓣能量；可使用高效率的 C 类高功率放大器；容易恢复用于相干解调的载波；已调信号峰平比低。尽管恒包络有很多优点，但是它们占用的带宽比线性调制大，且实现相对复杂。

3.5.1 最小频移键控（MSK）

1. MSK 的概念

最小频移键控（MSK）是一种特殊的、改进的 2FSK 调制技术，它是最小调制系数（即 0.5）的连续相位的频移键控。它具有正交信号的最小频差，在相邻符号的交界处保持连续。

2. MSK 信号的时域表达式

MSK 信号可以表示为

$$S_{\text{MSK}}(t) = A\cos\left[\omega_{\text{c}}t + a_n\left(\frac{\pi}{2T_{\text{b}}}\right)t\right] \tag{3.14}$$

式中，$\omega_{\text{c}} = 2\pi\dfrac{f_1 + f_2}{2}$ 为载波中心；T_{b} 为数据码元宽度；$a_n = \pm 1$ 为基带信号双极性 NRZ 码。

设 x_n 为第 n 个码元的初相位，则 MSK 信号的时域表达式的一般形式为

$$S_{\text{MSK}}(t) = A\cos\left[\omega_{\text{c}}t + a_n\left(\frac{\pi}{2T_{\text{b}}}\right)t + x_n\right] \quad (n-1)T_{\text{b}} \leqslant t \leqslant nT_{\text{b}} \tag{3.15}$$

令 $\theta_n(t) = a_n\left(\dfrac{\pi}{2T_{\text{b}}}\right)t + x_n$，称之为瞬时相偏（附加相位）。

MSK 是连续相位调制，即第 n 个码元结束时的相位等于第 $n+1$ 个码元开始时的相位，但并非所有的 2FSK 都能满足此条件，而要满足就必须对初相 x_n 提出要求。要保证相位连续，其瞬时相偏要满足：$t = nT_{\text{b}}$ 时刻，$\theta_{n-1}(nT_{\text{b}}) = \theta_n(nT_{\text{b}})$ ［也可表示为 $\theta_n(nT_{\text{b}}) = \theta_{n+1}(nT_{\text{b}})$］，它表示前一码元 a_{n-1} 在 $t = nT_{\text{b}}$ 时刻的载波相位与当前码元 a_n 在 nT_{b} 时刻的载波相位相等。即由

$$\theta_{n-1}(nT_{\text{b}}) = a_{n-1}\frac{\pi(nT_{\text{b}})}{2T_{\text{b}}} + x_{n-1} \tag{3.16}$$

$$\theta_n(nT_{\text{b}}) = a_n\frac{\pi(nT_{\text{b}})}{2T_{\text{b}}} + x_n \tag{3.17}$$

得 $x_n = x_{n-1} + \dfrac{n\pi}{2}(a_{n-1} - a_n)$，此式为初相位 x_n 的递推公式，进一步推导可得

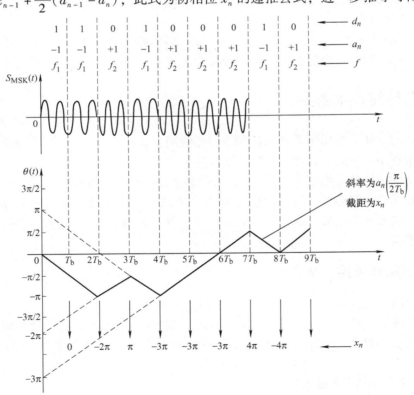

图 3.24　MSK 已调信号波形和相位轨迹

$$x_n = \begin{cases} x_{n-1} & a_n = a_{n-1} \\ x_{n-1} \pm k\pi & a_n \neq a_{n-1} \end{cases} \tag{3.18}$$

设 $x_0 = 0$，则 $x_n = 0$ 或 $\pm\pi$。

3. MSK 的特点

MSK 具有以下特点：

1）恒包络。

2）调制系数为 0.5，在码元转换时刻，信号相位连续，但相位路径是折线（见图 3.24）。

例如：信息发射速率为 1000Baud，载波频率为 2000Hz，则 MSK 已调信号波形及相位轨迹如图 3.24 所示。

3）MSK 功率谱更加紧凑，主瓣所占的频带宽度比 BPSK 信号窄（比 QPSK 信号的宽），在主瓣之外，功率谱旁瓣的下降也更加迅速（比 BPSK 和 QPSK 都快），所以适合于在窄带信道中传输，另外，由于占用带宽窄，故 MSK 抗干扰性能优于 BPSK。

3.5.2　高斯滤波最小频移键控（GMSK）

MSK 的上述特点都是移动通信所希望的，但移动通信对信号带外辐射的限制更为严格，必须衰减 70～80dB，旁瓣衰减快可以减小邻道干扰，这样 MSK 信号仍不能满足要求，原因是旁瓣衰减还不够快（不够快的主要原因是 MSK 的相位路径是折线）。要改善这一点的一个方法是加高斯滤波器，即在 MSK 调制器前端加一个高斯滤波器就构成了高斯滤波最小频移键控（GMSK）调制，双极性 NRZ 矩形脉冲序列经高斯低通滤波器后，其信号波形得到平滑，再经过 MSK 调制，则 MSK 输出的相位路径就由折线变得平滑，其功率谱旁瓣衰减更快。泛欧 GSM 标准采用的就是 GSMK 调制方式，这种恒包络技术在非线性移动通信信道中具有较好的性能，电源效率高。

1. 高斯滤波器的性能

GMSK 的原理如图 3.25 所示。

图 3.25　GMSK 原理

采用由 FM 构成的 GMSK 发射机框图如图 3.26 所示。将不归零信息比特流通过高斯低通滤波器后送入调制指数为 0.5 的频率调制（FM）器，FM 调制器的输出信号就是 GMSK 已调制信号。

图 3.26　GMSK 发射机框图

为什么高斯滤波器会影响到已调信号的相位路径（轨迹），从而影响到旁瓣的衰减呢？对于矩形脉冲，由于它有拐角且有陡峭的下降沿，在频域上会表现为高频分量，从而产生旁瓣。在频域上通过一个滤波器将高频分量去掉，会加快旁瓣的衰减，这种让矩形脉冲或冲激脉冲通过某种滤波器的过程，叫作脉冲成型技术。脉冲成型技术广泛地应用于数字调制技术中，（在前面的学习中没提到脉冲成型技术，主要是为了简化讨论）。用于脉冲成型的滤波器可分为两种，一类是升余弦滤波器，另一类是高斯滤波器。这两种滤波器是有区别的，升余弦滤波器符合奈奎斯特法则，能消除 ISI（PSK、QPSK 中应用）；而高斯滤波器不符合奈奎斯特法则，会引起 ISI。从时域上看，由于高斯滤波器滤除了高频分量，那么必然对原来的时域信号产生影响，这种影响就是使脉冲信号的边沿变圆和展宽，从而引起 ISI。

在 GMSK 中，高斯低通滤波器必须满足下列要求：

1）带宽窄，具有尖锐的过滤带（目的：抑制高频分量）。

2）具有较低的峰突冲激响应（目的：防止瞬时频率偏移过大）。

3）能保持输出脉冲的面积（目的：利于进行相干检测）。

2. 高斯滤波器的设计

高斯滤波器的冲激响应为

$$h_G(t) = \frac{\pi}{\alpha} e^{-\frac{\pi^2}{\alpha^2} t^2} \tag{3.19}$$

传递函数为

$$H_G(f) = e^{-\alpha^2 f^2} \tag{3.20}$$

参数 α 与高斯滤波器的 3dB 带宽 B_b 有关，即

$$\alpha = \frac{\sqrt{\ln 2}}{\sqrt{2} B} = \frac{0.5887}{B_b} \tag{3.21}$$

式中，B_b 对码元速率 f_b 归一化的值称为归一化 3dB 带宽，它是高斯滤波器的重要参数。归一化 3dB 带宽的取值将影响到已调制信号的性能，工程设计中应慎重选择。

高斯滤波器对单个宽度为 T_b 的矩形脉冲响应为

$$g(t) = Q\left[\frac{2\pi B_b}{\sqrt{\ln 2}}\left(t - \frac{T_b}{2}\right)\right] - Q\left[\frac{2\pi B_b}{\sqrt{\ln 2}}\left(t + \frac{T_b}{2}\right)\right] \tag{3.22}$$

这就是 GMSK 信号的基带波形。式中：

$$Q(t) = \int_t^{\infty} \frac{1}{\sqrt{2\pi}} e^{-\frac{\tau^2}{2}} d\tau \tag{3.23}$$

可见，高斯滤波器可由归一化 3dB 带宽 $B_b T_b$ 完全定义。习惯上，用 $B_b T_b$ 来定义 GMSK。GMSK 的 $B_b T_b$ 越小，旁瓣衰减越快，但会增加误码率，这是由于低通滤波器引发的码间干扰也越大。所以往往从频谱利用率和误码率双方考虑 $B_b T_b$ 应折中选择。GSM 系统中归一化 3dB 带宽的取值一般为 $B_b T_b = 0.3$。

归一化 3dB 带宽的值还会影响基带波形 $g(t)$ 的形状，如图 3.27 所示，也就影响到已调制信号相位变化的规律和频谱特性。

3. GMSK 信号的功率谱

GMSK 信号的功率谱如图 3.28 所示。可以看出，随着归一化 3dB 带宽 $B_b T_b$ 的增加，信号的带外辐射增加，$B_b T_b$ 趋于无限大时，与 MSK 信号的功率谱相同；随着归一化 3dB 带宽 $B_b T_b$ 的减少，信号的带外幅射减少，$B_b T_b = 0.2$ 时，与 TFM 信号的功率谱相近。

4. GMSK 的优点

GMSK 具有以下优点：

1）恒包络。

2）旁瓣衰减快，频谱效率高。

3）适合非线性放大。

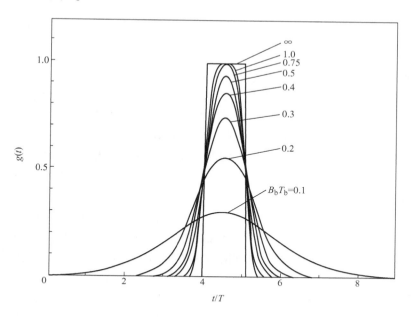

图 3.27　GMSK 信号的基带波形

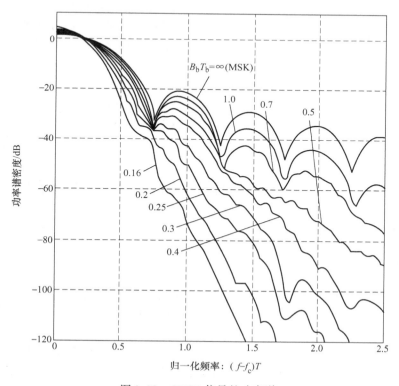

图 3.28　GMSK 信号的功率谱

3.6　扩频调制技术

3.6.1　扩频调制技术概述

目前所研究的调制和解调技术都是争取在静态加性高斯白噪声信道中有更高的功率效率和宽带效率，因此，所有调制方案的主要设计的立足点就在于如何减少传输带宽，即传输带宽最小化。但是带宽是一个有限的资源，随着窄带化调制接近极限，最后只能压缩信息本身的带宽了。而扩频调制技术正好相反，它所采用的带宽比最小信道传输带宽要大好几个数量级，所以该调制技术就向着宽带调制技术发展，即以信道带宽来换取信噪比的改善。扩频调制系统对于单用户来说很不经济，但是在多用户接入环境当中，它可以保证多用户同时通话时相互之间不会干扰。

扩展频谱（简称扩频）的精确定义为：扩频（Spread Spectrum）一般是指用比信号带宽宽得多的频带宽度来传输信息的技术。频带的扩展由独立于信息的码来实现，在接收端用同步接收技术实现解扩和数据恢复。这样的技术就称为扩频调制，而传输这样信号的系统就为扩频系统。

目前，最基本的展宽频谱的方法有以下两种：

1）直接序列扩频，简称直接扩频（DS）：这种方法采用比特率非常高的数字编码的随机序列去调制载波，使信号带宽远大于原始信号带宽。

2）跳频扩频，简称跳频（FH）：这种方法采用较低速率编码序列的指令去控制载波的中心频率，使其离散地在一个给定频带内跳变，形成一个宽带的离散频率谱。

扩频调制系统的抗干扰性能非常好，特别适合于无线移动环境中应用。扩频系统有以下一些优点：

1）抗干扰能力强，特别是抗窄带干扰能力。

2）可检性低（Low Probability of Intercept，LPI），不容易被侦破。

3）具有多址能力，易于实现码分多址（CDMA）技术。

4）可抗多径干扰。

5）可抗频率选择性衰落。

6）频谱利用率高，容量大（可有效利用纠错技术、正交波形编码技术、语音激活技术等）。

7）具有测距能力。

3.6.2　PN 码序列

扩频通信中，扩频码常采用伪随机序列。伪噪声序列（PN）或伪随机序列是一种自相关的二进制序列，在一段周期内其自相似性类似于伪随机二进制序列，它的特性与白噪声的自相关特性相似。

PN 码的码型将影响码序列的相关性，序列的码元（码片）长度将决定扩展频谱的宽度。所以 PN 码的设计直接影响扩频系统的性能。在直接序列扩频任意选址的通信系统当中，对 PN 码有如下要求：

1) N 码的比特率应能够满足扩频带宽的需要。

2) PN 码的自相关性要大，且互相关性要小。

3) PN 码应具有近似噪声的频谱性质，即接近连续谱，且均匀分布。

PN 码通常是通过序列逻辑电路得到的。通常应用当中的 PN 码有 m 序列、Gold 序列等多种伪随机序列。在移动通信的数字信令格式中，PN 码常被用作帧同步编码序列，利用相关峰来启动帧同步脉冲以实现帧同步。

3.6.3　直接序列扩频（DS - SS）

直接序列扩频（DS - SS）系统也称为直接扩频系统，或称为伪噪声系统，记作 DS 系统。它通过将伪噪声序列直接与基带脉冲数据相乘来扩展基带数据，其伪噪声序列由伪噪声生成器产生。PN 波形的一个脉冲或符号称为"码片"。图 3.29 给出了使用二进制相移调制的 DS 系统的功能框图。这是一个普遍使用的直接序列扩频的方法。同步数据符号位有可能是信息位，也有可能是二进制编码符号位。在相位调制前以模 2 加的方式形成码片。接收端则可能会采用相干或者非相干的 PSK 解调器。

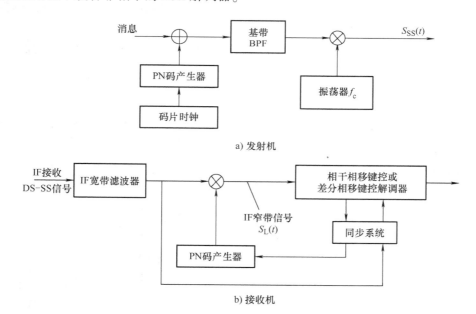

图 3.29　二进制相移调制的 DS 系统的功能框图

单用户扩频信号可以表示如下：

$$S_{SS}(t) = \sqrt{\frac{2E_s}{T_s}} m(t) p(t) \cos(2\pi f_c t + \theta) \tag{3.24}$$

式中，$m(t)$ 为数据序列；$p(t)$ 为 PN 码序列；f_c 为载波频率；θ 为载波初始相位。

数据波形是一串在时间序列上非重叠的矩形波形，每个波形的幅度等于 + 1 或 - 1。在 $m(t)$ 中，每个符号代表一个数据符号且其持续周期为 T_s。PN 码序列 $p(t)$ 中每个脉冲代表一个码片，通常也是幅度等于 + 1 或 - 1、持续周期为 T_c 的矩形波，T_s/T_c 是一个整数。若扩频信号 $S_{SS}(t)$ 的带宽是 W_{SS}，$m(t)\cos(2\pi f_c t)$ 的带宽是 B，由于 $p(t)$ 扩频，则 $W_{SS} \gg B$。

对于图 3.29b 中的 DS 接收机，假设已经达到了码元同步，接收到的信号通过宽带滤波器，然后与本地的 PN 序列 $p(t)$ 相乘。如果 $p(t) = +1$ 或 -1，则 $p^2(t) = 1$，这样经过乘法运算得到中频解扩频信号为

$$S_L(t) = \sqrt{\frac{2E_s}{T_s}} m(t) \cos(2\pi f_c t + \theta) \tag{3.25}$$

把这个信号作为进入解调器的输入端。因为 $S_L(t)$ 是 BPSK 信号，相应地通过相关的解调信就可以提取出原始的数据信号 $m(t)$。

3.6.4 跳频扩频（FH - SS）

跳频涉及射频的一个周期性的改变。一个跳频信号可以视为一系列调制数据突发，它具有时变、伪随机的载频。如果将载频置于一个固定的频率上，那么这个系统就是一个普通的数字调制系统，其射频为一个窄带谱。跳频是指用一定码序列进行选择的多频率频移键控。也就是说，用扩频码序列去进行频移键控调制，使载波频率不断地跳变。跳频系统有几个、几十个甚至上千个频率，由所传信息与扩频码的组合去进行选择控制，不断跳变。所有可能的载波频率的集合称为跳频集。

发射机的振荡频率在很宽的频率范围内不断地变换，在接收端必须以同样的伪码设置本地频率合成器，使其与发送端的频率作相同的改变，即收发必须同步，才能保证通信的建立。所以，解决同步和定时是实际跳频系统的一个关键问题。

如果每次跳频只使用一个载波频率（单信道），数字数据调制就称为单信道调制。图 3.30 给出了一个单信道的跳频扩频（FH - SS）系统框图。跳频之间的持续时间称为跳频持续时间或跳频周期，用 T_b 表示。若跳频总带宽和基带信号带宽由 W_{SS} 和 B 表示，则处理增益为 W_{SS}/B。

如果跳频序列能被接收机产生并且和接收信号同步，则可以得到固定的差频信号，然后再进入传统的接收机当中。在 FH - SS

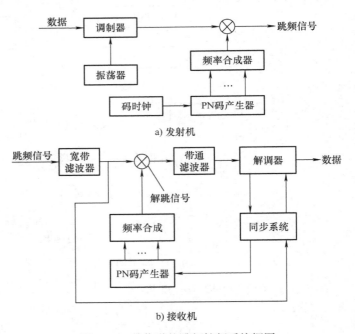

a) 发射机

b) 接收机

图 3.30　单信道的跳频扩频系统框图

系统中，一旦一个没有预测到的信号占据了跳频信道，就会在该信道中带入干扰和噪声并因此而进入解调器。这就是在相同的时间和相同的信道上与没有预测到的信号发生冲突的原因。

跳频可分为快和慢两种。如果一次发射信号周期间有不止一个频率跳跃，则为快跳频。

快跳频意味着跳频速率大于或等于信息速率。如果在频率跳跃的时间间隔中有一个或多个信号发射，则为慢跳频。

如果采用二进制 FSK，则一对可能的瞬时频率每次跳频时都要发生变动。发射信号占据的频率信道称为发射信道，另一个信号发射时所占据的信道称为互补信道。FH – SS 系统的跳频速率取决于接收机合成器的频率灵敏性、发射信息的类型、抗碰撞的编码冗余度，以及与最近的潜在干扰的距离。

由于跳频系统对载波的调制方式并无限制，并且能与现有的模拟调制兼容，所以在军用短波和超短波电台中得到了广泛的应用。移动通信中采用调频调制系统虽然不能完全避免"远近效应"带来的干扰，但是能大大减少它的影响，这是因为跳频系统的载波频率是随机改变的。

思考与练习题

1. 信源编码和信道编码的目的分别是什么？
2. 语音编码可分为哪三类？各类语音编码具有哪些特点？
3. 简述移动通信中对语音编码的要求。
4. 什么是码距和码重？
5. 分组码和卷积码有何区别？
6. 采用交织编码的目的是什么？它与分组码有何区别？
7. 什么是调制？移动通信对数字调制有哪些要求？
8. QPSK 和 OQPSK 的最大相位变化量分别是多少？各有哪些优缺点？
9. QPSK、OQPSK 和调制的星座图和相位转移图有什么异同之处？
10. QAM 是什么调制？它与 PSK 调制方式有何区别？
11. 画出一个产生 GMSK 信号的 GMSK 调制器的框图。
12. 分析 GMSK 调制时高斯滤波器的带宽对于信号频谱形状的影响。当 $B_b T_b$ 值分别为 0.2、0.5 和 1 时，画出信号的频谱形状。
13. GMSK 与 MSK 信号相比，其频谱特性得以改善的原因是什么？
14. 在 GMSK 中，高斯低通滤波器必须满足哪些要求？
15. 什么是扩频调制技术？扩频调制的目的是什么？
16. PN 序列的哪些特点使它具有类似噪声的性质？
17. 画图说明直接序列扩频和解扩的原理。
18. 画图说明跳频扩频和解扩的原理。
19. 简述直接序列扩频和跳频的优缺点。

第4章 抗信道衰落技术

移动通信中，由于电波的反射、散射和绕射等，使得发射机和接收机之间存在多条传播路径，并且每条路径的传播时延和衰耗因子都是时变的，这样就造成了接收信号的衰落。衰落可分为平坦衰落、选择性衰落、快衰落与慢衰落。由于多径衰落和多普勒频移的影响，移动无线信道极其易变，这些影响对于任何调制技术来说都会产生很强的负面效应。因此，移动通信系统需要利用抗衰落技术来改进恶劣的无线电传播环境中的链路性能。本章主要介绍抗衰落的基本原理以及典型的抗衰落技术。

4.1 抗衰落技术概况

衰落是影响通信质量的主要因素。快衰落的深度可达 30~40dB，通过加大发射功率来克服快衰落不仅不现实，而且会造成对其他电台的干扰，因此人们利用各种信号处理的方法来对抗衰落。分集技术和均衡技术就是用来克服衰落、改进接收信号质量的，它们既可单独使用，也可以组合使用。

分集接收是抗衰落的一种有效措施。CDMA 系统采用路径分集技术（又称 Rake 接收），TDMA 系统采用自适应均衡技术，各种移动通信系统采用不同的纠错编码技术、自动功率控制技术等，都能起到抗衰落作用，提高通信的可靠性。

均衡是信道的逆滤波，用于消除由多径效应引起的码间干扰（即符号间干扰）。如前所述，如果调制信号带宽超过了无线信道的相干带宽，就会产生码间干扰，并且调制信号会展宽。而接收机内的均衡器可以对信道中幅度和延迟进行补偿。均衡可分为两类：线性均衡和非线性均衡。均衡器的结构可采用横向或格型等结构。由于无线衰落信道是随机的、时变的，故还需要研究能够自适应跟踪信道变化的自适应均衡器。

分集和均衡技术都被用于改进无线链路的性能，提高系统数据传输的可靠性。但是在实际的无线通信系统中，每种技术在实现方法、所需费用和实现效率等方面具有很大的不同，在不同的场合需要采用不同的技术或技术组合。

4.2 分集技术及应用

4.2.1 分集的概念

分集技术是一项典型的抗衰落技术。它可以用低廉的投资大大提高多径衰落信道下的传输可靠性。与均衡不同，分集技术不需要训练序列，因此发送端不需要发送训练码，从而节省开销。分集技术应用非常广泛。

分集技术主要研究如何利用无线传播环境中相互独立的（或至少是高度不相关的）多径信号来改善系统性能的方法。这些多径信号在结构上和统计特性上具有不同的特点，对这些信号进行区分，并按一定规律和原则进行集合与合并处理，可实现抗衰落。

分集的概念简单解释如下：一条无线传播路径中的信号经历了深度衰落，而其他相对独立的路径中仍可能含着较强的信号，因此可以在多径信号中选择多个信号，通过在接收端进行适当地合并来提高接收端的瞬时信噪比和平均信噪比，通常可以提高 20 ~ 30dB。

分集的必要条件是在接收端必须能够接收到承载同一信息内容且在统计上相互独立的若干个不同的样值信号，这若干个不同样值的信号可以通过不同方式获得，如空间、频率、时间等。它主要是指如何有效地区分可接收的含同一信息内容但统计上独立的不同样值信号。分集的充分条件是如何将可获得的含有同一信息内容但统计上独立的不同样值加以有效且可靠的利用，它是指分集中的集合与合并。

4.2.2　分集的分类

移动通信系统中，从分集的区域划分，分集方式分为宏分集和微分集两类。

1. 宏分集

宏分集（也称为多基站分集）用于蜂窝通信系统中，是一种减小慢衰落影响的分集技术。宏分集把多个基站设置在不同的地理位置上（如蜂窝小区的对角），并使其在不同的方向上。小区内的某个移动台与这些基站同时进行通信（或者选用信号最好的一个基站进行通信）。只要各个方向上的信号传播不是同时受到阴影效应或地形的影响而出现严重的慢衰落，宏分集就能保持通信不会中断。

2. 微分集

微分集是一种减小快衰落影响的分集技术，是各种无线通信系统经常使用的方法。为了达到信号之间的不相关，可以从时间、频率、空间、极化、角度等方面实现这种不相关性。因此，微分集可以分为空间分集（天线分集）、频率分集、时间分集、极化分集、角度分集等，其中前三种方式最常用，这种分集主要克服小尺度衰落。

（1）空间分集

空间分集的基础是快衰落的空间独立性，即在任意两个不同的位置上接收同一个信号，只要两个位置的距离大到一定程度，则两个位置上所收信号的衰落是不相关的。空间分集的原理如图 4.1 所示，发射端采用一副发射天线，接收机至少需要两副相隔距离为 d 的天线。接收端天线之间的距离 d 应足够大，以保证各接收天线输出信号的衰落特性是相互独立的。间隔距离 d 与工作波长、地物及天线高度有关。在移动信道中，通常取：市区 $d = 0.5\lambda$，郊区 $d = 0.8\lambda$。对于空间分集而言，分集的支路数 M 越大，分集效果越好。但当 M 较大时（$M > 3$）分集的复杂度增加，分集增益的增加随着 M 的增大而变得缓慢。

（2）频率分集

频率间隔大于相关带宽的两个信号所遭受的衰

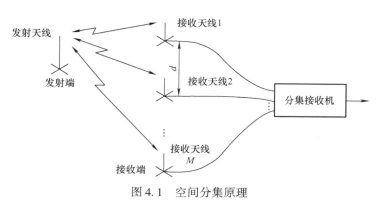

图 4.1　空间分集原理

落可以认为是不相关的。因此，可以用两个以上不同的频率传输同一信息，以实现频率分集。

频率分集需要用两部以上的发射机同时发送同一信号，并用两部以上的独立接收机来接收信号。与空间分集相比，频率分集使用的天线数目减少了，但频率分集不仅使设备复杂，而且在频谱利用方面也很不经济。

（3）时间分集

时间分集是让同一信号在不同的时间区间多次重发，只要各次发送的时间间隔足够大，那么各次发送信号所出现的衰落将彼此独立。因此，只要接收机将重复收到的同一信号进行合并，就能减小衰落的影响。

时间分集有利于克服移动信道中由多普勒效应引起的信号衰落，主要用于数字信号在衰落信道中的传输。特别注意的是：当移动台处于静止状态时，时间分集不能减小由多普勒效应引起的信号衰落。

（4）极化分集

当天线架设的场地受到限制，空间分集不易保证空间衰落独立时，可以采用极化分集替代或改进。在无线信道传输过程中，单一极化的发射电波由于传播媒质的作用会形成两个彼此正交的极化波，这两个不同极化的电磁波具有独立的衰落特性，因此发送端和接收端可以用两个位置很近、极化方式不同的天线分别发送和接收信号，以获得分集效果。极化分集可以看作空间分集的一种特殊情况，它也需要两副天线，仅仅是利用了不同极化波具有不相关的衰落特性而缩短了天线间的距离而已。这种分集方式的优点是结构比较紧凑，节省空间；缺点是由于发射功率分配到两副天线上，信号功率将有 3dB 的损失。一般来讲，极化分集的效果不如空间分集。

（5）角度分集

角度分集的原理是使电波通过几个不同路径、以不同角度到达接收端，接收端利用多个方向性尖锐的接收天线将来自不同方向的信号分量进行分离。

由于不同方向来的信号分量具有互相独立的衰落特性，所以可以实现角度分集并获得抗衰落的效果。

（6）场分集

由电磁场理论可知，当电磁波传输时，电场 E 总是伴随着磁场 H，且和 H 携带相同的信息。若把衰落情况不同 E 和 H 的能量加以利用，得到的就是场分集。场分集不需要把两根天线从空间分开，天线的尺寸也基本保持不变，对带宽无影响，但要求两根天线分别接 E 和 H。场分集适用于较低工作频段（例如低于 100MHz）。当工作频率较高时（800 ~ 900MHz），空间分集在结构上更容易实现。

3. 应用实例

中国联通东营分公司使用的是北方电讯的 GSM 设备，基站有 S8000 型等。它采用了极化分集、空间分集等多种显分集和隐分集技术。经实际应用与测试证明，在基站间距较小、高楼林立的市区，若安装环境较差，可采用体积较小的极化分集天线，它可以获得与空间分集同样甚至更好的效果；而在开阔的郊区及农村，则应采用增益较高的空间分集天线。

4.2.3　分集的合并方式及性能

接收端收到 $M(M \geq 2)$ 个分集信号后，如何利用这些信号以减小衰落的影响，这就是合并问题。一般均使用线性合并器，把输入的 M 个独立衰落信号相加后合并输出。

假设 M 个输入信号电压为 $r_1(t)$，$r_2(t)$，…，$r_M(t)$，则合并器输出电压 $r(t)$ 为

$$r(t) = a_1 r_1(t) + a_2 r_2(t) + \cdots + a_M r_M(t) = \sum_{k=1}^{M} a_k r_k(t) \tag{4.1}$$

式中，a_k 为第 k 个信号的加权系数。

合并技术通常应用在空间分集中。分集信号的合并是指接收端收到多个独立衰落的信号后如何合并的问题。

1. 合并方式

选择不同的加权系数，构成不同的合并方式。常用的合并方式有选择合并、最大比合并、等增益合并。

（1）选择合并

选择合并（Selection Combining，SC）就是将天线接收的多路信号加以比较之后选取最高信噪比的分支。这种方式实际上并非是合并，而是从中选择信号质量最好的一个输出，因此又称为选择分集或开关分集。在选择合并中，加权系数只有一项为 1，其余均为 0。选择合并的实现最为简单，其原理如图 4.2 所示。

选择合并有检测前合并与检测后合并两种方式，如图 4.3 所示。若使用检测前合并方式，则选择在天线输出端进行，从 M 个天线输出中选择一个最好的信号，再经过一部接收机就可以得到合并后的基带信号。

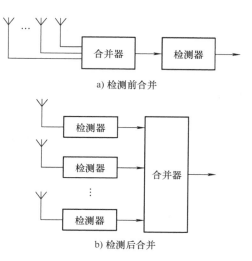

a) 检测前合并

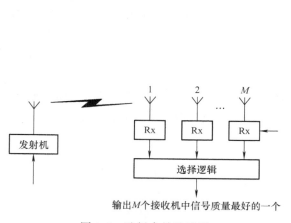

图 4.2　选择合并的原理

b) 检测后合并

图 4.3　检测前与检测后合并方式

（2）最大比合并

最大比合并（Maximal Ratio Combining，MRC）是最佳的分集合并方式，因为它能得到最大的输出信噪比。最大比合并的原理如图 4.4 所示。M 个分集支路经过相位调整，保证各路信号在叠加时是同相位的，然后按适当的增益系数同相相加（检测前合并），再送入检测

器。最大比合并的实现比其他的合并方式更困难，因为此时每一支路的信号都要利用，而且要给予不同的加权，使合并输出的信噪比最大。M 路信号进行加权的权重是由各支路的有用信号功率与噪声功率的比值所决定的。

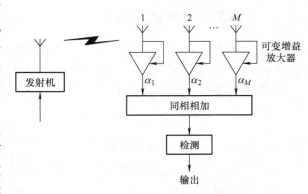

图 4.4　最大比合并的原理

最大比合并的输出信噪比等于各支路的信噪比之和。所以，即使当各路信号都很差，以至于没有一路信号可以被单独解出时，最大比合并算法仍有可能合成一个达到信噪比要求的、可以被还原的信号。在所有已知的线性分集合并方法中，这种方法的抗衰落统计特性最佳。

（3）等增益合并

等增益合并（Equal Gain Combining，EGC）就是使各支路信号同相后等增益相加作为合并后的信号，它与最大比合并类似，只是加权系数设置为 1。等增益合并的原理如图 4.5 所示。等增益合并是目前使用比较广泛的一种合并方式，因为其抗衰落性能接近最大比合并，而实现又比较简单。在某些情况下，对真实的最大比组合提供可变化的加权系数是不方便的，所以将加权系数均设为 1，简化了设备，也保持了从一组不可接收的输入产生一个可接收的输出信号的可能性。等增益合并的性能比最大比合并稍差，但优于选择合并。

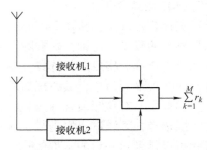

图 4.5　等增益合并的原理

等增益合并适合在两路信号电平接近时工作，此时可以获得约 3dB 的增益。但是它不适合在两路信号相差悬殊时工作，因为此时信号弱的那一路也将被充分放大后参与合并，这会使总输出信噪比下降。需要注意的是：等增益合并必须在中频进行，因为若是在低频合并，会由于各支路解调器的增益不是常数而无法保证等增益合并。

最大比合并和等增益合并可以采用图 4.6 所示的同相调整电路来实现同相相加。另外，还可以在发射信号中插入导频，在接收端通过提取导频的相位信息实现同相相加。

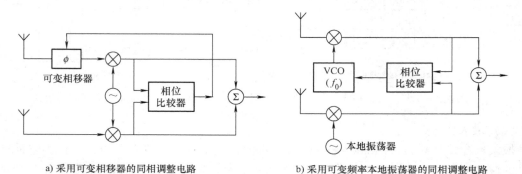

a) 采用可变相移器的同相调整电路　　　　b) 采用可变频率本地振荡器的同相调整电路

图 4.6　同相调整电路

2. 三种合并方式的性能比较

三种合并方式的增益比较如图 4.7 所示。从图中可以看出，三种分集合并方式较无分集对系统的性能上都有不同程度的改善，其中，分集增益随分集支路数的增加呈线性递增，但是当支路数大于 5 后，分集增长缓慢，趋于门限值，这是因为随着支路数的增加，分集的复杂性也跟着增加。另外，从图中还可以看出，最大比合并是合并的最优方式。当 M 较大时，等益合并仅比最大比合并差 1.05dB。这样，接收机仍可以利用同时收到的各路信号，并且接收机从大量不能够解调出来的信号

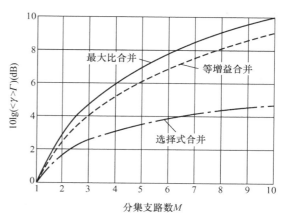

图 4.7 三种合并方式的增益比较

中合成出一个可解调信号的概率仍很大，其性能只比最大比合并差一些，但比选择分集要好很多。

4.2.4 Rake 接收机

通常接收的多径信号时延差很小且是随机的，叠加后的多径信号一般很难分离。所以，在一般的分集中，需要建立多个独立路径信号，在接收端按最佳合并准则进行接收。而多径分集是通过发送端的特定信号设计来达到接收端接收多径信号的分离。下面要介绍的 Rake 接收技术就是一种典型的多径分集接收技术。

1. Rake 接收机的工作原理

Rake 的概念是 1958 年由 R. Price 和 P. E. Green 在《多径信道中的一种通信技术》中提出来的。Rake 接收技术是第三代 CDMA 移动通信系统中的一项重要技术。在 CDMA 移动通信系统中，由于信号带宽较宽，存在着复杂的多径无线电信号，通信受到多径衰落的影响。Rake 接收机的原理就是使用相关接收机组，对每个路径使用一个相关接收机，各相关接收机与同一期望（被接收的）信号的一个延迟形式（即期望信号的多径分量之一）相关，然后这些相关接收机的输出（称为耙齿输出）根据它们的相对强度进行加权，并把加权后的各路输出相加，合成一个输出。加权系数的选择原则是输出信噪比要最大。由于这种接收机收集的是多条路径上的信号，有点像把一堆零乱的草用"耙子"把它们集拢到一起那样，其作用与农用多齿草耙（英文为 Rake）的作用相似，故称为 Rake 接收机。

与一般的分集技术把多径信号作为干扰来处理不同，Rake 接收机不是减弱或削弱多径信号，而是充分利用多径信号来增强信号。Rake 接收机利用多个并行相关器检测多径信号，按照一定的准则合成一路信号供解调器解调。

Rake 接收机的原理如图 4.8 所示，

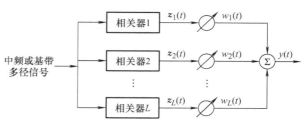

图 4.8 Rake 接收机的原理

假定有 L 个相关器，每个相关器与其中一个多径分量强相关，而与其他多径分量弱相关，各个相关器的输出经过加权后同相相加，总的输出信号为

$$y(t) = \sum_{i=1}^{L} z_i(t) w_i(t) \tag{4.2}$$

加权系数由相应多径信号能量在总能量中所占比例决定

$$w_i = z_i^2(t) \Big/ \sum_{i=1}^{L} z_i^2(t) \tag{4.3}$$

由式（4.3）可知，加权系数是自适应调节的。当某个相关器被衰落影响而输出能量减小时，对应的加权系数取小，对总输出的作用减小，从而克服了多径衰落的影响，提高了系统的信噪比性能，减小了误码率。但需要注意的是，Rake 接收机需要对多径分量的时延和损耗进行估计，这在时变的衰落信道下是不易实现的，因此实际的 Rake 接收机性能将有所下降。Rake 接收机实际上是利用了多径信号在时间上的分集来进行相关接收。这个处理方法可以与天线分集联合起来使用，以进一步提高扩频系统的性能。

2. Rake 接收机的工程实现

在 IS－95CDMA 系统中，Rake 多径分集接收是这样的：在基站处，每一个反向信道都有四个数字解调器，这样每个基站都可以同时解调四路多径信号，并进行矢量合并，通过这样恢复出的信号比任何一路信号都要好。在手机里，有三个数字解调单元、一个搜索单元，这样手机也能同时解调三路多径信号并进行矢量合并。

4.3　均衡技术及应用

4.3.1　均衡原理

在数字移动通信中，为提高频率利用率和业务性能，满足高可靠性各种非话音业务的无线传输，需要高速移动无线数字信号传输技术。而在采用时分多址的这种高速数字移动通信中，由于多径传播，不仅产生瑞利衰落，而且产生频率选择性衰落，造成接收信号既有单纯电平波动，又伴随有波形失真产生，影响接收质量，且传输速率越高，多径传播所引起的码间干扰越严重。码间干扰被认为是在移动无线信道中传输高速率数据时的主要障碍。单纯电平波动可用自动增益控制电路加以抑制，而波形失真引起的传播特性恶化，则需要用均衡器来解决。均衡技术就是指各种用来处理码间干扰（ISI）的算法和实现方法。

均衡的基本原理如图 4.9 所示。设信道冲击响应序列 $\{f_n\}$ 的 Z 变换是 $F(z)$，输入到信道的序列为 $\{I_k\}$，均衡器的冲击响应序列 $\{C_n\}$ 的 Z 变换是 $C(z)$，均衡器的输出序列为 $\{\hat{I}_k\}$。采用均衡技术的目的是根据信道的特性 $F(z)$，按照某种最佳准则来设计均衡器的特性 $C(z)$，使得 $\{I_k\}$ 与 $\{\hat{I}_k\}$ 之间达到最佳匹配。

图 4.9　均衡的基本原理

4.3.2　均衡的分类

从广义上讲，均衡可以指任何用来削弱码间干扰的信号处理操作。在无线信道中，可以用各种各样的均衡技术。下面就对均衡器的分类做下介绍。

均衡器按技术类型可以分为两类：线性均衡和非线性均衡。两类均衡器的差别主要在于均衡器的输出是否用于反馈控制。通常信号经过接收机判决后，输出决定信号的数字逻辑值。如果逻辑值没有被用于均衡器的反馈逻辑中，那么均衡器是线性的；反之，如果该逻辑值被应用于反馈逻辑中并且帮助改变了均衡器的后续输出，那么均衡器是非线性的。线性均衡器实现简单，然而与非线性均衡器相比，噪声增强现象严重。在非线性均衡器中，判决反馈均衡器是最常见的，因为其实现简单，而且通常性能良好；然而在低信噪比时，引起错误传播现象，导致性能降低。最佳的均衡技术是最大似然序列估计（MLSE），但 MLSE 的复杂度随着信道的时延扩展长度呈指数增加，因此在多数信道中不实用；然而，MLSE 的性能经常作为其他均衡技术的性能上界。

均衡器按结构划分为横向或格形结构。横向结构是具有 $N-1$ 个延迟单元、N 个可调谐的抽头权重因子。格形滤波器与横向滤波器相比复杂度较高，但其数值稳定性高、收敛性好，滤波器长度变化灵活。

均衡器按其所处位置可分为两类：预均衡器与均衡器。均衡器通常都放在接收端，而预均衡器放在发射端。预均衡器的优点是可以采用简单的算法实现性能良好的均衡，避免了噪声增强，而且降低了接收机的复杂度，但是它需要上行和下行信息具有互易性。互易性就是指在同一频率上传输的上行或下行数据遭受相同的衰落和相位旋转。预均衡器可用在时分双工系统中。

均衡器按检测级别可分为码片均衡器、符号均衡器和序列均衡器三类。码片均衡器是在码片级进行均衡，它是提高 CDMA 系统性能的一种特别的均衡器，它只能采用线性均衡，因为在码片级无法进行判决；符号均衡器是逐个符号进行判决，然后去除每个符号的码间干扰（ISI）；序列均衡器进行符号序列检测判决，然后去除码间干扰，最大似然序列估计是序列检测的最佳形式。

均衡器按其频谱效率可分成三类：基于训练序列的均衡、盲均衡（Blind Equalization，BE）、半盲均衡。盲均衡不需要训练序列，因此其频谱利用率高，但是收敛速率慢，目前在实际中难以较好地应用；基于训练序列的均衡器是指在发射端发送训练序列，在接收端根据此训练序列对均衡器进行调整，通常又将基于训练序列的均衡称为自适应均衡，它在实际中得到了很好的应用；半盲均衡频谱效率介于盲均衡与自适应均衡之间。

当然，均衡器还有其他的分类方式，这里就不一一列举了。下面主要介绍线性均衡、非线性均衡及自适应均衡技术。

4.3.3　线性均衡技术

线性均衡器可由有限冲激响应（FIR）滤波器（又称为横向滤波器）实现。这种滤波器在可用的类型中是最简单的，它的基本结构如图 4.10 所示。图中，输入信号的将来值、当前值及过去值，均被均衡器时变抽头系数进行线性加权求和后得到输出，然后根据输出值和理想值之间的差别按照一定的自适应算法调整滤波器抽头系数。

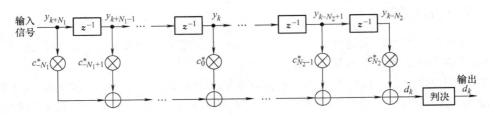

图 4.10　线性横向均衡器的基本结构

　　均衡器通常是在数字域中实现，其采样信号被存储于移动寄存器中。对于模拟信号，均衡器输出的连续信号波形将以符号速率被采样，并送至判决器。图 4.10 中，c_n^* 表示滤波器的系数（或权重）为复数，$\hat{d}_k$ 是 k 时刻的输出，y_i 是 $t_0 + iT$ 时刻收到的输入信号，t_0 是均衡器的初始工作时间，滤波器阶数 $N = N_1 + N_2 + 1$。

　　线性横向均衡器最大的优点就在于其结构非常简单，容易实现，因此在各种数字通信系统中得到了广泛的应用。但是其结构决定了它有两个难以克服的缺点：

　　1）噪声的增强会使线性横向均衡器无法均衡具有深度零点的信道——为了补偿信道的深度零点，线性横向均衡器必须有高增益的频率响应，然而同时也无法避免地会放大噪声。

　　2）线性横向均衡器与接收信号的幅度信息关系密切，而幅度会随着多径衰落信道中相邻码元的改变而改变，因此滤波器抽头系数的调整不是独立的。

　　由于以上两点线性横向均衡器在畸变严重的信道和低信噪比（SNR）环境中性能较差，而且均衡器的抽头调整相互影响，从而需要更多的抽头数目。

　　线性均衡器还可以由格型滤波器实现，其结构如图 4.11 所示。输入信号 y_k 被转换成一组作为中间值的前向和后向误差信号，即 $f_N(k)$ 和 $b_n(k)$。这组中间信号作为各级乘法器的输入，用以计算并更新滤波系数。

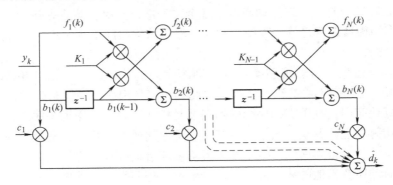

图 4.11　格型均衡器结构

　　格型均衡器由于在动态调整阶数的时候不需要重新启动自适应算法，因此在无法大概估计信道特性的时候非常有利，可以利用格型均衡器的逐步叠代而得到最佳的阶数，另外，格型均衡器有着优良的收敛特性和数值稳定性，这些都有利于其在高速的数字通信和深度衰落的信道中使用。但是格型均衡器的结构比较复杂，实现起来困难，从而限制了其在数字通信中的应用。

4.3.4 非线性均衡技术

当信道失真过于严重以至于线性均衡器不易处理时，采用非线性均衡技术会比较好。当信道中有深度频谱衰落时，用线性均衡器不能取得满意的效果，这是由于为了补偿频谱的失真，线性均衡器会对出现深衰落的那段频谱及其附近的频谱产生很大的增益，从而增加了该段频谱的噪声。有效的非线性均衡算法有很多种，本节主要介绍判决反馈均衡（DFE）。

判决反馈均衡的基本方法就是一旦信息符号经检测和判决以后，它对随后信号的干扰在其检测之前可以被估计并消减。其结构如图 4.12 所示，包括两个抽头延迟滤波器：一个是前向滤波器（Forward Filter，FWF），另一个是反向滤波器（Feedback Filter，FBF），其作用和原理与前面讨论的线性横向均衡器类似。FBF 的输入是判决器的先前输出，其系数可以通过调整减弱当前估计中的码间干扰。

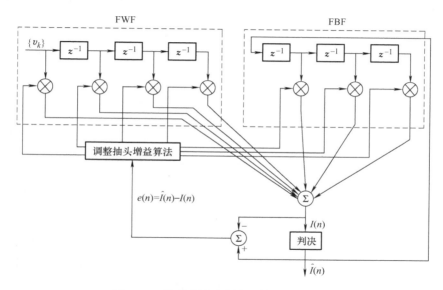

图 4.12 横向滤波式判决反馈均衡器结构

当频谱衰落较平坦时，线性均衡器能够良好地工作，而当频谱衰落严重不均时，线性均衡器的性能会恶化，而采用 DFE 的均衡器则表现出更好的性能。因此，判决反馈均衡更适合于有严重失真的无线信道。DFE 的结构具有许多优点，当判决差错对性能的影响可忽略时，DFE 优于线性均衡器。显而易见，相对于线性均衡器而言，加入判决反馈部分可得到性能上的很大改善，反馈部分消除了由先前被检测符号引起的符号间干扰，然而 DFE 结构面临的主要问题之一是错误传播，错误传播是由于对信息的不正确判决而产生的，错误信息的反馈会影响反向滤波器（FBF）部分，从而影响未来信息的判决；另一问题是对移动通信中的收敛速度产生影响。

判决反馈均衡的格型实现与横向滤波器的实现类似，也有一个 N_1 阶前馈滤波器和一个 N_2 阶反馈滤波器，且 $N_1 > N_2$。

4.3.5 自适应均衡技术

由于移动信道的衰落具有随机性和时变性，常常要求均衡器能够实时跟踪移动信道的变化，这种均衡器又称为自适应均衡器。自适应均衡器是一个自适应滤波器，必须动态地调整其特性和参数，使其能够跟踪信道的变化，在任何情况下都能够使均衡器达到所要求的指标。自适应滤波是近 30 年以来发展起来的一种最佳滤波方法。由于它具有更强的适应性和更优的滤波性能，所以在工程实际尤其在信息处理技术中得到了广泛的应用。

用于移动无线信道的高速自适应均衡技术是数字移动通信中一个关键性技术课题，TDMA 的信号结构和快速变化的信道衰落特性，也为自适应均衡器的设计增加了一定的难度。寻求高性能低复杂度的自适应算法是实现自适应均衡器的关键。

自适应均衡器的基本结构如图 4.13 所示，采用横向滤波器结构。它有 N 个延迟单元 (z^{-1})、$N+1$ 个抽头及可调的复数乘法器（权值），阶数为 $N+1$。这些权值通过自适应算法进行调整，调整的方法可以是每个采样点调整一次，或每个数据块调整一次。

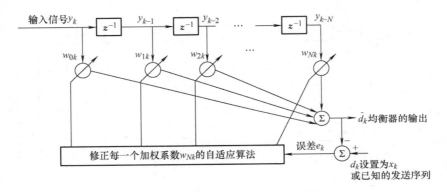

图 4.13　自适应均衡器的基本结构

均衡器的阶数可由信道的最大期望时延决定。一个均衡器只能均衡小于或等于滤波器最大时延的时延扩展。例如，如果均衡器的每一个时延单元提供一个 $10\mu s$ 的延时，而由四个延时单元构成一个五阶的均衡器，那么可以被均衡的最大延时扩展为 $4 \times 10\mu s = 40\mu s$，而超过 $40\mu s$ 的多径时延扩展就不能被均衡。由于电路复杂性和处理时间随着均衡器的阶数和时延单元的增加而增大，因此在选择均衡器的结构和算法时，获知时延单元的最大数目是很重要的。

自适应均衡器通常包含两种工作模式：训练模式和跟踪模式。在训练模式，发射端发送一个已知的定长训练序列，以使均衡器迅速收敛，完成抽头增益的初始化。典型的训练序列是一个二进制伪随机信号或是一个预先指定的比特串。用户数据紧跟在训练序列之后被传送。接收端的均衡器通过递归算法评估信道特性，并修正滤波器系数实现对信道的补偿。在设计训练序列时，要求做到即使在最差的信道条件下，均衡器也能通过这个序列获得正确的滤波系数。这样就可以在收到训练序列后，使均衡器的滤波系数接近最佳值。而在接收用户数据时，均衡器的自适应算法可以跟踪不断变化的信道。通过上述方式，自适应均衡器将不断改变其滤波特性。

为了保证能有效地消除码间干扰，均衡器需要周期性地进行重复训练。均衡器被大量用于数字通信系统中，因为在数字通信系统中用户数据是被分为若干段并在相应的时间段中传送的。时分多址无线通信系统特别适于均衡器的应用。时分多址系统在固定长度的时间段中传送数据，训练序列通常在时间段的起始被发送。在每个新的时间段，均衡器会用同样的训练序列进行修正。

均衡器通常在接收机的基带或中频部分实现。采用自适应均衡的通信系统如图 4.14 所示。图中接收机中含有自适应均衡器，$x(t)$ 是原始基带信号，$f(t)$ 是等效的基带冲激响应，综合反映了发射机、无线信道和接收机的射频、中频部分的总的传输特性。

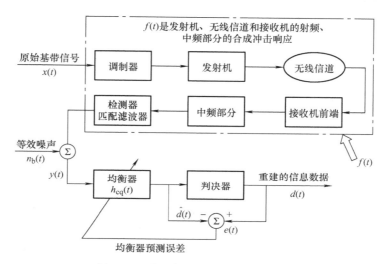

图 4.14　采用自适应均衡的通信系统

4.3.6　均衡技术的应用

在 900MHz 移动通信信道中进行的测量表明，美国四城市所有测量点中，时延扩展少于 15μs 的占 99%，而少于 5μs 接近 80%。对于一个采用符号速率为 243kbit/s 的 DQPSK 调制系统来说，如果 $\Delta/T = 0.1$（Δ 是时延扩展，T 是符号持续时间），符号间干扰产生的误比特率变得不能忍受时，则最大时延扩展是 4.12μs。如果超过了这个值，就需要采用均衡来减小比特率。大量的研究表明，大约 25% 的测量结果，其时延扩展超过 4μs。所以尽管 IS - 54、GSM 标准中没有确定具体的均衡实现方式，但是为 IS - 54 与 GSM 系统规定了均衡器，也就是说，若没有均衡器，系统将不能正常工作。

很多 IS - 54 手机采用的均衡器是判决反馈均衡器。它包括四个前馈抽头和反馈抽头，其中前馈抽头间隔为符号的一半。这种分数间隔类型使得均衡器对简单的定时抖动具有抵抗能力。自适应滤波器的系数由递归最小平方算法来更新。设备制造商开发了许多 IS - 54 专用均衡器。

GSM 的均衡是通过每一时隙中间段所发送的训练序列来实现的。GSM 标准没有指定均衡器的类型，而是由制造商确定。但是 GSM 均衡器要求可以处理延迟达到 4bit 的反射，相当于 15μs，对应于 4.5km。实用的 GSM 均衡器主要有两种：一种是判决反馈均衡器，另一种是最大似然序列均衡器。

在 IS - 54 与 GSM 系统中采用符号级或序列级均衡器，而在 CDMA 系统中，为了进一步提高系统的性能，需要采用码片级均衡器。采用多用户检测能够实现上行链路的最佳 CDMA 接收，而下行链路的移动终端受复杂度限制，且其他用户的参数通常是未知的，因此，不能使用多用户检测，只能寻求次最佳接收。Rake 接收是目前 CDMA 系统最常用的接收方法。当激活用户数很多时，等效噪声增加，导致输出信噪比下降，性能会恶化。近年来，针对 WCDMA 系统下行链路接收机，出现了一种新的基于码片处理的抗多径技术，称为码片均衡。该方法的原理是对接收到码片波形在解扰/解扩之前进行码片级的自适应均衡，这样一来，在解扩以前就只存在一条路径，这就在某种程度上有效恢复了被多径信道破坏的用户之间的正交性，也即抑制了多址干扰。研究表明，利用码片均衡原理实现的码片均衡器，其性能优于 Rake 接收机。

4.4　智能天线技术及应用

4.4.1　智能天线技术概况

随着社会信息交流需求的急剧增加、个人移动通信的迅速普及，频谱已成为越来越宝贵的资源。智能天线采用空分复用（SDM），利用在信号传播方向上的差别，将同频率、同时隙的信号区分开来。它可以成倍地扩展通信容量，并和其他复用技术相结合，最大限度地利用有限的频谱资源。另外，在移动通信中，由于复杂的地形、建筑物结构对电波传播的影响，大量用户间的相互影响，产生时延扩散、瑞利衰落、多径、共信道干扰等，使通信质量受到严重影响。采用智能天线可以有效地解决这个问题。

自适应天线波束赋形技术在 20 世纪 60 年代就开始发展，其研究对象是雷达天线阵，目的是提高雷达的性能和电子对抗的能力。其发展也是从雷达开始的。20 世纪 90 年代，美国和中国开始将智能天线技术应用于无线通信系统。近年来国内外不少公司在开发智能天线方面投入了大量人力、物力，很多技术已经进入实用阶段。我国大唐集团推出的 S－CDMA 系统，就是成功应用智能天线技术的 CDMA 系统。

用于基站的智能天线是一种由多个天线单元组成的阵列天线。它通过调节各阵元信号的加权幅度和相位来改变阵列天线的方向，从而抑制干扰，提高信噪比。它可自动测出用户方向，并将波束指向用户，从而实现波束随着用户走；还可以提高天线增益，减少信号发射功率，延长电池寿命，减少用户设备体积；或在不降低发射功率的前提下，大大增加基站的覆盖率。

用于手机的智能天线可以有效地提高通信性能，降低发射功率，减少电波对人体的影响。此外，由于智能天线可以从用户方向和传播时延获知用户位置，它将成为一种有效的定位手段，可以为用户提供新的服务，如导航、紧急救助等。天线的空间分集可以克服快衰落，显著提高通信质量，有时也把它归入智能天线的范畴。

4.4.2　智能天线原理及分类

1. 智能天线的原理

智能天线包括射频天线阵列部分和信号处理部分，其中信号处理部分根据得到的关于通信情况的信息，实时地控制天线阵列的接收和发送特性。这些信息可能是接收到的无线信号的情况；在使用闭环反馈的形式时，也可能是通信对端关于发送信号接收情况的反馈信息。图 4.15 给出了一种具有 M 个天线振子，利用 N 个自适应抽头延迟结构的智能天线信号处理结构，每个天线单元有一个可控数字滤波器，通过调整滤波器系数，改变单元输出的信号幅度和相位，最后各单元合成为天线阵的天线波束方向和增益。

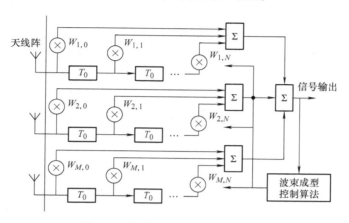

图 4.15　智能天线的信号处理结构

智能天线系统由天线阵列部分、阵列形状、模/数转换等几部分组成，如图 4.16 所示。实际智能天线结构比图 4.16 复杂，因为图中表示的是单个用户情况。假如在一个小区中有 K 个用户，则图 4.16 中仅天线阵列和模/数转换部分可以共用，其余自适应数字信号处理器与相应的波束形成网络需要每个用户一套，共 K 套，以形成 K 个自适应波束跟踪 K 个用户。被跟踪的用户为期望用户，剩下的 $K-1$ 个用户均为干扰用户。智能天线可以按通信的需要在有用信号的方向提高增益，在干扰源的方向降低增益。

智能天线就是通过反馈控制去自动调整自身天线波束成型模式的自适应天线阵。阵列天线是智能天线技术的基础，

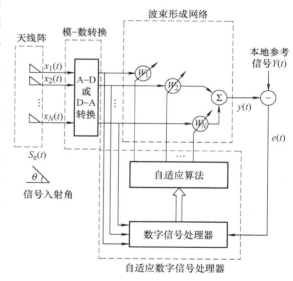

图 4.16　智能天线原理（单个用户）

智能天线是在它的基础上发展起来的。随着移动通信技术的发展，阵列处理技术被引入到了移动通信领域。其中，以自适应阵列天线为代表的智能天线已成为最活跃的研究领域之一，应用领域包括声音处理、跟踪扫描雷达、射电天文学、射电望远镜和 3G 手机网络等。

2. 智能天线的分类

智能天线根据采用的天线方向图形状，可以分为自适应方向图智能天线和固定形状方向图智能天线。

（1）自适应方向图智能天线

自适应方向图智能天线采用自适应算法，其方向图与变形虫相似，没有固定的形状，随着信号及干扰而变化。它的优点是算法较为简单，可以得到最大的信号干扰比。但是它的动态响应速度相对较慢。另外，由于波束的零点对频率和空间位置的变化较为敏感，在频分双工系统中上下行的响应不同，因此它不适应于频分双工而比较适应时分双工系统。自适应天线阵列着眼于信号环境的分析与权集实时优化上。

智能天线在空间上选择有用信号，抑制干扰信号，有时称为空间滤波器。虽然这主要是靠天线的方向特性，但它是从信号干扰比的处理增益来分析的，它带来的好处是避开了天线方向图分析与综合的数学困难，同时建立了信号环境与处理结果的直接联系。自适应天线阵列的重要特征是应用信号处理的理论和方法、自动控制的技术，解决天线权集优化问题。

自适应天线自出现以来已有 30 多年，大体上可以分成三个发展阶段：第一个十年主要集中在自适应波束控制上；第二个十年主要集中在自适应零点控制上；第三个十年主要集中在空间谱估计上，诸如最大似然谱估计、最大熵谱估计、特征空间正交谱估计等。在大规模集成电路技术发展的促进下，20 世纪 80 年代以后自适应天线逐步进入应用阶段，尤其在通信对抗领域。与此同时，自适应信号处理理论与技术也得到了大力发展与广泛的应用。

（2）固定形状方向图智能天线

固定形状方向图智能天线在工作时，天线方向图形状基本不变。它通过测向确定用户信号的到达方向（DOA），然后根据信号的 DOA 选取合适的阵元加权，将方向图的主瓣指向用户方向，从而提高用户的信噪比。固定形状波束智能天线对于处于非主瓣区域的干扰，是通过控制低的旁瓣电平来确保抑制的。与自适应智能天线相比，固定形状方向图智能天线无须迭代、响应速度快，而且鲁棒性好，但它对天线单元与信道的要求较高。

近年来，一些研究小组针对个人移动通信环境的 DOA 检测算法进行了相当的理论和实验研究。Bigler 等人的实验表明，在 900MHz 移动通信频段的 DOA 的实测值是可以满足固定形状波束智能天线工程需要的，实验中 DOA 估计值对测量时间、信号功率、信号频率的变化均不敏感，各种情况下测试结果的标准偏差均小于 4°。

在多径环境下，空间信道的分析和测量是目前理论和实验研究的热点。传播模型和分析方法已有多种，并用来对各种不同通信体制、不同信号带宽、不同环境（城市、农村、商业区、楼内）进行了分析，给出了对应的模型。在美国的 Boston 地区、New Jersey 的高速公路、德国的 Munich 地区等进行了大量的测试。结果表明，在农村、城郊以及许多城区，对于窄波束，其时间色散可以减少。采用通信信号中的训练序列进行信道估计，可以给出空间信道的响应，这也是研究的热点之一。

4.4.3　移动通信中智能天线的应用

智能天线实际上是一种空间信号处理技术。如果它和时间信号处理技术相结合可以获得更大的好处。在时间信号处理方面，如均衡技术，时、频域分集接收，Rake 接收，最大似然接收等已在通信中得到广泛应用。它们本身也常用于克服多径衰落，提高通信质量。如果把两种信号处理技术结合起来，产生一种新的统一的算法，可以更有效地提高通信性能和处理效率。有的文献称之为矢量或二维 Rake 接收。图 4.17 给出了一种空间滤波 Rake 接收机的框图。

图 4.18 给出了空间滤波 Rake 接收机的性能曲线。从图中可以看出，采用时空信号处理的矢量 Rake 接收机的性能明显好于时域 Rake 接收机的性能。

智能天线技术对移动通信系统所带来的优势是显而易见的。在使用智能天线时必须结合使用其他基带数字信号处理技术，如联合检测、干扰抵消及 Rake 接收等。它在移动通信中的用途主要包括抗衰落、抗干扰、增加系统容量以及移动台的定位。

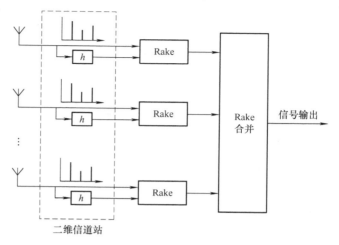

图 4.17　空间滤波 Rake 接收机框图

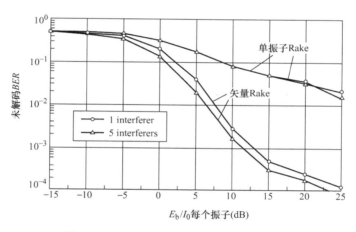

图 4.18　空间滤波 Rake 接收机的性能曲线

1. 抗衰落

采用智能天线控制接收方向，天线自适应地构成波束的方向性，使得延迟波方向的增益最小，减少信号衰落的影响。智能天线还可以用于分集，减少衰落。

2. 抗干扰

高增益、窄波束智能天线阵用于 WCDMA 基站，可减少移动台对基站的干扰，改善系统性能。抗干扰应用实质是空间域滤波。

3. 增加系统容量

为了满足移动通信业务的巨大需求，应尽量扩大现有基站容量和覆盖范围。要尽量减少新建网络所需的基站数量，必须通过各种方式提高频谱利用效率。方法之一是采用智能天线技术，用多波束板状天线代替普通天线。

4. 移动台定位

目前蜂窝移动通信系统只能确定移动台所处的小区。如果基站采用智能天线阵列，一旦收到信号，即对每个天线元所连接收机产生的响应作相应处理，获得该信号的空间特征矢量及矩阵，由此获得信号的功率估值和到达方向，即用户终端的方位。

思考与练习题

1. 衰落是如何产生的？如何抵抗衰落？
2. 简述分集的概念。
3. 分集技术如何分类？在移动通信中采用了哪几类分集接收技术？
4. 合并方式有哪几种？哪一种可以获得最大的输出信噪比？为什么？
5. 画出输出 M 个接收机时，选择式合并的原理框图。
6. Rake 接收机的工作原理是什么？
7. 画图说明均衡的基本原理。
8. 均衡器可以分为哪些类型？
9. 线性均衡和非线性均衡有什么区别？
10. 简述自适应均衡器的作用。
11. 为什么智能天线技术能够抗衰落？
12. 简述智能天线在移动通信中的作用。

第5章 组网技术

移动通信在追求最大容量的同时，还要追求最大的覆盖面积，也就是无论移动用户移动到什么地方，移动通信系统都应覆盖到。当然，当今的移动通信系统还无法做到这一点，但它应能够在其覆盖的区域内提供良好的话音和数据通信。而要实现移动用户在其覆盖范围内的良好通信，就必须有一个通信网支撑，这个网就是移动通信网。

本章将介绍移动通信中得干扰、区域覆盖、信道配置、提高蜂窝系统容量的方法、多信道共用技术、系统的移动性管理等内容，为后续章节的学习打下基础。

5.1 移动通信网的基本概念

移动通信网是承载移动通信业务的网络，主要完成移动用户之间、移动用户与固定用户之间的信息交换。一般来说，移动通信网由空中网络和地面网络两部分组成。空中网络又称为无线网络，主要完成无线通信；地面网络又称为有线网络，主要完成有线通信。

1. 空中网络

空中网络是移动通信网的主要部分，主要研究多址接入、频率复用和区域覆盖等问题。

（1）多址接入

移动通信是利用无线电波在空间传递信息的。多址接入要解决的问题是在给定的频率资源下如何共享，以使得有限的资源能够传输更大容量的信息，它是移动通信系统的重要问题。由于采用何种多址接入方式直接影响到系统容量，所以其一直是人们关注的热点。

（2）频率复用和区域覆盖

频率复用主要解决频率资源限制的问题，而区域覆盖要解决的是服务区内要设置多少个基站的问题。采用蜂窝小区实现频率复用最早由美国贝尔实验室提出，通过蜂窝组网方法可以很好地解决区域覆盖问题。

蜂窝式组网理论的要点如下：

1）无线蜂窝式小区覆盖和小功率发射。蜂窝组网放弃了点对点传输和广播覆盖模式，将一个移动通信服务区划分成许多以正六边形为基本几何图形的覆盖区域。该覆盖区域称为蜂窝小区，一个较低功率的发射机服务一个蜂窝小区。

2）频率复用。频率复用是指相同的频率在相隔一定距离的另一小区重复使用，其依据的是无线电波的传播损耗能够提供足够的隔离度。采用频率复用大大地缓解了频率资源紧缺的矛盾，增加了用户数目或系统容量。但是频率复用会带来同频干扰的问题。

3）多信道共用和越区切换。多信道共用技术是解决网内大量用户如何有效共享若干无线信道的技术。其原理是利用信道占用的间断性，使许多用户能够任意地、合理地选择信道，以提高信道的使用效率，这与市话用户共同享有中继线相类似。由于不是所有的呼叫都能在一个蜂窝小区内完成全部接续业务，所以，为了保证通话的连续性，当正在通话的移动台进入相邻无线小区时，移动通信系统必须具有自动转换到相邻小区基站的越区切换功能，即切换到新的信道上，从而不中断通信过程。

（3）切换和位置更新

采用蜂窝式组网后，切换技术显得十分重要。多址接入方式不同，切换技术也不同。位置更新是移动通信所特有的（由于移动用户会在移动通信网中任意移动，网络需要在任何时刻联系到用户，以实现对移动用户的有效管理）。

2. 地面网络

地面网络部分主要包括：

1）服务区内各个基站的相互连接。

2）基站与固定网（PSTN、ISDN、数据网等）。

5.2 移动通信环境下的干扰

干扰是限制移动通信系统性能的主要因素。干扰来源包括相邻小区中正在进行通信、使用相同频率的其他基站、无意中渗入系统频带范围的任何干扰系统。话音信道上的干扰会导致串话，使用户听到背景干扰。信令信道上的干扰则会导致数字信号发送上的错误，从而造成呼叫遗漏或阻塞。无线电干扰常见的有邻道干扰、同频干扰、互调干扰等。

5.2.1 邻道干扰

邻道干扰（Adjacent Channel Interference，ACI）是一种来自相邻或相近的频道的干扰，即干扰台信号功率落入相邻或相近接收机接收频带内造成的干扰。相近频道可以相隔几个或几十个频道。领道干扰有两个方面：一是由于工作频带紧随的若干频道的寄生边带功率、宽带噪声、杂散辐射等产生的干扰；二是指移动通信网内，由一组空间离散的邻近工作频道引入的干扰。

解决邻道干扰的措施包括以下几个：

1）降低发射机落入相邻频道的干扰功率，即减少发射机带外辐射。

2）提高接收机的邻道选择性。

3）在网络设计中，避免相邻频道在同一小区或相邻小区内使用。

邻道干扰可以通过精确的滤波和信道分配而减到最小。

5.2.2 同频干扰

同频干扰亦称为同道干扰（Co‐Channel Interference，CCI）或共道干扰，是指所有落在接收机通带内的与有用信号频率相同的无用信号的干扰。恶劣的天气、过度拥挤的频谱或不合理的频率规划等都可能导致同频干扰。以上关于同频干扰的定义是针对频率域的，如果将信道的概率扩展到其他维度（如空间、时间等），同频干扰的定义也要有相应的改变。

移动通信系统中，频率复用意味着在一个给定的覆盖区域内，存在许多使用同一组频率的小区。这些小区叫作同频小区。频率复用带来的问题就是同频干扰。复用距离越近，同频干扰就越大；复用距离越远，同频干扰就越小，但频率利用率就会降低。总的来讲，只要在接收机输入端存在同频干扰，接收系统就无法滤除和抑制它，所以系统设计时要确保同频小区在物理上隔开一个最小的距离，以为电波传播提供充分的隔离。

为避免同频干扰和保证接收质量，必须使接收输入端的信号电平与同频干扰电平之比大于或等于射频保护比（Radio - Frequency Protection Ratio）。射频保护比是达到规定接收质量时所需的射频信号对同频无用射频信号的比值，它不仅取决于通信距离，还和调制方式、电波传播特性、通信可靠性、无线小区半径、选用的工作方式等因素有关。

为了提高频率利用率，在满足一定通信质量的条件下，允许使用相同频道的无线区域之间的最小距离称为同频道复用的最小安全距离，简称同频道复用距离或共道复用距离。"安全"是指接收机输入端的有用信号与同频干扰的比值满足通信质量要求，即大于射频保护比。

图 5.1 给出了同频道复用距离的示意图。假设基站 A 和基站 B 使用相同的频道，移动台 M 正在接收基站 A 发射的信号，由于基站天线高度远高于移动台天线高度，因此移动台 M 处于小区边沿时，最易受到基站 B 发射的同频干扰。若输入到移动台接收机的有用信号与同频干扰比等于射频保护比，则 A、B 两基站之间的距离为同频道复用距离，记为 D。

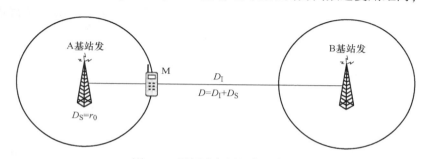

图 5.1 同频道复用距离示意图

由图可知

$$D = D_I + D_S = D_I + r_0 \tag{5.1}$$

式中，D_I 为同频干扰源至被干扰接收机之间的距离；D_S 为有用信号的传播距离，即小区半径 r_0。

通常，定义同频复用系数（也称同频复用比）为

$$\alpha = \frac{D}{r_0} \tag{5.2}$$

由式（5.1）可得同频复用系数为

$$\alpha = \frac{D}{r_0} = 1 + \frac{D_I}{r_0} \tag{5.3}$$

假定各基站与移动台的设备参数相同，地形条件也理想，则同频道复用距离与下列因素有关：

1）调制方式。为达到规定的接收信号质量，对于不同的调制方式，所需的射频保护比是不同的。

2）电波传播特性。假定传播路径是光滑的地平面，路径损耗 L 可由式（5.4）近似确定：

$$L = \frac{d^4}{h_t^2 h_r^2} \tag{5.4}$$

式中，d 是收发天线之间的距离，h_t 和 h_r 分别表示发射天线与接收天线的高度。如果 d 的单位是 km，h_t 和 h_r 的单位是 m，则

$$L = 120 + 40\lg d - 20\lg(h_t h_r) \tag{5.5}$$

3）基站覆盖范围或小区半径 r_0。

4）通信方式，可以分为同频单工通信和异频双工通信。

5）要求的可靠通信概率。

5.2.3 互调干扰

互调干扰是由传输设备中的非线性电路产生的。它指两个或多个信号作用在通信设备的非线性器件上，产生与有用信号频率相近的组合频率，从而对通信系统构成干扰的现象。

1. 产生互调干扰的基本条件

在专用网和小容量网中，互调干扰可能成为设台组网较为关心的问题。产生互调干扰的基本条件是：

1）几个干扰信号的频率（ω_A、ω_B、ω_C）与受干扰信号的频率（ω_S）之间满足 $2\omega_A - \omega_B = \omega_S$ 或 $\omega_A + \omega_B - \omega_C = \omega_S$ 的条件。

2）干扰信号的幅度足够大。

3）干扰（信号）站和受干扰的接收机都同时工作。

2. 互调干扰的分类

在移动通信系统中，互调干扰分为发射机互调干扰和接收机互调干扰。

（1）发射机互调干扰

一部发射机发射的信号进入了另一部发射机，并在其末级功放的非线性作用下与输出信号相互调制，产生不需要的组合干扰频率，从而对接收信号频率与这些组合频率相同的接收机造成的干扰，称为发射机互调干扰。

减少发射机互调干扰的措施如下：

1）加大发射机天线之间的距离。

2）采用单向隔离器件和高品质因子的谐振腔。

3）提高发射机的互调转换衰耗。

（2）接收机互调干扰

当多个强干扰信号进入接收机前端电路时，在器件的非线性作用下，干扰信号互相混频后产生可落入接收机中频频带内的互调产物而造成的干扰，称为接收机互调干扰。

减少接收机互调干扰的措施如下：

1）提高接收机前端电路的线性度。

2）在接收机前端插入滤波器，提高其选择性。

3）选用无三阶互调的频道组工作。

3. 在设台组网中对抗互调干扰的措施

1）对于蜂窝移动通信网而言，由于需要的频道多和采用空腔谐振式合成器，所以可采用互调最小的等间隔频道配置方式，并依靠具有优良互调抑制指标的设备来抑制互调干扰。

2）对于专用的小容量移动通信网而言，主要采用不等间隔排列的无三阶互调的频道配置方法来避免发生互调干扰。

5.2.4 阻塞干扰

当外界存在一个离接收机工作频率较远，但能进入接收机并作用于其前端电路的强干扰信号时，由于接收机前端电路的非线性而造成对有用信号增益降低或噪声增高，使接收机灵敏度下降的现象，称为阻塞干扰。这种干扰与干扰信号的幅度有关，幅度越大，干扰越严重。当干扰电压幅度非常大时，可导致接收机收不到有用信号而使通信中断。

5.2.5 近端对远端的干扰

当基站同时接收从两个距离不同的移动台发来的信号时，距基站近的移动台 B（距离 d_2）到达基站的功率明显要大于距离基站远的移动台 A（距离 d_1，$d_2 \ll d_1$）的到达功率，若二者频率相近，则距基站近的移动台 B 就会造成对接收距离远的移动台 A 的有用信号的干扰或抑制，甚至将移动台 A 的有用信号淹没。这种现象称为近端对远端干扰，又称为远近效应。

克服近端对远端干扰的措施主要有两个：一是使两个移动台所用频道拉开必要间隔；二是移动台自动（发射）功率控制（APC），使所有工作的移动台到达基站功率基本一致。由于频率资源紧张，几乎所有的移动通信系统的基站和移动终端都采用 APC 工作。

5.3 区域覆盖与信道配置

无线电波的传输损耗随着距离的增加而增加，并且受地形环境的影响，因此移动台和基站之间的有效通信距离是有限的。在大区制（单个基站覆盖一个服务区）的网络中可容纳的用户数有限，无法满足大容量的要求；而在小区制（每个基站仅覆盖一个小区）网络中，为了提高频率资源利用率，获得更高的系统容量，并将同频道干扰控制在一定范围内，需要将相同的频率在相隔一定距离的小区中重复使用来达到系统的要求。虽然目前对大区制的应用不多，但容量小、用户密度低的宏蜂窝小区等仍具有大区制移动通信网的特点，所以本节将分别对大区制和小区制的网络覆盖问题进行讨论，同时还将讨论移动通信中的信道分配问题。

5.3.1 区域覆盖

1. 大区制移动通信网络的区域覆盖

大区制移动通信通过增大基站覆盖范围，实现大区域内的移动通信。为了增大基站的覆盖区半径，在大区制的移动通信系统中，基站天线架设得很高，可达几十米甚至几百米；基站的发射功率很大，一般为 50 ~ 200W。实际覆盖半径达 30 ~ 50km。

大区制方式的优点是网络简单、成本低，一个大区制移动通信网络一般借助市话交换局设备（如图 5.2 所示）和很高的天线，将基站的收发信设备与市话交换

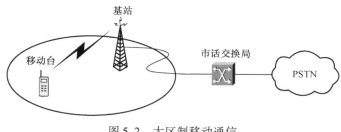

图 5.2 大区制移动通信

局连接起来，为一个大的服务区提供移动通信业务。一个大区制系统的频道数量有限，容量不大，可容纳的用户数一般只能达到几十个至几百个，不能满足用户数量日益增加的需要。

为了扩大覆盖范围，往往可将图 5.2 的无线系统重复配置，借助于控制中心接入市话交换局，如图 5.3 所示。但是控制中心的控制能力及多个控制中心的互联能力是有限的，因此这种系统的覆盖范围容量不大。这种大区制覆盖的移动通信方式只适用与中、小城市等业务量不大的地区或专用移动通信网。

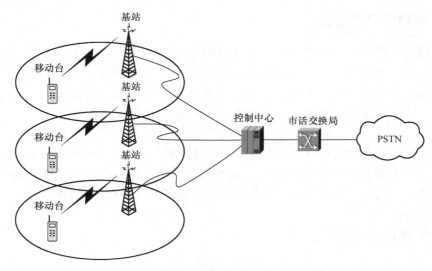

图 5.3　借助控制中心的大区制移动通信

覆盖区域的划分取决于系统的容量、地形以及传播特性等。覆盖区域的半径由以下因素确定：

1）在正常的传播损耗时，地球的曲率半径限制了传输的极限范围。

2）地形环境影响，例如山丘、建筑物的阻挡，信号传播可能产生覆盖盲区。

3）多径干扰等限制了传输距离。

4）基站发射功率受限导致覆盖范围有限。

5）移动台发射功率很小，上行（MS 至 BS）信号传输距离有限，限制了 BS 与 MS 的互通距离。

图 5.4 通过描述移动台与基站的不同相对位置，说明上、下行传输增益差是决定大区制系统覆盖区域大小的重要因素。解决上、下行传输增益差的问题，可采取相应的技术措施，如：

1）设置分集接收台。在业务区内的适当地点设立分集接收台 R_d，如

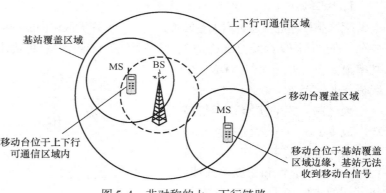

图 5.4　非对称的上、下行链路

图 5.5 所示。位于远端移动台的发送信号可以由就近的 R_d 分集接收，放大后由有线或无线链路传至基站。

2）在大的覆盖范围内，用同频转发器（又称为直放站）扫除盲区，如图 5.6 所示。整个系统都能使用相同的频道，盲区中的移动台也不必转换频道，工作简单。

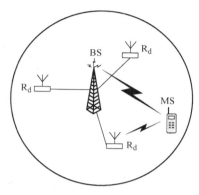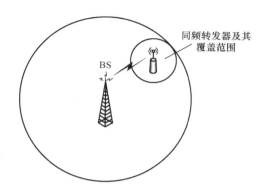

图 5.5　设置分集接收台　　　　　　　　图 5.6　用同频转发器扫除盲区

3）基站采用全向天线发射和定向天线接收，可以获得 8～10dB 的接收增益。

4）基站采用分集接收的天线配置方案，获得接收分集增益。

5）提高基站接收机的灵敏度，以接收微弱的移动台信号。

2. 小区制移动通信网络的区域覆盖

当用户数很多时，话务量相应增大，需要提供很多频道才能满足通话要求。为了增大服务区域，从频率复用的观点出发，可以将整个服务区划分成若干个半径为 2～20km 的小区，每个小区中设置基站，负责小区内移动用户的无线通信，这种方式称为小区制。小区制具有以下优点：

1）可以提高频率资源利用率。这是因为在一个很大的服务区内，同一组频率可以多次重复使用，因此增加了单位面积上可供使用的频道数，提高了服务区的容量密度和频率资源利用率。

2）具有组网的灵活性。小区制随着用户数的不断增长，每个覆盖区还可以继续划小，以不断适应用户数量增长的实际需要。

由以上特点可以看出，采用小区制能够有效地解决频道数有限和用户数量增大的矛盾。

下面针对不同的服务区来讨论小区的结构和频率的分配方案。

（1）带状网

带状网主要用于覆盖公路、铁路和河道等，如图 5.7 所示。

基站天线若用全向辐射，覆盖区形状是圆形（见图 5.7a）。在一些区域，业务需求集中在狭长区域（如沙漠、戈壁中的公路、铁路），为了提高覆盖效率，宜采用定向天线，使每个小区呈扁圆形（见图 5.7b）。

带状网可进行频率复用，若以采用不同信道的两个小区组成一个区群（在一个区群内，各小区使用不同的频率，不同的区群可使用相同的频率），如图 5.7a 所示，则称之为双频制。若以采用不同的信道的三个小区组成一个区群，如图 5.7b 所示，则称之为三频制。从造价和频率资源的利用而言，双频制最好；但从抗同频干扰而言，双频制最差，还应考虑多

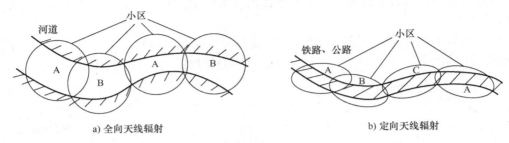

a) 全向天线辐射 b) 定向天线辐射

图 5.7 带状网

频制。实际应用中往往采用多频制，如日本新干线列车无线电话系统采用三频制，我国及德国列车无线电话系统则采用四频制等。

设 n 频制的带状网如图 5.8 所示。每一个小区的半径为 r，相邻小区的交叠宽度为 a，第 $n+1$ 区与第 1 区为同频道小区，由此可以算出信号传输距离 D_S 与同频道干扰距离 D_I 之比。若取传输损耗近似与传输距离的四次方成正比，则可得

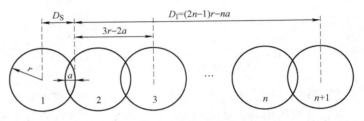

图 5.8 带状网的同频干扰

到最差情况下相应的干扰信号比，见表 5.1。由表 5.1 可知，双频制最多只能获得 19dB 的同频干扰抑制比（$a=0$），这通常是不够的。

表 5.1 带状网的同频道干扰

		双频制	三频制	n 频制
D_S/D_I		$\dfrac{r}{3r-2a}$	$\dfrac{r}{5r-3a}$	$-\dfrac{r}{(2n-1)\ r-na}$
I/S	$a=0$	$-19\mathrm{dB}$	$-28\mathrm{dB}$	$40\lg\dfrac{1}{2n-1}$
	$a=r$	$0\mathrm{dB}$	$-12\mathrm{dB}$	$40\lg\dfrac{1}{n-1}$

（2）蜂窝网

在平面区域划分小区，通常组成蜂窝式的网络，即蜂窝网。在带状网中，小区呈线状排列，区群的组成和同频小区距离的计算比较方便，而在平面分布的蜂窝网中，这是一个比较复杂的问题。

1）小区的形状。全向天线辐射的覆盖区是圆形。为了不留空隙地覆盖整个平面的服务区，一个个圆形辐射区之间一定含有很多的交叠。在考虑了交叠之后，每个辐射区的有效覆盖区是一个多边形。根据交叠情况不同，有效覆盖区可为正三角形、正方形或正六边形（如图 5.9 所示）：若在每个小区相间 120° 设置三个邻区，则有效覆盖区为正三角形；若在每个小区相间 90° 设置四个邻区，则有效覆盖区为正方形；若在每个小区相间 60° 设置六个邻区，则有效覆盖区为正六边形。理论证明，要用正多边形无空隙、无重叠地覆盖一个平面的区域，可取的形状只有正三角形、正方形或正六边形这三种。那么这三种形状哪一种最好

呢？在辐射半径 r 相同的条件下，计算出三种形状小区的邻区距离、小区面积、交叠区宽度和交叠区面积，见表5.2。

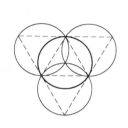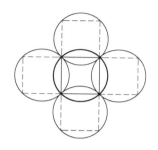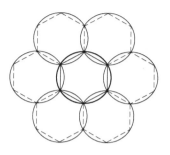

图 5.9　小区的形状

表 5.2　三种形状小区的比较

小 区 形 状	正 三 角 形	正 方 形	正 六 边 形
邻区距离	r	$2^{1/2}r$	$3^{1/2}r$
小区面积	$1.3r^2$	$2r^2$	$2.6r^2$
交叠区宽度	r	$0.59r$	$0.27r$
交叠区面积	$1.2\pi r^2$	$0.73\pi r^2$	$0.35\pi r^2$

由表5.2可见，在服务区面积一定的情况下，正六边形小区的形状最接近理想的圆形，用它覆盖整个服务区所需的基站数最少，也最经济。正六边形构成的网络形同蜂窝，因此将小区形状为六边形的小区制移动通信网称为蜂窝网。

2）区群的组成。相邻小区显然不能用相同的信道。为了保证同信道小区之间有足够的距离，附近的若干小区都不能用相同的信道。这些不同信道的小区组成一个区群，只有不同区群的小区才能进行信道再用。

区群的组成满足两个条件：

① 若干个单位无线区群正六边形彼此邻接组成蜂窝式服务区。

② 邻接单位无线区群中的同频无线小区的中心间距相等。

满足上述条件的区群形状与区群内的小区数不是任意的。可以证明，区群内的小区数 N 应满足：

$$N = i^2 + ij + j^2 \tag{5.6}$$

式中，i、j 为正整数。N 的可能取值见表5.3，相应的区群形状如图5.10所示。

表 5.3　区群小区数 N 的取值

i ＼ j	0	1	2	3	4
1	1	3	7	13	21
2	4	7	12	19	28
3	9	13	19	27	37
4	16	21	28	37	48

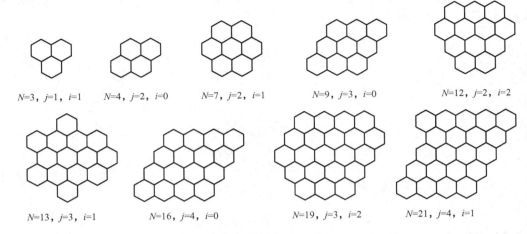

$N=3$, $j=1$, $i=1$ $N=4$, $j=2$, $i=0$ $N=7$, $j=2$, $i=1$ $N=9$, $j=3$, $i=0$ $N=12$, $j=2$, $i=2$

$N=13$, $j=3$, $i=1$ $N=16$, $j=4$, $i=0$ $N=19$, $j=3$, $i=2$ $N=21$, $j=4$, $i=1$

图 5.10　区群的组成

3）同频小区的距离。区群内小区数不同的情况下，可用下面的方法来确定同频小区的位置和距离。如图 5.11 所示，自某一小区 A 出发，沿边的垂线方向跨 j 个小区后，向左（或向右）转 60°，再跨 i 个小区，便到达同频道小区 A。在正六边形的六个方向上，可以找到六个相邻同信道小区，所有 A 小区之间的距离都相等。

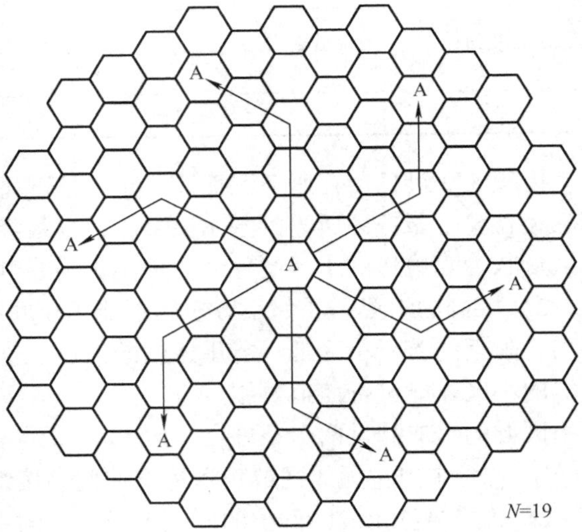

假设小区的半径（即正六边形外接圆的半径）为 r，则可从图 5.11 中计算出相邻同频道小区中心之间的距离为

$$D = \sqrt{3}\,r \sqrt{\left(j+\frac{i}{2}\right)^2 + \left(\frac{\sqrt{3}\,i}{2}\right)^2}$$

$$= \sqrt{3(i^2+ij+j^2)} \cdot r = \sqrt{3N} \cdot r \quad (5.7)$$

图 5.11　同频道小区的确定

$N=19$

可见，群内小区数 N 越大，同频小区的距离越远，抗同频干扰的性能就越好。例如，$N=3$，$D/r=3$；$N=7$，$D/r=4.6$。

4）基站激励方式。在每个小区中，基站可以设置在小区的中央，用全向天线形成圆形覆盖区，这种激励方式称为中心激励，如图 5.12a 所示。

基站也可以设置在小区的三个顶点上，每个基站采用三副 120° 扇形辐射的定向天线，分别覆盖三个相邻小区的各三分之一区

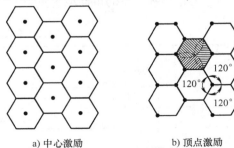

a）中心激励   b）顶点激励

图 5.12　基站激励方式

域，每个小区由三副 120°扇形天线共同覆盖，这种激励方式称为顶点激励（如图 5.12b 所示）。采用 120°的定向天线后，一个小区内接收到的同频干扰功率仅为采用全向天线系统的 1/3，从而可以减少系统的同道干扰。此外，在不同地点采用多副定向天线也可以消除小区内障碍物产生的阴影区。

以上讨论的整个服务区中的每个小区大小是相同的，这只能适应用户密度均匀的情况。事实上，服务区内的用户密度是不均匀的，例如城市中心商业区的用户密度高，居民区和郊区的用户密度低。为了适应这种情况，在用户密度高的市中心可以使小区的面积小一些，在用户密度低的郊区可以使小区的面积大一些。如图 5.13 所示。

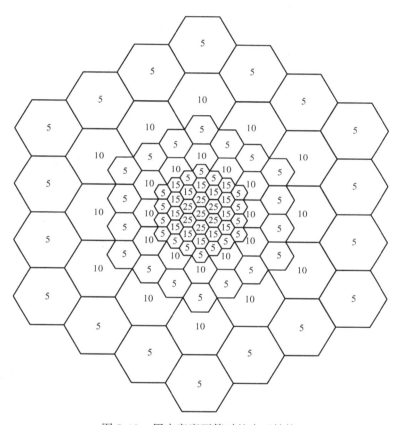

图 5.13　用户密度不等时的小区结构

5.3.2　信道配置

信道配置又称频率配置，主要解决将给定的信道如何分配给在一个区群的各个小区的问题。信道配置主要针对 FDMA 和 TDMA 系统，而 CDMA 系统中，所有用户由于使用相同的工作频率而无需进行信道配置。

频道配置是频率复用的前提。频道配置包含两个基本含义：一是频道分组，根据网络的需要将全部频道分成若干组；二是频道指配，以固定或动态分配的方法将频道指配给蜂窝网的用户使用。

频道分组需遵循以下原则：

1）根据国家或行业标准选择双工方式、载频中心频率值、频道间隔、收发间隔等参数。

2）确定无互调干扰或尽量减小互调干扰的分组方法。

3）考虑有效利用频率资源、降低基站天线高度和发射功率，在满足业务质量射频保护比的前提下，尽量减小同频复用的距离，从而确定频道分组数。

频道指配时需注意以下问题：

1）在同一频道组中不能有相邻序号的频道，以避免邻道干扰。

2）相邻序号的频道不能指配给相邻小区或相邻扇区。

3）应根据移动通信设备抗邻道干扰能力来设定相邻频道的最小频率及空间间隔。

4）由规定的射频保护比建立频率复用的频道指配图案。

5）频率参数、远期规划、新规划的网和重叠网频率指配的协调一致。

下面介绍固定频道指配的方法，主要讨论频道组数、每组的频道数以及频道的频率分配。

1. 带状网的固定频道分配

当同频复用比 D/r_0 确定后，就能确定相应的频道组数。

例如，若 $D/r_0 = 6$（或 8），至少应有三（或四）个频道组，如图 5.14 所示。当采用定向天线时（如铁路、公路上），根据通信线路的实际情况（如不是直线），若能利用天线的方向隔离度，还可以适当地减少使用的频道组数。

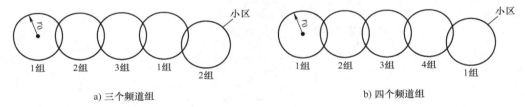

a) 三个频道组   b) 四个频道组

图 5.14 带状网的固定频道分配

2. 蜂窝状网的固定频道分配

由蜂窝状网的组成可知，根据同频复用系数 D/r_0 确定单位无线区群，若单位无线区群由 N 个无线区（即小区）组成，则需要 N 个频道组。每个频道组的频道数可由无线区的话务量确定。

应用于蜂窝网的固定频道分配方法有两种：分区分组分配法和等频距分配法。

（1）分区分组分配法

分区分组配置法遵循三个原则：

1）尽量减小占用的总频段，以提高频段的利用率。

2）同一区群内不能使用相同的信道，以避免同频干扰。

3）小区内采用无三阶互调的相容信道组，以避免互调干扰。

根据以上原则，下面举例说明。

假设给定的频段按照等间隔划分，各信道的编号分别为 1、2、3…；每个区群有七个小区，每个小区需六个信道，则采用分区分组配置法分配的结果如下：

第一组　　1，5，14，20，34，36

第二组　　2，9，13，18，21，31
第三组　　3，8，19，25，33，40
第四组　　4，12，16，22，37，39
第五组　　6，10，27，30，32，41
第六组　　7，11，24，26，29，35
第七组　　15，17，23，28，38，42

每一组信道分配给区群内的一个小区。这里使用 42 个信道就占用了 42 个信道的频段，是最佳的分配方案。

以上分配的主要出发点是避免三阶互调，但未考虑同一信道组中的频率间隔，可能会出现较大的邻道干扰，这是这种配置方法的一个缺陷。

（2）等频距分配法

等频距分配法是按照等频率间隔来配置频道的，只要频距选得足够大，就可以有效避免邻道干扰。这样的频率配置可能正好满足产生互调的频率关系，但正因为频距大，干扰易于被接收机输入滤波器滤除而不易作用到非线性器件上，这也就避免了互调的产生。

等频距配置法根据区群内的小区数 N 来确定同一信道组内各信道之间的频率间隔。例如，第一组用（1，1 + N，1 + 2N，1 + 3N，…），第二组用（2，2 + N，2 + 2N，2 + 3N，…）等。若 $N = 7$，则信道的配置如下：
第一组　　1，8，15，22，29，…
第二组　　2，9，16，23，30，…
第三组　　3，10，17，24，31，…
第四组　　4，11，18，25，32，…
第五组　　5，12，19，26，33，…
第六组　　6，13，20，27，34，…
第七组　　7，14，21，28，35，…

由上可见，同一频道组内的频道最小间隔为 7 个频道，若信道间隔为 25kHz，则其最小频率间隔可达 175 kHz，接收机的输入滤波器便可有效地抑制邻道干扰和互调干扰。

如果是定向天线进行顶点激励的小区制，每个基站应配置三组信道，向三个方向辐射，例如 $N = 7$，每个区群就需要 21 个信道组。三顶点激励的信道配置如图 5.15 所示。

以上讨论的信道配置方法都是将某一组信道固定配置给某一基站，这只能适应移动台业务分布相对固定的情况。事实上，移动台业务的地理分布是经常会发生变化的，如早上从住宅向商业区移动，傍晚又反向移动，发生交通事故或集会时又向某处集中。此时，某一小区业务量增大，原来配置的信道可能不够用，而相邻小区业务量小，原来配置的信道可能有空闲，小区之间的信道又无法相互调剂，因此频率的利用率不高，这就是固定配置信道的缺陷。

为了提高频率利用率，使信道的配置能随移动通信业务量的变化而动态调整，有两种方法：一是"动态配置法"，即根据业务量的变化重新配置全部信道；二是"柔性配置法"，即准备若干个信道，根据需要动态提供给某个小区使用。第一种方法虽然能够将频率利用率提高 20% 以上，但需要及时计算出新的配置方案避免各类干扰，同时基站及天线共用器等设备也要与之适应，实现起来比较困难。第二种方法实现起来更简单，只需要预留部分频道资源，由多个基站共用，就可应对局部业务量的变化，是一种更实用的方法。

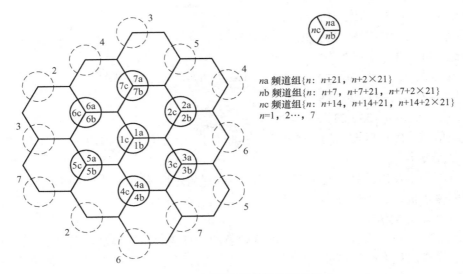

na 频道组$\{n: n+21, n+2\times21\}$
nb 频道组$\{n: n+7, n+7+21, n+7+2\times21\}$
nc 频道组$\{n: n+14, n+14+21, n+14+2\times21\}$
$n=1, 2\cdots, 7$

图 5.15　三顶点激励的信道配置

5.4　多址接入技术

在无线通信环境中的电波覆盖区内，如何建立用户之间的无线信道的连接，这便是多址连接问题，也称多址接入问题。由于无线通信具有大面积无线电波覆盖和广播信道的特点，移动通信网内一个用户发射的信号其他用户均可以接收，为了使众多用户能够合理而方便地共享通信资源，有效地实现通信，需要有某种机制来决定资源的使用权，这就是多址接入技术。

本章主要介绍移动通信系统中的多址接入技术，如频分多址（FDMA）、时分多址（TDMA）、码分多址（CDMA）和空分多址（SDMA）。

对于数字式蜂窝移动通信网络，随着用户数和通信业务量的增加，一个突出的问题就是如何利用有限的通信资源来获得更高的系统容量。多址接入直接影响蜂窝通信系统的容量，因此不同的多址方式所获得的系统容量也是本节研究的内容。

5.4.1　频分多址（FDMA）

1. 频分多址的原理

频分多址（Frequency Division Multiple Access，FDMA）是将给定的频带划分为若干个等间隔的频道（或信道），并将这些频道分配给不同的用户使用。从图 5.16 可以看出，在频分双工中，为了保证相邻频道之间不产生明显的干扰，要求这些频道互不交叠，并且引入保护频带。

由图 5.16 可见，FDMA 用户占用不同的频带资源，因此能够同时进行通信。FDMA能有效避免用户之间的互调干扰和邻道干扰。当系统用户数较少，数量基本固定，并

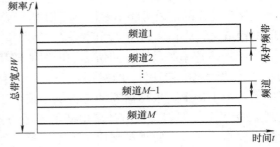

图 5.16　频分多址

且每个用户的业务量都较大时（如电话交换网），FDMA 是一种有效的分配方法。但是，当网络中用户数较多且数量经常变化，或者用户通信量具有突发性的特点时（如计算机数据通信），采用 FDMA 就会产生一些问题。显著的有两个问题：

1）当网络中的实际用户数少于已经划分的频道数时，宝贵的频率资源就白白浪费了。

2）当网络中的频段已经分配完毕时，即使这时已经分配到频道的用户没有进行通信，其他用户也不能够占用其他频道资源，从而导致一些用户由于无法获得信道资源而无法进行通信。

图 5.17 是双工通信方式下的频分多址。图中，在高低两个频段之间留有一段保护频带，其作用是防止同一用户的发射机对接收机产生干扰。具体做法是：当基站的发射机在高频段的某一频道中工作时，其接收机必须在低频段的某一频道中工作；与之对应，移动用户的接收机要在高频段相应的频道中接收来自基站的信号，而其发射机则要通过低频段相应的频道向基站发送信号。

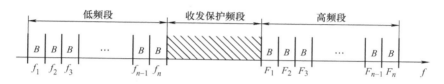

图 5.17 双工通信方式下的频分多址

在 FDMA 系统中，收发频段是分开的。由于所有移动台均使用相同的接收和发送频段，因此移动台到移动台之间不能直接通信，而必须经过基站的转接。实际系统中，移动台在通信时所占用的频道并不是固定的，通常是在通信建立阶段由系统控制中心临时分配，通信结束后，移动台将退出它占用的频道，这些频道又可以重新分配给别的用户使用。

2. FDMA 系统的特点

1）每信道占用一个载频，相邻载频之间的间隔应满足传输信号带宽的要求。为了在有限的频谱中增加信道数量，系统均希望间隔越窄越好。

2）符号时间远大于平均延迟扩展。这说明符号间的干扰的数量低，因此窄带 FDMA 系统中无须自适应均衡。

3）基站复杂庞大，重复设置收发信设备。基站有多少信道，就需要多少部收发信机，同时需用天线共用器，功率损耗大，易产生信道间的互调干扰。

4）FDMA 系统载波单个信道的设计，使得在接收设备中必须使用带通滤波器允许指定信道里的信号通过，滤除其他频率的信号，从而限制邻近信道间的相互干扰。

5）越区切换较为复杂和困难。因在 FDMA 系统中，分配好语音信道后，基站和移动台都是连续传输的，所以在越区切换时，必须瞬时中断传输数十至数百毫秒，以把通信从一频率切换到另一频率去。对于语音通信，瞬时中断问题不大；对于数据传输，则将带来数据的丢失。

5.4.2 时分多址（TDMA）

1. 时分多址的原理

时分多址（Time Division Multiple Access，TDMA）把时间分割成周期性的帧，每一帧再分割成若干个时隙，帧与帧（或时隙与时隙）之间都是互不重叠的，然后根据一定的时隙分配原则，使每个用户只能在指定的时隙内向基站发送信号，在满足定时和同步的条件下，基站能够分别在各时隙中接收到各移动台的信号而不混扰。基站发向各个移动台的信号都按顺序安排在预定的时隙中传输，各移动台只要在指定的时隙内接收，就能够从混合信号中将发给它的信号区分并接收下来。图5.18给出了TDMA时隙分配，由图可见，多个用户共享相同的频带资源，TDMA帧以相同的结构沿着时间轴上不断重复。

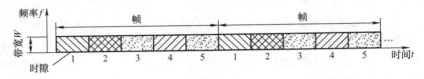

图 5.18　TDMA 时隙分配

图5.19给出了TDMA通信系统的工作原理，其中图5.19a是基站向移动台传输，常称

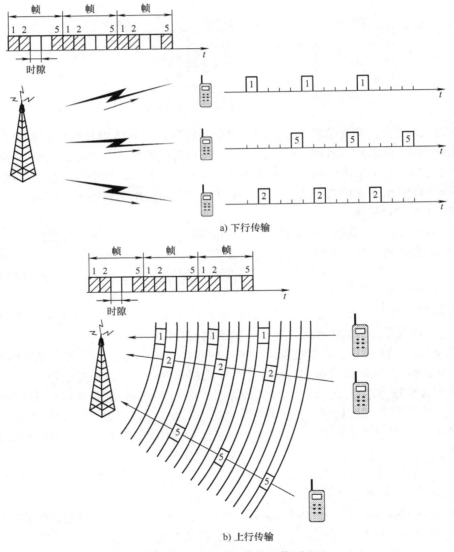

a) 下行传输

b) 上行传输

图 5.19　TDMA 系统的工作原理

为正向传输或下行传输，图 5.19b 是移动台向基站传输，常称为反向传输或上行传输。在 TDMA 系统中，用户在每一帧中占用固定时隙。如果用户在分配给自己的时隙上没有数据传输，则这段时间将被浪费。

时分多址（TDMA）应用在数字蜂窝电话系统通信中。例如，应用在北美数字式先进移动电话系统（D-AMPS），全球移动通信系统（GSM）和个人数字蜂窝系统（PDC）中。它将每个蜂窝信道划分为三个时隙，这样就可以增加信道上负载数据的总量。

2. TDMA 的帧结构

不同系统的帧长度和帧结构是不一样的，典型的帧长在几毫秒到几十毫秒之间。例如：GSM 系统的帧长为 4.6ms（每帧 8 个时隙），DECT 系统的帧长为 10ms（（每帧 24 个时隙）。帧结构与通信系统的双工方式有关。移动通信系统的双工方式有频分双工（Frequency Division Duplex，FDD）和时分双工（Time Division Duplex，TDD）。

频分双工是指基站（或移动台）的收发设备工作在两个不同的频率上，并且这两个频率之间要有足够的保护间隔。如果基站在高频率发射和在低频率接收，则移动台必须相应的在低频率发射和在高频率接收。频分双工的帧结构如图 5.20 所示。

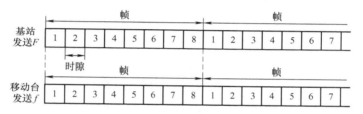

图 5.20　频分双工的帧结构

时分双工是基站（移动台）的收发设备工作在相同的频率上。通常将帧的时隙分成两部分，前一半的时隙用于基站向移动台发送（移动台接收），另一半的时隙用于移动台向基站发送（基站接收），如此交替转换，即可实现双工通信。时分双工的帧结构如图 5.21 所示。

图 5.21　时分双工的帧结构

不同系统所采用的时隙结构可能有很大的差异，即使在同一个系统中，不同传输方向（正向和反向）上的时隙结构也可能不尽相同。在 TDMA 系统中，每帧中的时隙结构的设计通常要考虑三个问题：一是控制和信令信息的传输；二是多径衰落信道的影响；三是系统的同步。

图 5.22 给出了一种 TDMA 系统的时隙结构，该图仅说明了时隙结构的基本形式，并没考虑不同通信系统在不同应用场景下的特殊要求。在移动通信中，信号的传播存在随机时延。由于移动台的位置在通信网内是随机分布的，也是经常变化的，移动台和基站

之间的距离是一个随机变量。通信距离的不同，导致信号的传播时延也不同。因此，即使移动台与基站的时钟都非常精确，信号到达对方接收机时，也不可能完全准确地落入对方的检测时间窗。从图 5.22 中可以看到，为了防止不同时隙的信号由于时延不同而与相邻时隙的信号发生混叠，通常在时隙末尾（或开头）设置一定的保护时间。该保护时间对上行传输的时隙是不可缺少的，保护时间的大小可以根据最大通信距离估算，在保护时间内不发送信息。

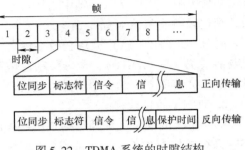

图 5.22 TDMA 系统的时隙结构

3. TDMA 系统的特点

TDMA 系统与 FDMA 系统相比具有以下特点：

1）基站复杂性减小。TDMA 系统中，N 个时分信道共用一个载波，占据相同的带宽，只需要一部收发信机，可以避免 FDMA 系统由于多部不同频率的发射机同时工作而产生的互调干扰。

2）TDMA 系统不存在频率分配问题，对时隙的管理和分配通常要比对频率的管理和分配更简单、更经济。

3）因为移动台只在指定的时隙中接收基站发给它的信息，因此在一帧的其他时隙中，可以测量其他基站发送的信号强度，或检测网络系统发送的广播信息和控制信息，这对于加强通信网络的控制功能和保证移动台的越区切换都是有利的。

4）TDMA 系统必须有精确的定时和同步，以保证各移动台发送的信号不会在基站发生重叠或混淆，并且移动台能够准确地在指定时隙中接收基站发给它的信号。

5）发射信号速率随用户数的增大而提高，如果达到 100kbit/s 以上，码间干扰就将加大，必须采用自适应均衡，以补偿传输失真。

6）抗干扰能力强，频率利用率高，系统容量大。

许多系统综合采用 FDMA 和 TDMA 技术，例如 GSM 数字蜂窝移动通信标准采用 200kHz 的 FDMA 信道，并将其再分成 8 个时隙，用于 TDMA 传输。

例 5.1 考虑每帧支持 8 个用户且数据速率为 270.833kbit/s 的 GSM TDMA 系统，试求：

（1）每一用户的原始数据速率；

（2）在保护时间、跳变时间和同步比特共占 10.1kbit/s 的情况下，每一用户的传输效率。

解：（1）每用户的原始数据速率：$\frac{270.833\text{kbit/s}}{8}=33.854\text{kbit/s}$。

（2）传输效率：$(1-10.1/33.854)\times100\%=70.2\%$

例 5.2 假定某个系统是一个前向信道带宽为 50MHz 的 TDMA/FDD 系统，并且将 50MHz 分为若干个 200kHz 的无线信道。当一个无线信道支持 16 个语音信道，并且假设没有保护频隙时，试求出该系统所能同时支持的用户数。

解：在 GSM 中包含的同时用户数 N 为

$$N=(50000\text{kHz}/200\text{kHz})\times16=4000$$

因此，该系统能同时支持 4000 个用户。

5.4.3　码分多址（CDMA）

1. 码分多址的原理

码分多址（Code Division Multiple Access，CDMA）是在数字技术的分支——扩频通信技术上发展起来的一种崭新而成熟的无线通信技术。在 CDMA 通信系统中，不同用户传输信息所用的信号不是靠频率不同或时隙不同来区分，而是用各自不同的码字来区分，或者说是靠信号的不同波形来区分，如图 5.23 所示。CDMA 蜂窝通信系统中的用户之间的信息传输也是由基站进行转发和控制的。为了实现双工通信，正向传输和反向传输各使用一个频率，即通常所说的频分双工。无论正向传输或反向传输，除了传输业务信息外，还必须传送相应的控制信息。为了传送不同的信息，需要设置相应的信道。但是，CDMA 蜂窝系统既不分频道又不分时隙，无论传送何种信息的信道都靠采用不同的码型来区分。

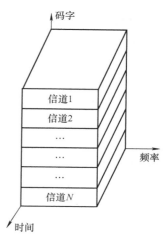

图 5.23　码分多址

地址码的设计直接影响 CDMA 系统的性能，为提高抗干扰能力，地址码要用伪随机码（又称伪随机序列）。CDMA 就是以扩频通信（Spread Spectrum Communication）为基础，利用不同码型实现不同用户信息的区分的。因此，CDMA 是一种扩频多址数字式通信技术，通过独特的代码序列建立信道，可用于二代和三代无线通信中。此外，CDMA 还是一种多路方式，多路信号只占用一条信道，极大地提高了带宽使用率，可应用于 800MHz 和 1.9GHz 的超高频（UHF）移动电话系统。

2. CDMA 蜂窝通信系统的多址干扰与功率控制

（1）CDMA 蜂窝通信系统的多址干扰

蜂窝通信系统无论采用何种多址方式都会存在各种各样的外部干扰以及系统本身产生的特定干扰。如果从频域或时域来观察，多个 CDMA 信号是互相重叠的。接收机用相关器可以在多个 CDMA 信号中选出其中使用预定码型的信号。其他使用不同码型的信号因为和接收机本地产生的码型不同而不能被解调。它们的存在类似于在信道中引入了噪声和干扰，通常称之为多址干扰。

CDMA 蜂窝通信系统的多址干扰都属于通信系统本身存在的内部干扰。在各种干扰中，对蜂窝系统的容量起主要制约作用的是系统本身存在的自身干扰。

CDMA 蜂窝通信系统的多址干扰分为两种情况：一是移动台在接收所属基站发送的信号时，会受到邻近小区基站发给其他移动台的信号的干扰；二是基站在接收某一特定移动台的信号时，会受到本蜂窝以及邻近蜂窝其他移动台发射信号的干扰。图 5.24 是两种多址干扰的示意图，其中图 5.24a 是移动台对基站产生的反向多址干扰，图 5.24b 是基站对移动台产生的正向多址干扰。

（2）CDMA 蜂窝通信系统的功率控制

在 CDMA 蜂窝移动通信系统中，由于许多电台共用一个频率发送信号或接收信号，因此近地强信号压制远地弱信号的情况会经常发生，这一现象称为"远近效应"。在 CDMA 蜂窝通信系统中，远近效应是一个非常突出的问题，主要发生在反向链路上。移动台在小区内的位置是随机分布，并且经常变化的。如果移动台的发射功率按照最大通信距离设计，则当移动台靠近基站时，必然会产生过量而有害的功率辐射，导致对其他用户信号较强的干扰。解决这个问题的方法就是根据通信距离的不同，实时动态地调整发射机的辐射功率，即通常所说的功率控制。

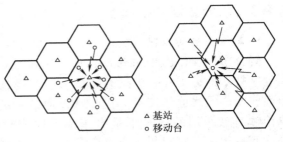

a) 移动台对基站产生　　　　　b) 基站对移动台产生
　的反向多址干扰　　　　　　　的正向多址干扰

图 5.24　CDMA 蜂窝系统的多址干扰

功率控制需要遵循的原则是：当信道的传播条件突然改变时，功率控制应做出快速反应（如几微秒），以防止信号突然增强而对其他用户产生附加干扰；反之，当传播条件突然恶化时，功率调整的速度可以相对慢一些。

1）反向功率控制。反向功率控制也称上行链路功率控制，主要目的是实时调整各移动台的发射功率，使处于小区中任一位置的移动台的信号在到达基站的接收机时，具有相同的电平，而且恰好达到信干比门限要求。理想的反向功率控制既可以有效地防止远近效应，又可以最大限度地减少背景干扰。

进行反向功率控制的方法是移动台接收并检测基站发来的导频信号，根据此导频信号的强弱估计正向传输的损耗，并根据估计值调节移动台的反向发射功率。接收信号增强就降低移动台发射功率，接收信号减弱就增加其发射功率。

反向功率控制的方法简单、直接、不需要在移动台和基站之间交换控制信息，因此控制速度快并且开销小。但是此法只对某些情况有效，例如车载移动台快速进入或离开地形起伏区或高大建筑物遮蔽区而引起的信号强度变化。而对于因多径传播引起的瑞利衰落导致的信号强度变化，此方法效果不好。

由于正向和反向传输使用的频率不同，通常两个频率的间隔大大超过了信道的相干带宽，因此不能认为移动台测得的正向信道上的衰落特性就等于反向信道上的衰落特性。为了解决这个问题，可以由基站检测来自移动台的信号强度，并根据检测结果，形成功率调整指令通知移动台，使移动台根据该指令调整其发射功率。实现这种方法的条件是传送、处理和执行功率调整指令的速度要快。一般情况，这种调整指令每毫秒发送一次即可。

为了保证反向功率控制的有效性和可靠性，以上两种方法可以结合使用。

2）正向功率控制。正向功率控制也称下行链路功率控制。目的是调整基站向移动台发射的功率，使处于小区中任一位置的移动台接收到的基站信号电平都恰好达到信干比门限要求。正向功率控制既可以避免当移动台靠近基站时，基站仍辐射过大的信号功率，又可以防止当移动台进入多径信号很强的位置时，因信号遭受衰落而发生通信质量下降。

与反向功率控制相似，正向功率控制可以由移动台检测其接收信号的强度，并不断比较信号电平和干扰电平。如果信干比超过了预设门限，移动台就向基站发出减小功率的请求。基站收到移动台的功率调整请求后，按一定的调整量改变相应的发射功率。

5.4.4　空分多址（SDMA）

空分多址（Space Division Multiple Access，SDMA）在中国第三代通信系统 TD - SCDMA 中引入，是智能天线技术的集中体现。该方式是通过空间的分割对不同的用户进行区分。移动通信中，能实现空间分割的基本技术就是采用自适应阵列天线，在不同的用户方向上形成不同的波束。SDMA 使用不同的天线波束为不同区域的用户提供接入，如图 5.25 所示。相同的频率（在 CDMA 系统中）或不同的频率（在 FDMA 系统中）用来服务于

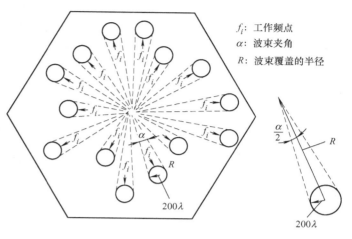

f_i: 工作频点

α: 波束夹角

R: 波束覆盖的半径

图 5.25　SDMA

被天线波束覆盖的这些不同区域。在极限的情况下，自适应阵列天线具有极小的波束和无限快的跟踪速度（类似激光束），它可以实现最佳的 SDMA。此时，在每个小区内，每个波束可提供一个没有其他用户干扰的独立信道，尽管上述理想情况需要无限多个无线阵元，是不可实现的，但采用适当数目的阵元，也可以获得较好的系统性能改善。同时处于同一波束覆盖范围的不同用户也容易通过与 FDMA、TDMA 和 CDMA 结合，以进一步提高系统容量。

在 SDMA 系统中的所有用户，能够用同一信道在同一时间内进行双向通信。而且一个完善的自适应阵列天线系统应能够为每个用户搜索其多个多径分量，并且以最理想的方式组合它们。由于完善的自适应阵列天线系统能收集从每个用户发来的所有有效信号能量，所以它有效地克服了多径干扰和同频干扰。尽管上述理想情况是不可实现的，它需要无限多个阵元，但采用适当数目的阵元，也可以获得较大的系统增益。

5.5　蜂窝移动通信系统的容量分析

频谱是一种十分宝贵的资源，而能分配给公用移动通信系统使用的频谱更是非常有限，因此，涉及多址方式争议的焦点之一是采用何种多址技术才能最大化频谱利用率，换句话说就是如何最大化系统容量。

系统容量用每个小区的可用信道数（ch/cell）即每小区允许同时工作的用户数（用户数/cell）来度量。此数值越大，系统的通信容量也越大。此外，还可以用每个小区的爱尔兰数（erl/cell）、每平方千米的用户数（用户数/km²），或每平方千米小时的通话次数（通话次数/(h·km²)）等进行度量。

蜂窝移动通信系统的无线容量可定义为

$$m_c = \frac{B_t}{B_c N} \qquad (5.8)$$

式中，m_c 是无线容量大小；B_t 是分配给系统的总频谱宽度；B_c 是信道带宽；N 是区群中的小区数。

蜂窝移动通信系统由若干个小区（cell）构成。在蜂窝移动通信系统中，使用同一组频率的小区称为共道（或同道）小区，共道小区之间存在的相同频率上的相互干扰称为共道（或同道）干扰。区群的小区数越小，相邻区群的地理位置靠得越近，共道干扰就越强，这说明共道干扰是限制区群中小区个数的重要约束条件。

当蜂窝网络每个区群含七个小区，各基站均用全向天线时，其共道小区的分布如图 5.26 所示。由图可见，共道小区以某一小区为中心可分为许多层：第一层六个，第二层六个，第三层六个……因为在共道干扰中，来自第一层共道小区干扰最强，起主导作用，所以分析时，可以只考虑这六个共道小区所产生的干扰。令小区半径为 r，两个相邻共道小区之间的距离为 D，为了将共道干扰控制在允许的数值范围内而需要的 D/r 值称为共道干扰抑制因子，或共道再用因子，用 α 表示，即

$$\alpha = D/r \qquad (5.9)$$

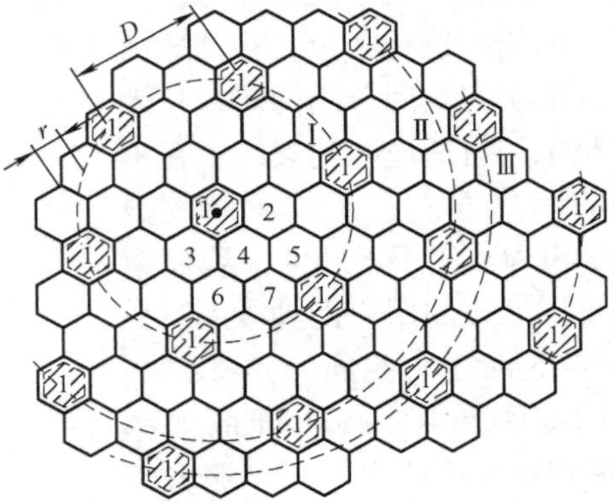

图 5.26　蜂窝网络的共道小区分布

根据图 5.26，可得载干比的表达式

$$\frac{C}{I} = \frac{C}{\sum\limits_{i=1}^{6} I_i + n} \qquad (5.10)$$

式中，C 是信号的载波功率；n 是环境噪声功率（这里可忽略不计）；I_i 是来自第 i 个通道小区的干扰功率。实际上，共道干扰分两种情况：一是基站受到的来自共道小区移动台的干扰，二是移动台受到的来自共道小区基站的干扰，如图 5.27 所示。

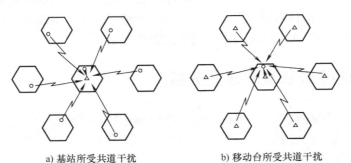

a) 基站所受共道干扰　　　　　　　　　　b) 移动台所受共道干扰

图 5.27　共道干扰

5.5.1　FDMA 和 TDMA 蜂窝系统容量

实际中通信容量的分析，无论对模拟系统还是数字系统，无论对 FDMA 系统还是 TDMA 系统，在原理上都是一样的。模拟蜂窝系统只能采用 FDMA 制式，数字蜂窝系统可以采用 FDMA、TDMA 或 CDMA 中任意一种制式。

对于模拟 FDMA 系统来说，如果采用频分复用的小区数为 N，根据对同频干扰和系统容量的讨论可知，对于小区制蜂窝网有

$$N = \sqrt{\frac{2}{3} \times \frac{C}{I}} \tag{5.11}$$

式中，C 是载波信号功率；I 是干扰信号功率。由此可求得 FDMA 的无线容量为

$$m_{\mathrm{c}} = \frac{B_{\mathrm{t}}}{B_{\mathrm{c}}\sqrt{\dfrac{2}{3} \times \dfrac{C}{I}}} \quad 信道/小区 \tag{5.12}$$

对于数字 TDMA 系统来说，由于数字信道所要求的载干比可以是模拟制的 20%～25%（因为数字系统有纠错措施），因此频率复用距离可以再近一些。所以可以采用比 7 小的区群，例如一个区群内含三个小区的区群。则可求得 TDMA 的无线容量为

$$m_{\mathrm{c}} = \frac{B_{\mathrm{t}}}{B'_{\mathrm{c}}\sqrt{\dfrac{2}{3} \times \dfrac{C}{I}}} \quad 信道/小区 \tag{5.13}$$

式中，B'_{c} 为等效带宽。若设载波间隔为 B_{c}，每载波共有 K 个时隙，则等效带宽为

$$B'_{\mathrm{c}} = B_{\mathrm{c}}/K \tag{5.14}$$

在现代数字 TDMA 通信系统中十分注意采用先进的技术措施，以提高系统的通信容量。其中最基本也是最有效的办法是采用先进的语音编码技术，这种编码技术不仅要降低语音编码的数据速率，而且要有效地进行差错防护。例如，在一个语音帧中，根据各个比特对差错敏感的程度进行分类，并分级进行编码保护，对差错不敏感的比特可以不进行编码保护。这样，采用先进语音编码的数字通信系统与模拟通信系统相比，在语音质量要求相同的情况下，可以适当降低所需的载干比（C/I），如从 18dB 降低到 10～12dB，其共道再用因子也可以减小，从而提高系统的通信容量。

5.5.2　CDMA 蜂窝系统容量

CDMA 系统的容量是干扰受限的，而 FDMA 和 TDMA 系统的容量是带宽受限的。因此，干扰的减少将导致 CDMA 容量的增加。这使得 CDMA 系统容量的计算比模拟 FDMA 系统和数字 TDMA 系统要复杂得多。

由于人们的讲话是有间歇的，在对话的过程中，通常是一方在说，另一方在听，如果利用语音激活技术，在语音的静默期压制或停止传输，则系统容量会由于背景干扰的减小而获得提高。此外，当通信系统采用扇区天线时，扇区的空间隔离作用也能减小背景干扰，从而提高系统容量。再者，对于 CDMA 蜂窝系统，所有小区都可以共用相同的频谱，这自然对提高其通信容量非常有利。因此，在使用相同频率资源的情况下，一般估计 CDMA 系统的通信容量有可能达到现有 FDMA 模拟系统的 20 倍，达到数字 TDMA 和 FDMA 系统 4～6 倍。

决定 CDMA 蜂窝系统容量的主要参数是处理增益、E_{b}/N_0、语音负载周期、频率复用效率以及基站天线扇区数。

不考虑蜂窝系统的特点，只考虑一般扩频通信系统，接收信号的载干比是有用信号的功率与干扰功率的比值，可以写成

$$\frac{C}{I} = \frac{R_{\mathrm{b}}E_{\mathrm{b}}}{I_0 W} = \frac{E_{\mathrm{b}}/I_0}{W/R_{\mathrm{b}}} \tag{5.15}$$

式中，E_b 是信息的比特能量；R_b 是信息的比特速率；I_0 是干扰的功率谱密度（单位 Hz 的干扰功率）；W 是总频段宽度（即 CDMA 信号所占的频谱宽度）；E_b/I_0 类似于通常所说的归一化信噪比（E_b/N_0），其取值取决于系统对误比特率或语音质量的要求，并与系统的调制方式和编码方案有关；W/R_b 是系统的处理增益。

若 N 个用户共用一个无线信道，显然每一个用户的信号都会受到其余 $N-1$ 个用户信号的干扰。假设到达一个接收机的信号强度和各个干扰强度都相等，则载干比为

$$\frac{C}{I} = \frac{1}{N-1} \tag{5.16}$$

或

$$N - 1 = \frac{W/R_b}{E_b/I_0} \tag{5.17}$$

若 $N \gg 1$，即 $\frac{C}{I} \approx \frac{1}{N}$，于是

$$N = \frac{W/R_b}{E_b/I_0} \tag{5.18}$$

例如，令语音编码速率 $R_b = 8\text{kbit/s}$，扩频带宽为 1.25MHz。若 $E_b/I_0 = 6\text{dB}$，则 $N = 26$，$C/I = 0.038$；若 $E_b/I_0 = 4.5\text{dB}$，则 $N = 35$，$C/I = 0.029$。

结果说明，在误比特率一定的条件下，所需归一化信干比 E_b/I_0 越小，系统可以同时容纳的用户数越多。需要注意的是，以上讨论使用的假设条件是对单小区系统（没有邻近小区的干扰）而言，是指正向传输时，如果基站向各个移动台发送的信号不进行任何功率控制，移动台接收机接收到的信号和干扰就会满足这样的条件。但在反向传输中，各移动台向基站发送的信号必须进行理想的功率控制，才能使基站接收机收到的有用信号和干扰满足这样的条件。

CDMA 小区扇化有很好的容量扩充作用。利用 120° 扇形覆盖的定向天线把一个蜂窝小区划分成三个扇区时，处于每个扇区中的移动用户是该蜂窝的三分之一，相应的各用户之间的多址干扰分量也就减少为原来的三分之一，从而系统的容量将增加约三倍。FDMA 和 TDMA 两种蜂窝系统如果利用扇形分区，同样可以减小来自共道小区的干扰，从而降低共道再用距离，提高系统容量。但是，倘若系统的共道再用距离不变，即区群的小区数不变，只将小区划分成扇区，通信容量也不会得到提高。因为各相邻扇区的信道不允许重复，而将每个小区的信道总数在几个扇区中平均分配，小区单位面积的信道数并未改变。也就是说，FDMA 和 TD-MA 两种系统的容量虽然可以从降低共道再用距离方面获得好处，但不像 CDMA 系统那样，分成三个扇区，系统容量就会增大至原来的三倍。

令 G 为扇区数，CDMA 系统的容量公式可被修正为

$$N = \frac{(W/R_b)G}{(E_b/I_0)d} \tag{5.19}$$

式中，d 为语音的占空比。

5.6 系统移动性管理

当某个移动用户在随机接入信道上呼叫另一个移动用户或某个固定网用户时，或者某个固定网用户呼叫移动用户时，公共陆地移动网络（Public Land Mobile Network，PLMN）就开

始了一系列操作。这些操作涉及基站、移动台、移动交换中心、各种数据库，以及网络的各个接口。这些操作将建立或释放控制信道和业务信道，进行设备和用户的识别，完成无线部分和地面线路的交换和连接，最终在主呼和被呼用户之间建立通信链路并提供服务。这个过程就是呼叫接续过程。

当移动用户从一个位置区漫游到另一个位置区时，也将引起网络各个功能单元的一系列操作。这些操作将引起各种位置寄存器中移动台位置信息的登记、修改或删除，若移动台正在通话，则将引起越区切换。这些就是蜂窝系统的移动管理过程。

5.6.1　位置登记

位置登记又称注册，指的是通信网为了跟踪移动台的位置变化而对其位置信息进行登记、删除和更新的过程。由于数字蜂窝网的用户密度大于模拟蜂窝网，因此位置登记过程必须更快、更精确。

位置信息存储在归属位置寄存器（HLR）和访问位置寄存器（VLR）中。

GSM 蜂窝通信系统把整个网络的覆盖区域划分为许多位置区，并以不同的位置区标志进行区别，如图 5.28 中的 LA_1，LA_2，LA_3，…。

系统中某个移动用户首次入网时，必须通过移动交换中心（MSC）在相应的归属位置寄存器（HLR）中登记注册，把与其有关的参数（如移动用户识别码、移动台编号及业务类型等）全部存放在这个位置寄存器中。

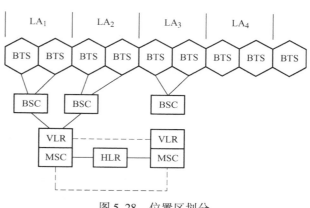

图 5.28　位置区划分

移动台的不断运动将导致其位置的不断变化。这种变动的位置信息由访问位置寄存器（VLR）进行登记。移动台可能远离其原籍地区而进入其他地区"访问"，该地区的 VLR 要对这种来访的移动台进行位置登记，并向该移动台的 HLR 查询其有关参数。此 HLR 要临时保存该 VLR 提供的位置信息，以便为其他用户（包括固定的市话网用户或另一个移动用户）呼叫此移动台提供所需的路由。VLR 所存储的位置信息不是永久性的，一旦移动台离开了它的服务区，该移动台的位置信息即被删除。

位置区的标志在广播控制信道（BCCH）中播送。移动台开机后，搜索此 BCCH，从中提取所在位置区的标志。如果移动台从 BCCH 中获得的位置区标志就是它原来用的（上次通信所用）位置区标志，则不需要进行位置更新。如果两者不同，则说明移动台已经进入新的位置区，必须进行位置更新。于是移动台将通过新位置区的基站发出位置更新的请求。

移动台可能在不同情况下申请位置更新。比如，在任一个地区中进行初始位置登记，而在同一个 VLR 服务区中进行过区位置登记；或者在不同的 VLR 服务区中进行过区位置登记等。不同情况下进行位置登记的具体过程会有所不同，但基本方法都是一样的。图 5.29 给出的是使用 MS 的 TMSI 请求在不同的 VLR 服务区中进行位置登记的过程，其他情况可以此类推。

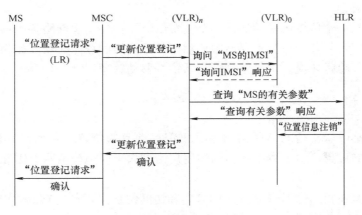

图 5.29　位置登记过程举例

当移动台进入某个访问区需要进行位置登记时，它就向该区的 MSC 发出"位置登记请求（LR）"。若 LR 中携带的是"国际移动用户识别码（IMSI）"，新的访问位置寄存器（VLR）$_n$ 在收到 MSC"更新位置登记"的指令后，可根据 IMSI 直接判断出该移动台（MS）的归属位置寄存器（HLR）。（VLR）$_n$ 给该 MS 分配漫游号码（MSRN），并向该 HLR 查询"MS 的有关参数"，获得成功后，再通过 MSC 和 BS 向 MS 发送"更新位置登记"的确认信息。HLR 要对该 MS 原来的移动参数进行修改，还要向原来的访问位置寄存器（VLR）$_0$ 发送"位置信息注销"指令。

移动台可能处于开机状态，也可能处于关机状态。移动台的开机状态又称为激活状态，关机状态又称为非激活状态。移动台由开机状态转入关机状态时，要在有关的 VLR 和 HLR 中设置一个特定的标志，使系统拒绝对该用户进行呼叫，以避免在无线链路上发送无效的寻呼信号，这种功能称为 IMSI 分离。移动台由关机状态转入开机状态时，移动台取消 IMSI 分离标志，恢复正常工作，这种功能称为 IMSI 附着。IMSI 分离和 IMSI 附着统称为 IMSI 分离/附着。

如果 MS 向系统发送 IMSI 附着信息时，无线网链路质量很差，则有可能产生传输差错，导致系统认为 MS 仍处于分离状态。如果 MS 向系统发送 IMSI 分离信息时，无线网链路质量很差，也有可能产生传输差错，导致系统认为 MS 仍处于附着状态。

为了解决上述问题，系统还采用周期性登记方式，要求移动台每隔一段时间登记一次。如果系统没有收到移动台的周期登记信息，则 VLR 就以分离作标志，称为"隐分离"。

5.6.2　越区切换

越区切换（Handover 或 Handoff）是指将当前正在进行的移动台与基站之间的通信链路从当前基站转移到另一个基站的过程，又称为自动链路转移（Automatic Link Transfer，ALT）。越区切换分为硬切换和软切换两大类。硬切换是指在新的连接建立以前，先中断旧的连接；软切换是指既维持旧的连接，又同时建立新的连接，并利用新旧链路的分集合并来改善通信质量，当与新基站建立可靠连接之后再中断旧链路。

越区切换的研究包括以下几个方面的内容：①越区切换的原因，即为何要进行越区切换；②越区切换的准则，即何时需要进行越区切换；③越区切换如何控制，包括同一类型小区之间的切换控制以及不同类型小区之间的切换控制；④越区切换时的信道分配。评价越区切换的主要性能指标有越区切换的失败概率、因越区切换失败而使通信中断的概率、越区切换的速率、越区切换引起的通信中断的时间间隔、越区切换发生的时延等。

1. 越区切换的原因

1）当一个正在通话或有数据连接（例如，正在通过 GPRS 上网）的移动台从一个小区进入另一个小区时，为避免掉话或数据断开，需要进行越区切换。

2）在一个小区中，当连接一个新的通话的能力达到上限，并且发起这个新的通话的移动台在另一个小区的覆盖范围时，为了均衡负载，需要进行越区切换。

3）在非码分多址接入系统中，某一移动台使用的信道可能会与相仿小区的某一移动台使用的信道相干扰，在这种情况下，需要将该移动台的通信信道切换到同一小区的不同信道或相邻小区的不同信道，以降低干扰。

4）在码分多址接入系统中，为了减小对相邻小区的干扰，需要进行软切换。

2. 越区切换的准则

通常可是根据移动台处接收的平均信号强度来决定何时需要进行越区切换，也可根据移动台的信噪比（或信号干扰比）、误比特率等参数来决定，如图 5.30 所示。下面介绍越区切换准则。

1）相对信号强度准则（准则 1）：在任何时间都选择具有最强接收信号的基站。如图 5.30 中的 A 处将发生越区切换。此准则的缺点是：在原基站的信号强度仍满足要求的情况下，会引发太多不必要的越区切换。

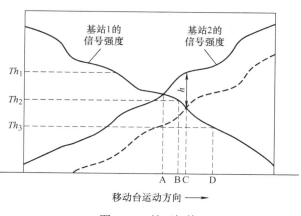

图 5.30　越区切换

2）具有门限规定的相对信号强度准则（准则 2）：仅允许移动用户在当前基站的信号足够弱（低于某一门限），并且新基站的信号强于本基站的信号情况下，才可以进行越区切换。如图 5.30 所示，当门限为 Th_2 时，在 B 点将会发生越区切换。

该准则中，门限选择非常重要。当门限过高（取为 Th_1）时，该准则与准则 1 相同；当门限过低（取为 Th_3）时，则会引起较大的越区时延。此时，可能因链路质量太差而导致通信中断，也会产生对同道用户的额外干扰。

3）具有滞后余量的相对信号强度准则（准则 3）：仅允许移动用户在新基站的信号强度比原基站信号强很多（即大于滞后余量）的情况下进行越区切换。如图 5.30 中的 C 处将发生越区切换。该准则可以防止由于信号波动导致的移动台在两个基站之间来回重复切换，即"乒乓效应"。

4）具有滞后余量和门限规定的相对信号强度准则（准则 4）：仅允许移动用户在当前基

站的信号电平低于规定门限，并且新基站的信号强度高于当前基站某一给定滞后余量时进行越区切换。

当然还有其他类型的准则，例如通过预测技术（即预测未来信号电平的强弱）来决定是否需要切换，还可以考虑人或车辆的运动方向和路线等。

3. 越区切换的控制策略

越区切换的控制包括两个方面：参数控制和过程控制。参数控制上面已经提到，此处主要讨论过程控制。在移动通信系统中，过程控制主要有三种：

1）移动台控制的越区切换。采用该方式，移动台连续监测当前基站和几个越区候选基站的信号强度和质量。当满足某种越区切换准则时，移动台选择具有可用业务信道的最佳候选基站，并发送越区切换请求。

2）网络控制的越区切换。在该方式中，基站监测来自移动台的信号强度和质量，当信号低于某个门限时，网络开始安排向另一个基站的切换。网络要求移动台周围的所有基站都监测该移动台的信号，并将测量结果报告给网络。网络从这些基中选择一个基站作为越区切换的新基站，并把结果通过旧基站通知移动台和新基站。

3）移动台辅助的越区切换。采用该方式，网络要求移动台测量其周围基站的信号并把结果报告给旧基站，网络根据测量结果决定何时进行越区切换以及切换到哪一个基站。

4. 越区切换的信道分配

越区切换时的信道分配是解决当呼叫要转换到新小区时，新小区如何分配信道的。越区切换时的信道分配的目的是使得越区失败的概率尽量小，常用的做法是在每个小区预留部分信道专门用于越区切换。采用该策略，由于新呼叫的可用信道数的减少，会增加呼损率，但通信被中断的概率降低，符合人们使用习惯。

5.7 TD‑SCDMA/GSM 混合组网

当建设 TD‑SCDMA 网络时，一方面要考虑数据业务的需求变化和 3G 网络的发展，保障 TD‑SCDMA 网络后期的升级和扩容；另一方面还要充分利用现有的 GSM 网络资源和覆盖，节省投资，加快网络建设进度，同时确保用户在 3G 建网初期就能享受全网全程服务，提高 3G 用户满意度。因此，TD‑SCDMA/GSM 混合组网的模式是：充分依托 GSM 网络资源，尤其是物理、传输、配套等资源，现在的大中城市和局部热点区域完成 3G 的全覆盖，探索 3G 的业务模型、用户行为和市场策略，然后逐步实现 3G 的全网覆盖。

无线接入网投资占 3G 网络建设总投资的 70%，包括主设备、动力系统、机房配套和接入传输四部分，而终端和业务是吸引用户的主要筹码，是 TD‑SCDMA 取得成功的关键因素。核心网采用 3GPP R4 架构进行网络建设，因为只有确保 TD‑SCDMA 网络采用面向 NGN 架构，设备的功能定义才能更加清晰和明确，从而网络部署灵活性高，扩容更加方便，更有利于系统后期对接开放的电信平台和软硬件系统，最终可以快速开发各种增值业务；而独立建设 TD‑SCDMA 核心网，可以保证 GSM、TD‑SCDMA 网络都能高效可靠的开展相关业务，最终过渡成为成熟稳定的 3G 网络。

5.7.1　TD – SCDMA/GSM 混合组网共站址研究

共站址不仅可以节省大量配套投资，而且能够加快工程进度。现有运营商的站址资源类型是各种各样的，如租赁、购买、自建、利旧等，每个站址的实际状况不同，所面临的 TD – SCDMA/GSM 共站址的可操作性和其他的问题也不同，具体方案在网络设计阶段根据实际情况做出。

1. 机房配套问题

机房配套问题是指基站机房配套是否可以利旧或改造再用。从位置区域可以分为机房内部和机房外部，从属性可以分为自身物理资源和配套附属资源，一般来说自身物理资源属于固定资源只能利旧，而配套附属资源可以通过改造升级再用。

（1）机房内部

机房内部属于自身物理资源的有空间、承重，属于配套附属资源的有供电系统、传输系统等。空间和承重在机房建造之时就已经确立，由于 GSM 网络早已进入容量驱动阶段，机房内部设备较多，如 GSM900/DCS1800 的 BTS（市区站基本上都是多柜）、传输柜、开关电源、蓄电池、空调等。TD – SCDMA 基站设备的通用尺寸约为 $600 \times 600 \times 1600$，扩容需要两个 3G 设备的空间，即 $1200 \times 600 \times 1600$（随着各厂家主要推出的多样化基站产品，实际所需空间减少），若基站设备所需的供电和传输需要新增机柜，则空间需求加大。

配套附属资源主要是供电和传输，同时包括走线架、空调、消防等。供电系统需要新增开关电源模块和蓄电池模块，TD – SCDMA 的 9 载频功耗在 2000W/50A 左右，对供电系统扩容压力不大，除非电源柜空间受限，基本可以满足。TD – SCDMA 单基站根据配置不同对传输带宽要求不同，接口类型可以是 E1 或 STM – 1，现有传输系统的接入方式主要是 SDH，足以满足 3G 各种业务需求，瓶颈主要在汇聚层/城域网设备，需要升级。由于 TD – SCDMA 馈线多、不易弯曲，会涉及对现有走线架的改造利用。

（2）机房外部

机房外部属于自身物理资源的有天面，属于配套附属资源的有塔桅、馈线窗等。天面资源和机房空间一样，属于建筑属性，一般可以确保 2G/3G 系统共用，需要考虑的是目前各运营商不同制式的天线种类太多，共用同一天面使得部分天面资源紧张。TD – SCDMA 采用以智能天线为核心的天馈系统和塔桅、馈线窗等机房外配套附属资源带来一定的困难，如三扇区的 TD – SCDMA 基站共有 31 根馈线，使得 GSM 系统的馈线窗不能利旧，需要重新改造。现在 GSM 网络使用的塔桅类型有楼顶塔、落地塔、单管塔、桅杆/增高架等，由于智能天线迎风面积大以及外接 TPA 对塔桅强度有一定的技术要求，同时考虑 2G/3G 之间的干扰隔离对塔桅的空间尺寸也有限制，综合以上考虑，桅杆/增高架受限于尺寸和强度很难实现 2G/3G 共享，单管塔需要对其承重进行审核，而楼顶塔/落地塔只要高度足够，基本可以满足 TD – SCDMA/GSM 共享，当然具体情况要现场查勘后具体分析。

2. 覆盖问题

TD – SCDMA 使用的核心频段为 1880 ~ 1920MHz、2010 ~ 2025MHz，GSM 使用的频段有 900MHz 和 1800MHz 两种，其覆盖能力均强于 TD – SCDMA，但是在市区环境下，GSM 网络均容量受限，站间距一般在 1km 左右。TD – SCDMA 的覆盖能力基本可以达到和 GSM 同等覆盖的效果，见表 5.4。

表 5.4 TD - SCDMA 覆盖半径

上行链路预算		市区		郊区农村	
覆盖要求		室内	室内	车内	车内
基站小区配置		三扇区	全向	三扇区	全向
基站挂高		35		50	
最大覆盖半径（km）	AMR 12.2kbit/s	0.4	0.27	2.55	1.7
	CS 64kbit/s	0.51	0.34	3.24	1.94
	PS 64kbit/s	0.58	0.39	3.72	2.22
	PS 128kbit/s	0.58	0.39	3.72	2.22
	PS 384kbit/s	0.58	0.39	3.72	2.22

在混合组网的发展模式中，初期虽然 TD - SCDMA 只需完成大中城市和局部热点区域的覆盖，但在一定的区域内部（如城市的所有市区）需要完成连续无缝覆盖，这样运营商才能完整地探索 3G 业务模型、用户行为和市场策略。考虑到机房配套问题，TD - SCDMA 很难全部利用现有的 GSM 站址，还会存在某些覆盖盲区，而多样化的 TD - SCDMA 设备类型将提供多种解决方案，如微蜂窝、基带拉远设备、中频拉远设备，尤其是基带拉远（BBU + RRU）方案，可以有效地解决 TD - SCDMA 在市区复杂环境的覆盖和容量需求。

随着 3G 网络的发展，也需要考虑 TD - SCDMA 对农村、海域、沙漠等区域的覆盖，受制于帧结构中的 GP 保护时隙长度，TD - SCDMA 覆盖距离为 11.25km，可以满足农村覆盖，但对于海域、沙漠、草原等广阔区域，TD - SCDMA 只有通过牺牲部分容量及修改协议才能达到 100km 的覆盖距离。

3. 室内分布问题

3G 提供了高速、丰富多彩的各种业务，尤其是娱乐休闲类（如手机在线游戏、视频通信等），从日韩等国的 3G 发展看，这些业务主要发生在室内，因此室内覆盖对 TD - SCDMA 网络的发展有重要作用。目前 GSM 的室内分布系统已经覆盖了大部分楼宇、会场、候车/机厅等区域，充分利用现有的室内分布系统，能够实现 TD - SCDMA 室内覆盖的节省投资和快速建网，如香港的 IRS（Integrated Radio System）政策就是确保室内分布共享。由于频率、制式的不同，TD - SCDMA/GSM 共用室内分布系统需要考虑以下问题：

1）无源器件，如合路器、耦合器、室内天线，都需要更换为宽频器件。

2）有源器件，如干线放大器，均无法共用，可通过增加宽频合路/分路，以及调整共享接入点来规避。

3）功率损耗，3G 频段的线缆和空间损耗都大于 2G 系统，通过对信号源、干放和接入点的调整来确保边缘场强。

4）合路器插损，可以和功率损耗联合考虑解决方案。

5）系统间相互干扰，目前 TD – SCDMA 和 GSM 频段相距较远，基本能够满足隔离要求，同时增加滤波器可以降低杂散干扰。TD – SCDMA 室内分布的信源可以采用宏蜂窝、微蜂窝、直放站以及射频拉远 RRU，推荐采用微蜂窝和射频拉远 RRU，同时没有采用智能天线，确保能够和 GSM 共享室内分布。

5.7.2　TD – SCDMA/GSM 混合组网互干扰研究

根据信息产业部关于 3G 频段的划分，TD – SCDMA 获得了 155MHz 的带宽，但目前所有 TD – SCDMA 设备只支持 2010 ~ 2025MHz 频段，和 GSM 混合组网的干扰分析也是基于此频段。移动通信系统间三种主要干扰为杂散干扰、阻塞干扰和互调干扰。杂散干扰与基站带外发射有关，接收方自身无法克服；阻塞干扰与接收方接收机的带外抑制能力有关，涉及载波发射功率、接收机滤波器特性等；互调干扰与发射方发射机和接收方接收机的非线性有关。三者中以杂散干扰程度最为严重。为了保护 GSM/DCS 基站接收机，TD – SCDMA 基站收发技术规范给出了 TD – SCDMA 系统的与 GSM900/DCS1800 共站时的最低杂散辐射要求，同时为了保护其他通信系统的基站接收机，还同样给出了 TD 频段的最低杂散辐射要求。所以在确定 TD – SCDMA 与 GSM/DCS 共站时应该综合考虑，具体隔离度要求见表 5.5。

表 5.5　TD – SCDMA 系统要求 GSM900/DCS1800 的隔离度

干 扰 系 统	被干扰系统	隔离度要求/dB
TD – SCDMA	GSM900	28
TD – SCDMA	DCS1800	28
GSM900	TD – SCDMA	33
DCS1800	TD – SCDMA	33

两者取大值，TD – SCDMA 与 GSM900/DCS1800 的最小隔离度要求均为 33dB。TD – SCDMA 与其他 2G 系统之间的水平隔离和垂直隔离距离见表 5.6。

表 5.6　TD – SCDMA 与 GSM900/DCS1800 工程实施隔离距离

	水平隔离/m	垂直隔离/m
TD – SCDMA/GSM900	1.2	0.34
TD – SCDMA/DCS1800	0.6	0.2

通信铁塔上下平台的垂直距离一般为 3 ~ 5m，很容易满足垂直隔离要求，甚至对于增高架，桅杆等一般也能满足。而水平隔离则视天面大小而定，1.2m 一般也能满足。工程上为进一步减小隔离和系统间干扰，具体设计时会采取一些措施，如调整 GSM/DCS 基站发射天线的下倾角或主瓣水平方向角度，降低 GSM/DCS 基站的发射功率及增加高性能滤波器。

5.7.3　TD – SCDMA/GSM 混合组网互操作研究

在 TD – SCDMA/GSM 混合组网模式中，互操作涉及用户感受，直接影响 3G 用户和市场的发展，是 TD – SCDMA 获得发展的重要因素，包括多模终端和业务（小区重选、切换）互操作两方面。

1. 自动双模

终端可以根据多模准则从一种模式切换到另一种模式,实现在两种模式之间自由、自动进行切换的双模/多模终端,但不能同时用两种模式接收/发送信息。

2. 业务互操作

TD-SCDMA/GSM 网络侧的互操作包括小区重选和切换。对于处于空闲模式的 UE,TD-SCDMA 和 GSM 网络间的小区重选可以最大程度的保证空闲模式下的 UE 驻留在合适的小区内,保证 UE 的呼叫成功率,从而使它在合适的小区内完成小区更新或路由区更新,降低掉话率。在 TD-SCDMA 建网初期,小区重选需要保证 TD-SCDMA/GSM 双模终端在 TD-SCDMA 信号足够好的情况下尽可能驻留在 3G 网络,充分享受 3G 新业务和新服务。

TD-SCDMA/GSM 间的切换保证了 UE 移动时的业务连续性,大大降低了由覆盖导致的掉话率。同样,跨系统操作要保证用户尽量享受 TD-SCDMA 网络提供的服务,减少不必要的频繁跨系统切换,实践中把 GSM 作为初期 TD-SCDMA 网络的补充。随着 TD-SCDMA 网络的扩大,初期边缘覆盖区域导致的跨系统切换逐渐减少,更多的场景可以应用在系统内切换,尤其当系统内切换不能保证业务的连续性(如码资源不够)时,可以改善忙时业务中断导致的用户满意度下降的问题。

思考与练习题

1. 说明大区制和小区制的概念,指出小区制的主要优点。
2. 要解决大区制系统上、下行传输增益差的问题,可采取哪些技术措施?
3. 什么是同频干扰?它是如何产生,如何减少?
4. 什么是同频道复用距离?它会带来什么影响?
5. 什么是邻道干扰?它是如何产生,如何减少的?
6. 什么是互调干扰?它是如何产生,如何减少的?
7. 为何蜂窝小区要采用正六边形,而不采用其他形状?
8. 在面状覆盖区中,用六边形表示一个小区,每一个簇的小区数量 N 应该满足的关系式是什么?
9. 某小区制移动通信网,无线区群小区个数 $N=7$,小区半径为 $r=3\mathrm{km}$,试计算同频道小区的中心距离。
10. 什么是中心激励?什么是顶点激励?采用顶点激励方式有什么好处?
11. 蜂窝状网的固定频道分配有哪两种方法?各有什么特点?
12. 某小区制移动通信网中,每个区群有四个小区,每个小区有五个信道。试用等频距指配法完成群内小区的信道配置。
13. 时多址系统与频分多址系统相比较有何特点?
14. CDMA 蜂窝系统中,功率控制的原则是什么?
15. 什么是越区切换?为何要进行切换?
16. 软切换和硬切换的区别是什么?
17. 越区切换有哪些准则?
18. 由于频率、制式的不同,TD-SCDMA/GSM 共用室内分布系统需要考虑哪些问题?

第6章 2G移动通信系统

GSM系统是泛欧数字蜂窝移动通信网的简称，即"全球移动通信系统（Global System For Mobile Communications）"，俗称"全球通"。自20世纪90年代初期投入商用以来，被全球上百个国家采用。我国拥有目前世界上最大的GSM网络。

第一代蜂窝移动通信网也称模拟蜂窝网，尽管用户迅速增长，但有很多不足之处，例如：

1）模拟蜂窝系统多种制式混杂，不能实现国际漫游。

2）模拟蜂窝网不能提供综合业务数字网（ISDN）业务。

3）模拟系统信号质量差，设备价格高。

4）手机体积大，电池充电后有效工作时间短。

5）模拟蜂窝网用户容量受到限制，系统扩容困难。

6）模拟系统保密性差、安全性差。

为了解决模拟网中的上述问题，很多国家、部门都开始研究数字蜂窝移动通信系统。数字蜂窝移动通信系统之所以能迅速发展，其基本原因有两个：

1）采用多信道共用和频率复用技术，频率利用率高。

2）系统功能完善，具有越区切换、全球漫游等功能，与市话网互连，可以直拨市话、长话、国际长途，计费功能齐全，用户使用方便。

6.1 GSM系统概述

为了解决全欧移动电话自动漫游的问题，采用统一的制式得到了欧洲邮电主管部门会议成员国的一致赞成。为了推动这项工作的进行，于1982年成立了移动通信特别小组（Group Special Mobile，GSM），着手进行泛欧蜂窝状移动通信系统的标准制定工作。1985年提出了移动通信的全数字化，并对泛欧数字蜂窝状移动通信提出了具体要求，并根据目标提出了两项主要设计原则：语音和信令都采用数字信号传输，数字语音的传输速率降低到16kbit/s或更低；不再采用模拟系统使用的12.5～25kHz标准带宽，采用时分多址接入方式。

在GSM协调下，1986年欧洲国家的有关厂家向GSM提出了八个系统的建议，并在法国巴黎进行的移动实验的基础上对系统进行了论证比较。1987年，各厂家就泛欧数字蜂窝状移动通信采用时分多址（TDMA）、规则脉冲激励-长期线性预测编码（RPE-LTP）、高斯滤波最小移频键控调制方式（GMSK）等技术，取得一致意见，并提出了如下主要参数：

频段：935～960MHz（基站发，移动台收）；890～915MHz（移动台发，基站收）。

频带宽度：25MHz。

通信方式：全双工。

载频间隔：200kHz。

信道分配：每载频8时隙；全速信道8个，半速信道16个（TDMA）。

信道总速率：270.8kbit/s。

调制方式：GMSK，BT = 0.3。

话音编码：13kbit/s，规则脉冲激励—长期线性预测编码。

数据速率：9.6kbit/s。

抗干扰技术：跳频技术（217 跳/s），分集接收技术，交织信道编码，自适应均衡技术。

6.1.1 GSM 系统的特点

GSM 数字移动通信系统最主要的特点可简述如下：

1）漫游功能。GSM 的移动台具有漫游功能，可以实现国际漫游。

2）提供多种业务。除了能提供话音业务外，还可以开放各种承载业务、补充业务等与 ISDN 相关的业务，可与 ISDN 兼容。GSM 提供的新业务，包括 300 ~ 9600bit/s 双工异步数据、1200 ~ 9600bit/s 双工同步数据、分组数据和话音数字信号、可视图文以及对 ISDN 终端的支持等。

3）较好的抗干扰能力和保密功能。GSM 可向用户提供以下两种主要的保密功能：①对移动台识别码加密，使窃听者无法确定用户的移动台电话号码，起到对用户位置保密的作用；②将用户的话音、信令数据和识别码加密，使非法窃听者无法收到通信的具体内容。

4）越区切换功能。在无缝覆盖的蜂窝移动通信网中，要确保通话不因用户的位置改变而中断，越区切换是必不可少的功能。GSM 采取移动台参与越区切换的策略。移动台在通话期间，不断向所在工作小区基站报告本小区和相邻小区无线环境测量的详细数据。当基站根据收到的测量数据，判断需要进行越区切换时，基站向切换的目标小区发出启动空闲信道的命令，待目标小区确认信道激活后，基站向移动台发出越区切换命令，目标小区根据来自移动台的接入请求，确认移动台已切换完成，并使移动台在该信道上继续通信。同时基站将通知原通话小区释放原占用信道。

5）GSM 系统容量大、通话音质好。

6）具有灵活和方便的组网结构。

6.1.2 GSM 系统网络结构

一个完整的 GSM 系统主要是由网络子系统（NSS）和基站子系统（BSS）组成，此外还有大量移动台作为用户接入移动通信网的用户设备。网络运营部门为管理整个移动通信系统还配置了专门的操作支持子系统（OSS），如图 6.1 所示。

GSM 系统的各子系统之间和子系统内部各功能实体之间存在大量的接口。为保证各厂商的设备能够实现互连，在 GSM 技术规范中对其作了详细的规定。基站子系统（BSS）在移动台（MS）和网络子系统（NSS）之间提供管理传输通路，包括 MS 与 GSM 系统功能实体之间的无线接口管理。NSS 负责管理和控制通信业务，保证 MS 与 MS 之间、MS 与相关的公用通信网或与其他通信网之间建立通信，即 NSS 不直接与 MS 连接，BSS 也不直接与公用通信网连接。MS、BSS 和 NSS 组成 GSM 系统的实体部分。操作支持子系统（OSS）负责系统中各网元的集中管理与维护功能。

1. 移动台

移动台是公用移动通信网中用户使用的设备，是整个 GSM 系统中用户能够直接接触的

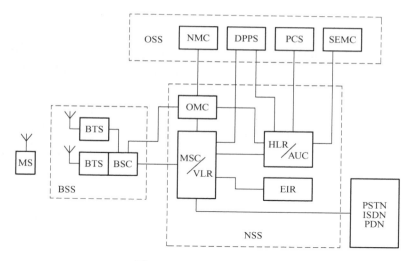

图 6.1　GSM 系统网络结构

OSS—操作支持子系统　BSS—基站子系统　NSS—网络子系统

NMC—网络管理中心　DPPS—数据后处理系统　SEMC—安全性管理中心

PCS—用户识别卡个人化中心　OMC—操作维护中心　MSC—移动业务交换中心

VLR—来访用户位置寄存器　HLR—归属用户位置寄存器　AUC—鉴权中心

EIR—移动设备识别寄存器　BSC—基站控制器　BTS—基站收发信台

PDN—公用数据网　PSTN—公用电话网　ISDN—综合业务数字网　MS—移动台

唯一设备。移动台的类型有车载台、便携台和手持台。

　　移动台能通过无线方式接入通信网络，为主叫和被叫用户提供通信所需的各种控制和处理，MS 还具备与使用者之间的接口，如完成通话呼叫所需要的话筒、扬声器、显示屏和按键；或者提供与其他一些终端设备之间的接口，如与个人计算机或传真机之间的接口，或同时提供这两种接口。因此，根据用户应用情况，移动台可以是单独的移动终端（MT、手持机、车载台），也可以由移动终端（MT）与终端设备（TE）传真机相连接而构成，或者可以移动终端（MT）通过相关终端适配器（TA）与终端设备（MT）相连接而构成。

　　移动台的主要功能有：

　　1）通过无线接入通信网络，完成各种控制和处理以提供主叫或被叫通信。

　　2）具备与使用者之间的人机接口，例如要实现话音通信必须要有送、受话器，键盘以及显示屏幕等，或者与其他终端设备相连接的适配器，或两者兼有。

　　移动台的另一个重要组成部分是用户识别模块（Subscriber Identify Module，SIM），它是用户身份的体现，以存储磁卡的形式出现。移动台上只配有读卡装置，SIM 上存储有用户相关信息，其中包括鉴权和加密信息。移动台必须插入 SIM 卡才能工作，只有在处理异常的紧急呼叫时，可在没有 SIM 卡的情况下操作。SIM 卡的应用使移动台并非固定地束缚于一个用户，因为 GSM 系统是通过 SIM 卡来识别移动电话用户的，无论在何地，用户只要将其 SIM 卡插入其他移动台设备，同样可以获得自己所注册的各种通信服务。SIM 卡为用户提供了一种非常灵活的使用方式，这为将来发展个人通信打下了基础。

　　移动台还涉及用户注册与管理。移动台依靠无线接入，不存在固定的线路，移动台本身必须具备用户的识别号码，这些用于识别用户的数据资料是用户在与运营商签约时一次性写入标志该用户身份的 SIM 卡上的。

2. 基站子系统（BSS）

广义地讲，基站子系统包含了 GSM 系统中无线通信部分的所有地面基础设施，它通过无线接口直接与移动台相连，负责无线发送、接收和无线资源控制与管理。此外，BSS 通过接口与移动交换中心（MSC）相连，并受移动交换中心（MSC）控制，处理与交换业务中心的接口信令，完成移动用户之间或移动用户与固定用户之间的通信连接，传送系统控制信号和用户信息等。因此 BSS 可视作移动台与交换机之间的桥梁。BSS 还建立与操作支持子系统（OSS）之间的通信连接，为维护人员提供一个操作维护接口，使系统运行时有良好的维护手段，BSS 部分结构如图 6.2 所示。

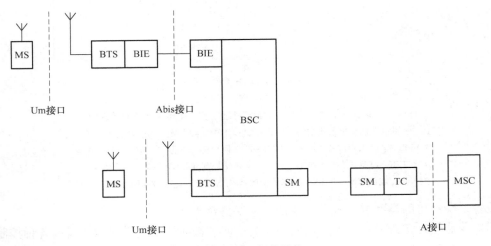

图 6.2　BSS 部分结构

BSS 可分为两部分，即基站收发信台（BTS）和基站控制器（BSC）。

（1）基站收发信台（BTS）

BTS 是通过无线接口与移动台一侧相连的基站收发信机，主要负责无线传输。BTS 包括无线传输所需要的各种硬件和软件，如发射机、接收机、支持各种小区结构所需要的天线、连接基站控制器的接口电路以及收发信台本身所需要的检测和控制装置等。BTS 可以直接与 BSC 相连接，也可以通过基站接口设备（BIE）采用远端控制的连接方式与 BSC 相连接。BTS 的天线通常安装在几十米外的天线铁塔上，通过馈线电缆与收发信机架相连接。

（2）基站控制器（BSC）

BSC 是基站收发台和移动交换中心之间的连接点，也为基站收发台和操作维护中心之间交换信息提供接口。BSC 一侧与 BTS 接口，另一侧与交换机相连，负责整个无线资源的控制和管理。一个基站控制器通常可控制大量的基站收发台，其主要功能是进行无线信道控制与管理，实行呼叫和通信链路的建立和拆除，并对本控制区内的移动台的越区切换进行控制等。在 GSM 系统结构中，BSC 还有一个重要的功能部件称为码型转换器/速率适配器（TC），它使 GSM 系统空中接口上的低速率信号（全速 16kbit/s 或半速 8kbit/s）与 PCM 传输线路中标准的 64kbit/s 信号速率相适配。TC 大多数场合都实现于 BSC 内，以提高 BTS 与 BSC 之间传输线路的效率。

3. 网络子系统（NSS）

NSS 具有系统交换功能和数据库功能，数据库中存有用户数据及移动性、安全性管理所需的数据，在系统中起着管理作用。NSS 内各功能实体之间和 NSS 与 BSS 之间通过 7 号信令协议经 7 号信令网络相互通信。

NSS 由移动业务交换中心（MSC）、归属位置寄存器（HLR）、访问位置寄存器（VLR）、鉴权中心（AUC）、移动设备识别寄存器（EIR）和操作维护中心（OMC）等基本功能实体构成。

（1）移动业务交换中心（MSC）

MSC 是蜂窝通信网络的核心，其主要功能是对于本 MSC 控制区域内的移动用户进行通信控制与管理。例如：①信道的管理与分配；②呼叫的处理和控制；③越区切换和漫游的控制；④用户位置登记与管理；⑤用户号码和移动设备号码的登记与管理；⑥服务类型的控制；⑦对用户实施鉴权与加密；⑧为系统与其他网络连接提供接口，例如与其他 MSC、公用通信网络 ［如公用交换电信网（PSTN）、综合业务数字网（ISDN）、其他运营商的蜂窝移动通信网络（PLMN）和公用数据网（PDN）］ 等连接提供接口，保证用户在移动或漫游过程中实现无中断的服务。

MSC 可从 HLR、VLR 和 AUC 三种数据库中获取处理用户位置登记和呼叫请求所需的全部数据，反之，MSC 也根据其获取的最新信息请求更新数据库中的部分数据。

大容量移动通信网中的 NSS 可包括若干个 MSC、VLR 和 HLR。当其他通信网的用户呼叫 GSM 移动网用户时，首先将呼叫接入到关口移动业务交换中心，称为 GMSC，由关口交换机负责向用户归属的 HLR 获取位置信息，并把呼叫转接到可对该移动用户提供即时服务的 MSC（即移动用户当前所在的 MSC），亦称为被访 MSC（VMSC）。GMSC 具有其他通信网与 NSS 实体互通的接口，其功能可在 MSC 中实现，也可用独立节点实现。当 GSM 的用户要呼叫其他通信网的用户时，TMSC（汇接 MSC）用作 GSM 系统与其他通信网络之间的转接接口。TMSC 的功能与 PSTN 网络的汇接局相似，可与 GMSC 合并实现于同一物理实体中。

（2）归属位置寄存器（HLR）

HLR 是一种用来存储本地用户信息的数据库。在蜂窝通信网中，通常设置若干个 HLR，每个用户都必须在某个 HLR 中登记。登记的内容分为两类：①永久性的参数，如用户号码、移动设备号码、接入的优先等级、预定的业务类型以及鉴权加密参数等；②暂时性的需要随时更新的参数，即用户当前所处 MSC 位置的有关参数。这样做的目的是保证当呼叫任一个移动用户时，无论他在何处，均可从该移动用户的归属位置寄存器获知它当时处于哪一个 MSC 的服务区，进而建立起通信链路。

（3）访问位置寄存器（VLR）

VLR 是一种用于存储来访用户位置信息的数据库。一个 VLR 通常与一个 MSC 合并实现于同一个物理设备中，表示为 MSC/VLR，用于存储活动在该 MSC 服务区的所有用户的业务数据与位置数据。当移动用户漫游到新的 MSC 控制区时，它必须向该区的 VLR 申请登记。VLR 要从该用户的 HLR 查询其有关参数，通知 HLR 修改其中存储的用户所在 MSC 服务区的位置信息，准备为其他用户呼叫此移动用户时提供路由信息。如果移动用户由一个 MSC/VLR 服务区移动到另一个 MSC/VLR 服务区时，HLR 在修改该用户的位置信息后，还要通知原来的 VLR，删除此移动用户的位置信息。

（4）鉴权中心（AUC）

AUC 的作用是可靠地识别用户的身份，只允许有权用户接入网络并获得服务。GSM 系统采取了特别的安全措施，例如用户鉴权，对无线接口上的话音和数据信息进行加密等。因此，AUC 存储着鉴权信息和加密密钥，用来防止无权用户进入系统和保证通过无线接口的移动用户通信的安全。AUC 通常与 HLR 物理上合并实现，视作 HLR 的功能单元之一，专用于 GSM 系统的安全性管理。

（5）移动设备识别寄存器（EIR）

EIR 存储着移动设备的国际移动设备识别码（IMEI），用于对移动设备的鉴别和监视，并拒绝非法移动台入网。EIR 通过核查白色清单、灰色清单或黑色清单这三种表格，在表格中分别列出了准许使用的、出现故障需监视的、失窃不准使用的移动设备的 IMEI，使得运营部门对于网络中非正常运行的 MS 设备都能采取及时的防范措施，以确保网络内所使用移动设备的唯一性和安全性。但由于此功能的开通既会增加用户与网络运营商使用的负担，也不利于手机的更新换代，我国的移动业务运营商均未向普通用户提供此功能。

（6）操作维护中心（OMC）

OMC 的任务是对全网进行监控和操作，例如系统的自检、报警与备用设备的激活，系统的故障诊断与处理，话务量的统计和计费数据的记录与传递，以及各种资料的收集、分析与显示等。

4. 操作支持子系统（OSS）

OSS 的主要功能是移动用户管理、移动设备管理以及网络操作和维护。移动用户管理包括用户数据管理和呼叫计费。用户数据管理一般由 HLR 来完成，用户数据可从营业部门的人机接口设备通过网络传到 HLR 上，SIM 卡的管理也是用户数据管理的一部分，但须用专门的 SIM 个人化设备来完成。呼叫计费由移动用户所访问的各个 MSC 或 GMSC 分别实时生成通话详单后，经与后台计费中心时间的数据接口直接送到该计费中心，集中处理计费数据。在移动通信环境下，计费管理要比固定网复杂得多。计费设备要为网内的每个移动用户收集来自各方面的计费信息。

操作维护中心（OMC）实现对 BSS 和 NSS 的操作与维护管理任务。从电信管理网（TMN）的发展角度考虑，OMC 应具备与高层次的 TMN 进行通信的接口功能，以保证 GSM 网络能与其他电信网络一起进入先进、统一的电信管理网络中进行集中操作与维护管理。

总之，OSS 是一个相对独立的管理和服务中心，不包括与 GSM 系统的 NSS 和 BSS 部分密切相关的功能实体，它主要包括网络管理中心（NMC）、安全性管理中心（SEMC）、用于用户设备卡管理的个人化中心（PCS）、用于集中计费管理的数据库处理系统（DPPS）等功能实体。

6.2 GSM 移动通信网络接口

6.2.1 GSM 系统的主要接口

为了保证网络运营部门能在充满竞争的市场条件下，灵活选择不同供应商提供的数字蜂窝移动通信设备，GSM 系统在制定技术规范时就对其子系统间以及各功能实体间的接口和协议作了详细的定义，使不同供应商提供的 GSM 系统设备均符合统一的 GSM 规范，而达到互通、组网的目的。GSM 系统各接口采用的分层协议结构是符合开放系统互连（OSI）参考模型的，分层的目的是允许隔离各组信令协议功能，按连续的独立层描述协议，每层协议在明确的服务接入点对上层协议提供它自己特定的通信服务。本节主要介绍 GSM 移动通信网中的接口类型及位置。

　　系统的主要接口是指 A 接口、Abis 接口、Um 接口、Sm 接口和网络子系统的各种内部接口，如图 6.3 所示。这五类接口的定义和标准化能保证不同供应商生产的移动台、基站子系统和网络子系统设备能融入同一个 GSM 数字移动通信网中运行和使用。

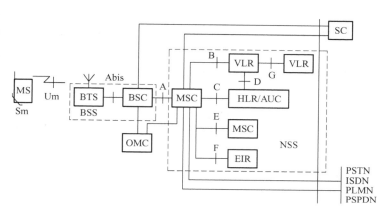

图 6.3　GSM 系统中的接口

　　1. A 接口

　　A 接口定义为网络子系统（NSS）与基站子系统（BSS）间的通信接口，从系统的功能实体来说，就是 MSC 与 BSC 间的互连接口，其物理链接通过采用标准的 2.048Mbit/s 的 PCM 数字传输链路来实现。此接口传递的信息包括移动台管理、基站管理、移动性管理、接续管理等。

　　2. Abis 接口

　　Abis 接口定义为基站子系统的两个功能实体基站控制器（BSC）和基站收发信台（BTS）间的通信接口，用于 BTS（不与 BSC 并置）与 BSC 间的远端互连，物理链接通过采用标准的 2.048Mbit/s 或 64kbit/sPCM 数字传输链路来实现。作为 Abis 接口的一种特例，也可用于与 BSC 并置的 BTS 与 BSC 间的直接互连，此时 BSC 与 BTS 间的距离小于 10m。此接口支持所有向用户提供的服务，并支持对 BTS 无线设备的控制和无线频率的分配。然而，由于该接口在 GSM 中未提供统一规范，致使目前的 GSM 网络组网中，BSC 与其下连接的所有 BTS 必须为同一厂家的设备。

　　3. Um 接口（空中接口）

　　Um 接口定义为移动台与基站收发信机 BTS 间的通信接口，用于移动台与 GSM 系统设备间的互通，其物理链接通过无线链路实现。此接口传递的信息包括无线资源管理、移动性管理和接续管理等。

　　4. Sm 接口（用户与网络间的接口）

　　Sm 接口指用户与网络间的接口，主要包括用户对移动终端进行操作，移动终端向用户提供显示、信号音等，此接口还包括用户识别卡 SIM 与移动终端 ME 间接口。

　　5. 网络子系统内部接口

　　网络子系统由 MSC、VLR、HLR/AUC 及 EIR 等功能实体组成。因此，GSM 技术规范定义了不同的接口以保证各功能实体间接口的标准化。

在网络子系统（NSS）内部各功能实体间已定义了 B、C、D、E、F 和 G 接口。这些接口的通信（包括 MSC 与 BSS 间的通信）全部由 No.7 信令系统支持，GSM 系统与 PSTN 间的通信目前亦采用 No.7 信令的综合业务数字网用户部分（ISUP）协议。与移动性相关的信令是采用 No.7 信令的移动应用部分（MAP）协议，用于 NSS 内部接口间的通信；与呼叫相关的信令则采用 ISDN 用户部分 ISUP。ISDN 用户部分 ISUP 信令必须符合国家制定的相应技术规范，MAP 信令则必须符合 GSM 技术规范。

（1）B 接口

B 接口定义为 VLR 与 MSC 间的内部接口，用于 MSC 向 VLR 询问有关移动台当前的位置信息或者通知 VLR 有关移动台的位置更新信息等。由于目前 MSC 与 VLR 均以同一物理节点的方式配置，故此接口已成为同一物理设备内部的接口。

（2）C 接口

C 接口定义为 HLR 与 MSC 间的接口，用于传递路由选择和管理信息。当需要建立一个至移动用户的呼叫时，GMSC 应向被叫用户所归属的 HLR 询问被叫移动台当前所活动的 MSC 的地址，然后经此接口与该 MSC 利用 7 号信令进行联络，请求此 MSC 提供临时的呼叫连接号码，即移动用户漫游号码（MSRN）。C 接口的物理链接方式与 D 接口相同。

（3）D 接口

D 接口定义为 HLR 与 VLR 间的接口，用于交换有关移动台位置和用户管理的信息，保证移动台在整个 GSM 的服务区内建立和接收呼叫。GSM 系统中一般把 VLR 综合于 MSC 中，而把 HLR 与 AUC 综合在同一物理实体内。因此，D 接口的物理链接是通过 MSC 与 HLR 间的标准 2.048Mbit/s PCM 数字传输链路所提供的 7 号信令通道来实现的。

（4）E 接口

E 接口定义为相邻区域的不同 MSC 间的接口。当移动台在一个呼叫进行过程中，从一个 MSC 控制的区域移动到相邻的另一个 MSC 控制的区域时，为不中断通信需完成越区切换，E 接口用于切换过程中交换有关切换信息以启动和完成切换。E 接口的物理链接方式是通过 MSC 间的 2.048Mbit/s PCM 数字传输链路所提供的 7 号信令通道实现的。

（5）F 接口

F 接口定义为 MSC 与 EIR 间的接口，用于交换相关的 IMEI 管理信息。目前 GSM 系统中一般把 EIR 综合于 MSC 中实现，该接口亦称为设备内部接口。

（6）G 接口

G 接口定义为 VLR 间的接口。当采用 TMSI 的 MS 进入新的 MSC/VLR 服务区域时，此接口用于向分配 TMSI 的 VLR 询问此移动用户的 IMSI 信息。G 接口的物理链接方式与 E 接口相同。在目前的 MSC 池的组网方式下，此接口成为重要的必备接口。

6.2.2　GSM 系统与其他公用电信网的接口

其他公用电信网主要是指公用电话网（PSTN）、综合业务数字网（ISDN）、分组交换公用数据网（PSPDN）和电路交换公用数据网（CSPDN）等。GSM 系统通过 MSC 与这些公用电信网互连，其接口必须满足 ITU 的有关接口和信令标准及各个国家通信运营部门制定的与这些电信网有关的接口和信令标准。

根据我国现有 PSTN 的发展现状和 ISDN 的发展前景，GSM 系统与 PSTN 和 ISDN 网的互连方式采用 7 号信令系统接口。其物理链接方式是通过 MSC 与 PSTN 或 ISDN 交换机之间标准 2.048Mbit/s 的 PCM 数字传输链路实现的。

6.2.3　无线接口

无线接口是移动台与基站收发信机之间接口的统称，是实现移动通信的关键，是不同系统的区别所在。GSM 系统使用了时分多址（TDMA）的概念，每帧包括八个时隙（TS），从 BTS 到 MS 为下行信道，相反的方向为上行信道。本节主要介绍 GSM 系统无线接口中信道的类型、数据格式、逻辑信道与物理信道的映射、MS 的测试过程和移动用户的接续处理过程。

1. 信道的定义

（1）物理信道

GSM 系统中，一个载频上 TDMA 帧的一个时隙为一个物理信道，它相当于 FDMA 系统中的一个频道。因此，GSM 中每个载频分为八个时隙，有八个物理信道，即信道 0 ~ 7（对应时隙 TS_0 ~ TS_7），每个用户占用一个时隙用于传递信息，在一个 TS 中发送的信息称为一个突发脉冲序列。

（2）逻辑信道

大量的实现不同功能的信息传递于 BTS 与 MS 间，GSM 中根据传递信息的种类定义了不同的逻辑信道。逻辑信道是一种人为的定义，在传输过程中要被映射到某个物理信道上才能实现信息的物理传输。逻辑信道可分为两类，即：业务信道和控制信道。

2. 逻辑信道的分类

（1）业务信道（TCH）

业务信道，亦称为话音信道，用于传送编码后的用户语音或用户数据。

（2）控制信道（CCH）

为了建立呼叫，GSM 设置了多种控制信道，除了与模拟蜂窝系统相对应的广播控制信道、寻呼信道和随机接入信道外，数字蜂窝系统为了加强网络控制能力，增加了慢速随路控制信道和快速随路控制信道等。控制信道用于传递信令或同步数据，根据其实现的具体控制功能不同，可分为三类：广播信道（BCH）、公共控制信道（CCCH）及专用控制信道（DCCH）。

1）广播信道：可分为频率校正信道（FCCH）、同步信道（SCH）和广播控制信道（BCCH）三种，全为下行信道。

① FCCH：此信道用于传送校正 MS 频率的信息。

② SCH：此信道用于传送发给 MS 的帧同步（TDMA 帧号）和 BTS 的识别码（BSIC）的信息。

③ BCCH：此信道广播每个 BTS 小区特定的通用信息，包括基站的位置区信息，周期性登记的周期等，共计八大类。

2）公共控制信道是基站与移动台间点到多点的双向信道，可分为：寻呼信道（PCH）、随机接入信道（RACH）和允许接入信道（AGCH）三种。

① PCH：此信道用于寻呼（搜索）该区域内活动的 MS，是下行信道。

② RACH：用于 MS 在寻呼响应或主动接入系统时向系统申请分配独立专用控制信道（SDCCH），是上行信道。

③ AGCH：此信道用于为 MS 分配一个 SDCCH，是下行信道。

3）专用控制信道可分为：独立专用控制信道（SDCCH）、慢速随路控制信道（SACCH）和快速随路控制信道（FACCH）。

① SDCCH：用于在分配 TCH 前的呼叫建立过程中传送 Um 接口的大量信令。例如，登记和鉴权、主叫发起呼叫的拨号数字信息以及连接到被叫时，送给被叫的所有呼叫连接信息，均在此信道上进行。

② SACCH：与一个业务信道（TCH）或一个独立专用控制信道（SDCCH）相关（实为周期性地借用上述两类信道），用以传送相关的控制信息，如传送移动台接收到的关于服务及邻近小区的信号强度测试报告、MS 的功率管理和时间的调整等。SACCH 是上、下行双向，点对点（移动对移动）信道。

③ FACCH：与一个业务信道（TCH）相关。在语音传输期间，如果突然需要以比SACCH 所能处理的高得多的速率传送信令信息，则借用 20ms 的语音（数据）突发脉冲序列来传信令，这种情况通常在切换时使用。由于语音解码器会重复最后 20ms 的语音，所以这种中断不易被用户察觉。

GSM 系统空中接口逻辑信道配置如图 6.4 所示。

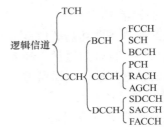

图 6.4　GSM 系统空中接口逻辑信道配置

3. 突发脉冲序列

系统中有不同的逻辑信道，这些逻辑信道以某种方式映射到物理信道，为了了解上面提到的映射关系，首先介绍突发脉冲序列的概念。

TDMA 信道上一个时隙中的信息格式称为突发脉冲序列，也就是说信道以固定的时间间隔（TDMA 信道上每八个时隙中的一个）发送某种信息的突发脉冲序列，每个突发脉冲序列共 156.25bit，占时 0.577ms。突发脉冲序列共有以下五种类型。

（1）普通突发脉冲序列（NB）

普通突发脉冲序列用于携带业务信道以及除 RACH、SCH 和 FCCH 以外的控制信道上的信息。NB 结构如图 6.5 所示。

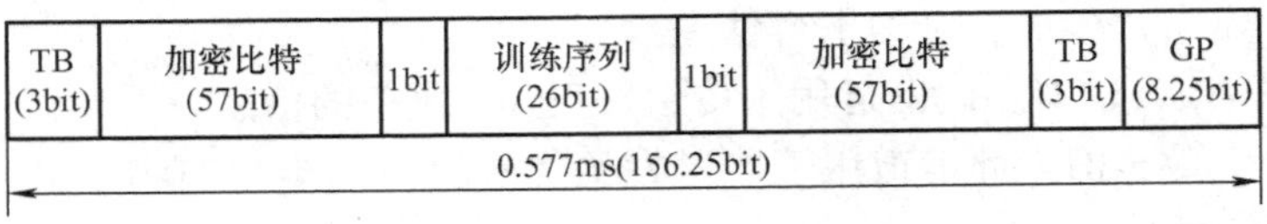

加密比特是 57bit 的加密数据或编码后的语音。1bit 为"借用标志"，表示这个突发脉冲序列是否被FACCH 信令借用。训练序

TB (3bit)	加密比特 (57bit)	1bit	训练序列 (26bit)	1bit	加密比特 (57bit)	TB (3bit)	GP (8.25bit)
			0.577ms(156.25bit)				

图 6.5　普通突发脉冲序列（NB）

列共 26bit，是一串已知比特，供均衡器用于产生信道模型以消除时间色散。训练比特可以用不同的序列，分配给小区中使用相同频率的前向信道，以克服它们间的干扰。尾比特 TB总是 000，帮助均衡器知道起始位和停止位，因均衡器中使用的方法需要一个固定的起始和停止点。

8.25bit 为保护间隔 GP，是一个空白间隔，不发送任何信息。由于每个频道最多有八个用户，因此必须保证他们使用各自时隙发射时不互相重叠。由于移动台在呼叫时不断

移动，在实际中很难使每个突发脉冲序列精确同步，来自不同移动台的突发脉冲序列彼此间仍会有小的"滑动"，或在送到基站时由于移动台到基站的距离不同而具有不同的时延。为了保证它们间各自使用的时隙不至造成重叠，故而采用 8.25bit 的保护间隔，8.25bit 相当于大约 30μs 的时间。GP 可使发射机在 GSM 建议的技术要求许可范围内上下波动。

（2）频率校正突发脉冲序列（FB）

FB 用于构成 FCCH，使 MS 获得频率上的同步，如图 6.6 所示。图中 142bit 为固定比特，使调制器发送一个频偏为 67.5kHz 的全"0"比特。

TB (3bit)	固定比特 (142bit)	TB (3bit)	GP (8.25bit)
	0.577ms(156.25bit)		

图 6.6　频率校正突发脉冲序列（FB）

（3）同步突发脉冲序列（SB）

SB 用于构成 SCH，使移动台获得与系统的时间同步。SB 包括一个易被检测的长同步序列，以及携带有 TDMA 帧号和基站识别码 BSIC 信息的加密信息，其结构如图 6.7 所示。

图 6.7 中，39bit 的加密比特包含 25bit 的信息位、10bit 的奇偶校验、4bit 的尾比特，再经 1∶2 卷积编码，得到总比特数 78bit，分成

TB (3bit)	加密比特 (39bit)	同步序列 (64bit)	加密比特 (39bit)	TB (3bit)	GP (8.25bit)
		0.577ms(156.25bit)			

图 6.7　同步突发脉冲序列（SB）

两个 39bit 的编码段填入。其中 25bit 信息位由两部分组成：6bit 基站识别码信息 BSIC 和 19bit TDMA 帧号。

TDMA 帧号：GSM 的特性之一是用户信息的保密性，这是通过在发送信息前对信息进行加密实现的。加密序列的算法中，TDMA 帧号为一个输入参数，因此，每一帧都必须有一帧号。帧号以 2715648 个 TDMA 帧为周期循环，有了 TDMA 帧号，移动台就可根据这个帧号判断控制信道 TS$_0$ 上传送的是哪一类逻辑信道。

当移动台进行信号强度测量时，用 BSIC 检测进行基站的识别，以防止在同频小区上测量。

（4）接入突发脉冲序列（AB）

AB 用于 MS 主呼或寻呼响应时随机接入，它有一个较长的保护时间间隔（68.25bit）。这是因为移动台的首次接入或切换到一个新的基站后不知道时间提前量，移动台可能远离基站，这意味着初始突发脉冲序列会迟一些到达，由于第一个突发脉冲序列没有时间提前，为了不与正常到达的下一个时隙中的突发脉冲序列重叠，此突发脉冲序列必须要短一些，保护间隔长一些。AB 结构如图 6.8 所示。

图 6.8 中，36bit 为加密比特，包含 8bit 的信息、6bit 的奇偶校验位和 4bit 的尾比特，共 18bit，经 1∶2 的卷积编码得到 36bit 后填入。8bit 的信息位中，3bit 为接入原因，用于表明紧急呼叫等；5bit 为随机鉴别器，用于检查确

TB (3bit)	同步序列 (41bit)	加密比特 (36bit)	TB (3bit)	GP (68.25bit)
		0.577ms(156.25bit)		

图 6.8　接入突发脉冲序列（AB）

定碰撞后的重发时间。

（5）空闲突发脉冲序列（DB）

当用户无信息传输时，用 DB 代替 NB 在 TDMA 时隙中传送。DB 不携带任何信息，不发送给任何移动台，格式与普通突发脉冲序列相同，只是其中加密比特改为具有一定的比特模型的混合比特。

4. 逻辑信道到物理信道的映射

传递各种信息的逻辑信道，在传输过程中要放在不同载频的某个时隙上，才能实现信息的传送。假设一个基站有 n 个载频，由 C_0，C_1，C_2，$\cdots$，C_n 表示，每个载频有八个时隙。一个系统的不同小区使用的 C_0 不一定是同一载波，C_n 表示小区内的不同载波。

（1）TS_0 上的映射

图 6.9 给出了广播信道（BCH）和公共控制信道（CCCH）在一个小区内的 TS_0 上的复用。

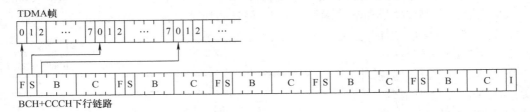

图 6.9　BCH 与 CCCH 在 TS_0 上的复用

广播信道和公共控制信道以 51 个时隙的帧重复，但是从所占的时隙来看只用了 TDMA 帧的 TS_0，在空闲帧之后从 F、S 开始。图 6.9 中，F 表示 FCCH，用于移动台的频率同步；S 表示 SCH，移动台据此读取 TDMA 帧号和 BSIC，获得时间上的同步；B 表示 BCCH，移动台由此读取有关小区的通用信息；I 表示 IDLE，为空闲帧，不发送任何信息。

当没有呼叫时，基站也总在发射，使移动台能够测试基站的信号强度，以确定使用哪个小区更合适，即当移动台开机、越区切换时，FCCH、SCH 及 BCCH 总在发射。C_0 的 $TS_1 \sim TS_7$ 时隙也一样常发，如果没有信息传送，则用空闲突发脉冲序列代替。

对上行链路，C_0 上的 TS_0 不包含上述信道，TS_0 用作移动台的接入，如图 6.10 所示，这里只给出了 51 个连续 TDMA 帧的 TS_0。图中 R 表示 RACH。

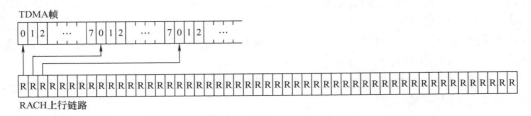

图 6.10　TS_0 上 RACH 的复用

BCCH、FCCH、SCH、PCH、AGCH 和 RACH 均映射到 TS_0，RACH 映射到上行链路，其余信道映射到下行链路。

118

（2）TS$_1$ 上的映射

下行链路 C$_0$ 上 TS$_1$ 的复用如图 6.11 所示，TS$_1$ 用来将专用控制信道映射到物理信道，共 102 个时隙重复一次。由于呼叫建立和登记时的比特率相当低，因此可在一个 TS（TS$_1$）上放八个专用控制信道，使时隙的利用率提高。

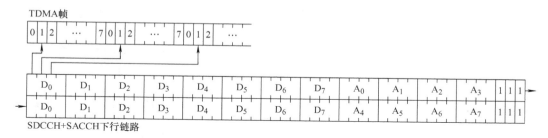

图 6.11　下行链路 C$_0$ 上 TS$_1$ 的复用

上行链路 SDCCH 和 SACCH 的复用与下行链路类似，102 个时隙构成一个时分复用帧，如图 6.12 所示。

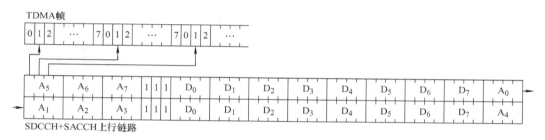

图 6.12　SDCCH 和 SACCH 在 TS$_1$ 上的复用（上行链路）

SDCCH 用 D$_X$ 表示，只在移动台建立呼叫时用，移动台转到 TCH 上开始通话或登记结束后释放，即可提供给其他移动台使用。

在传输建立阶段（也可能是切换时），必须交换控制信令，如功率调整、无线测量数据等，移动台的这些信令在 SACCH 上由 A$_X$ 传送。

在载频 C$_0$ 上 TS$_1$ 时隙的上行链路结构与下行链路相同，只是时间上有一个偏移，偏移为 3TS，使 MS 可进行双向接续，如图 6.12 所示。

（3）TCH 的映射

C$_0$ 上的上、下行信道的 TS$_0$、TS$_1$ 由控制信道使用，TS$_2$ ~ TS$_7$ 则分给业务信道使用。

业务信道（TCH）的复用如图 6.13 所示，在 TS$_2$ 上的信息构成了一个业务信道。业务信道上、下行链路共 26 个 TS，包含 24 个信息帧、一个控制帧和一个空闲帧。在空闲帧后序列从头开始，图 6.13 中 T 表示 TCH，包括编码语音或数据，用于通话和低速数据传送；A 表示随路信道（SACCH 或 FACCH），用于传送控制信息，如命令调整输出功率。若某 MS 分配到 TS$_2$，每个 TDMA 帧的每个 TS$_2$ 包含了此移动台的信息，直到该 MS 通信结束。只有空闲帧是个例外，它不含任何信息，移动台以一定方式使用它，空闲帧后，序列从头开始。

上行 TCH 的结构与下行 TCH 一样，但也有 3TS 的偏移，也就是说上、下行的 TS$_2$ 不同

119

时出现，这意味着移动台不必收发同时进行，如图 6.14 所示。

C_0 上的全部时隙如下：

TS_0：逻辑控制信道，重复周期 51 个 TS；

TS_1：逻辑控制信道，重复周期 102 个 TS；

$TS_2 \sim TS_7$：逻辑业务信道，重复周期 26 个 TS。

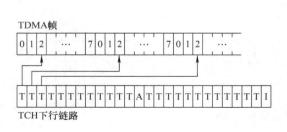

图 6.13　TCH 的复用

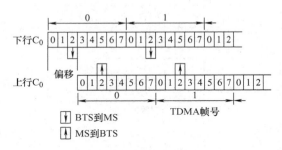

图 6.14　TCH 的上下行偏移

6.3　GSM 的主要业务

GSM 系统可提供功能完备的业务，从信息类型分，包括语音业务和数据业务；从业务的提供方式分，包括基本业务和补充业务。本节简单介绍 GSM 系统提供的各类业务。

6.3.1　GSM 的基本业务

GSM 的基本业务包括电话业务、短消息业务、传真和数据通信业务等。

1. 电话业务

电话业务是 GSM 系统提供的最基本的业务，可提供移动用户与固定网用户间的实时双向通话，也可提供两个移动用户间的实时双向通话。

2. 紧急呼叫业务

在紧急情况下，移动用户可拨打紧急服务中心的号码获得服务。紧急呼叫业务优先于其他业务，在移动用户没有插入 SIM 卡时也可使用。

3. 短消息业务

短消息业务就是用户可以在移动电话上直接发送和接收文字或数字消息，因其传送的文字信息短而称为短消息业务。短消息业务包括移动台间点对点的短消息业务以及小区广播式短消息业务。

点对点的短消息业务由短消息中心完成存储和前转功能。点对点短消息业务的收发在呼叫状态或待机状态下均可进行，系统中由控制信道传送短消息业务，其消息量限制在 160 个英文/数字字符或 70 个中文字符。短消息中心是与 GSM 系统相分离的独立实体，与 HLR 相似，通常设置于用户的归属地，并且无论用户移动到哪里，该用户所发出的短信息均由该短信中心负责存储并成功转发至指定的接收短信息的用户手机上。

小区广播式短消息业务是 GSM 网络以有规则的间隔向移动台广播具有通用意义的短消

息，如天气预报等。移动台在开机状态下即可接收显示广播消息，消息量限制在 92 个英文/数字字符或 41 个中文字符。

4. 语音信箱业务

语音信箱业务是有线电话服务中派生出来的一项业务。语音信箱是存储声音信息的设备，按声音信息归属于某用户来存储声音信息，用户可根据自己的需要随时提取。在其他用户呼叫 GSM 移动用户而不能接通时，可将声音信息存入此用户的语音信箱，或直接拨打该用户的语音信箱留言。

语音信箱业务有三种操作，分别是用户留言、用户以自己的 GSM 移动电话提取留言、用户以其他电话提取留言。

5. 传真和数据通信业务

全球通移动传真与数据通信服务可使用户在户外或外出途中收发传真、阅读电子邮件、访问 Internet、登录远程服务器等。

用户可以在 GSM 移动电话上连接一个计算机的 PCM - CIA 插卡，然后将此插卡插入个人计算机，这样就可以发送和接收传真、数据了。

6.3.2 GSM 的补充业务

补充业务是对基本业务的改进和补充，它不能单独向用户提供，而必须与基本业务一起提供。同一补充业务可应用到若干个基本业务中。补充业务的大部分功能和服务不是 GSM 系统所特有的，也不是移动电话所特有的，而是直接继承固定电话网的，但也有少部分是为适应用户的移动性而开发的。

用户在使用补充业务前，应在归属局办理使用手续，在获得某项补充业务的使用权后才能使用。系统按用户的选择提供补充业务，用户可随时通过移动电话通知系统为自己提供或删除某项具体的补充业务。用户在移动电话上对补充业务的操作有激活补充业务（从现在开始本移动电话使用某项补充业务）、删除补充业务（从现在开始本移动电话暂不使用原已激活的某项补充业务）、查询补充业务。

下面介绍 GSM 的主要补充业务。

1. 号码识别补充业务类

1）主叫号码识别显示：向被叫方提供主叫方的 ISDN 号码，即来电显示业务。

2）主叫号码识别限制：限制将主叫方的 ISDN 号码提供给被叫方。

3）被叫号码识别显示：将被叫方的 ISDN 号码提供给主叫方，通常用于有呼叫转移的业务情况。

4）被叫号码识别限制：限制将被叫方的 ISDN 号码提供给主叫方。

2. 呼叫提供类补充业务

1）无条件呼叫转移：被服务的用户可以使网络将呼叫他的所有入局呼叫连接到另一号码。

2）遇忙呼叫转移：当遇到被叫移动用户忙时，将入局呼叫接到另一个号码。

3）无应答呼叫转移：当遇到被叫移动用户无应答时，将入局呼叫接到另一号码。

4）不可及呼叫转移：当移动用户未登记、没有 SIM 卡、无线链路阻塞或移动用户离开无线覆盖区域而无法找到时，网络可将入局呼叫接到另一号码。

3. 呼叫限制类补充业务

1）闭锁所有出呼叫：不允许有呼出。

2）闭锁所有国际出呼叫：阻止移动用户进行所有出局国际呼叫，仅可与当地的 PLMN 或 PSTN 建立出局呼叫，不管此 PLMN 是否为归属的 PLMN。

3）闭锁除归属 PLMN 国家外所有国际出呼叫：仅可与当地的 PLMN 或 PSTN 用户，及归属 PLMN 国家的 PLMN 或 PSTN 用户建立出局呼叫。

4）闭锁所有入呼叫：该用户无法接收任何入局呼叫。

5）当漫游出归属 PLMN 国家后，闭锁入呼叫：当用户漫游出归属 PLMN 国家后，闭锁所有入局呼叫。

4. 呼叫完成类补充业务

1）呼叫等待：可以通知处于忙状态的被叫移动用户有来话时呼叫等待，然后由被叫选择接受还是拒绝这一等待中的呼叫。

2）呼叫保持：允许移动用户在现有呼叫连接上暂时中断通话，让对方听录音通知，而在随后需要时重新恢复通话。

3）至忙用户的呼叫完成：主叫移动用户遇被叫用户忙时，可在被叫空闲时获得通知，如主叫用户接受回叫，网络可自动向被叫发起呼叫。

5. 多方通信类补充业务

多方通话：允许一个用户和多个用户同时通话，并且这些用户间也能相互通话。也可以根据需要，暂时将与其他方的通话置于保持状态而只与某一方单独通话，任何一方可以独立退出多方通话。

6. 集团类补充业务

移动虚拟网 VPN：一些用户构成用户群，群内用户相互通信可采用短号码，用另一种方式计费；与群外用户通信，则按常规方式拨号和计费。

7. 计费类补充业务

计费通知：该业务可以将呼叫的计费信息实时地通知应付费的移动用户。

6.4 GSM 无线网络规划

GSM 网络规划一般侧重两个问题：第一个问题是针对一般性的电信系统，涉及交换设备和传输链路的规划；第二个问题是无线网络规划，这是蜂窝无线通信系统的特殊问题，涉及无线覆盖和频率规划等。

GSM 无线网络规划设计目标是指导工程以最低的成本建造成符合近期和远期话务需求，具有一定服务等级的移动通信网络。具体地讲，就是要达到服务区内最大程度的时间、地点的无线覆盖，满足所要求的通信概率；在有限的带宽内通过频率复用，提供尽可能大的系统容量；尽可能减少干扰，达到所要求的服务质量；在满足容量要求的前提下，尽量减少系统设备单元，降低成本等。当然上面的目标有些是互相冲突的，所以实际的系统实现常常是上述目标折中解决的产物。

GSM 无线网络规划与优化是一个阶梯式循环往复的过程。对于一个 GSM 网络来说，移动用户在不断地增长，无线环境在不断地变化，话务分布情况也在时刻变化，因此，GSM 网络是在循环往复的网络规划与优化的过程中不断发展壮大起来的。无线网络规划与优化工作的总体流程如图 6.15 所示。

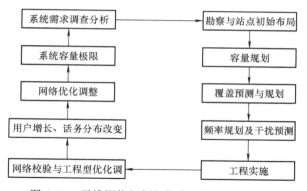

图 6.15　无线网络规划与优化工作的总体流程

网络规划主要包括以下基本过程和内容。

1. 网络规划资料收集与调查分析

为了使所设计的网络尽可能达到运营商要求，适应当地通信环境及用户发展需求，必须进行网络设计前的调查分析工作。调查分析工作要求做到尽可能的详细，充分了解运营商需求，了解当地通信业务发展情况以及地形、地物、地貌和经济发展等信息。调研工作包括以下几个部分：

1）了解运营商对将要建设的网络的无线覆盖、服务质量和系统容量等要求。

2）了解服务区内地形、地物和地貌特征，调查经济发展水平、人均收入和消费习惯。

3）调查服务区内话务需求分布情况。

4）了解服务区内运营商现有网络设备性能及运营情况。

5）了解运营商通信业务发展计划、可用频率资源，并对规划期内的用户发展做出合理预测。

6）收集服务区的街道图、地形高度图，如有必要，需购买电子地图。

2. 勘察、选址和传播模型校正

基站的勘察、选址工作由运营商与网络规划工程师共同完成。网络规划工程师提出选址建议，由运营商与业主协商房屋或地皮租用事宜，委托设计院进行工程可行性勘察，并完成机房、铁塔设计。网络规划工程师通过勘察、选址工作，了解每个站点周围电波传播环境和用户密度分布情况，并得到站点的具体经纬度。

为了更准确地了解无线规划区内电波传播特性，规划工程师可将几类具有代表性的地形、地物、地貌特征区域内指定频段的测试数据或现有网络测试数据（已建网络）整理以后，输入网络规划软件进行传播模型的校正，供下一步规划计算使用。

3. 网络容量规划

根据对规划区内的调研工作，综合所收集到的信息，结合运营商的具体要求，在对规划区内用户发展正确预测的基础上，根据营运商确定的服务等级，从而确定整个区域内重要部分的话务分布和布站策略、站点数目和投资规模等，充分考虑当地高层建筑、楼房和高塔的分布，基本确定站点分布及数目。对于站点的位置及覆盖半径，必须考虑到话务需求量、传播环境、上下行信号平衡等对基站覆盖半径的限制，及建站的综合成本等诸方面的因素。对网络进行初步容量规划，应得出：

1）满足规划区内话务需求所需的基站数。

2）每个基站的站型及配置。

3）每个扇区提供的业务信道数、话务量及用户数。

4）每个基站提供的业务信道数、话务量及用户数。

5）整个网络提供的业务信道数、话务量及用户数。

此步骤的规划是初步规划。通过无线覆盖规划和分析，可能要增加或减少一些基站，经过反复的过程，最终确定下基站数目和站点位置。

4. 无线覆盖设计及覆盖预测

无线覆盖规划的最终目标是在满足网络容量及服务质量的前提下，以最少的造价对指定的服务区提供所要求的无线覆盖。无线覆盖规划工作有以下几个部分：

初步确定工程参数，如基站发射功率、天线选型（增益、方向图等）、天线挂高、馈线损耗等。进行上下行信号功率平衡分析、计算。通过功率平衡计算得出最大允许路径损耗，初步估算出规划区内在典型传播环境中，不同高度基站的覆盖半径。

将数字化地图、基站名称、站点位置以及工程参数网络规划软件进行覆盖预测分析，并反复调整有关工程参数、站点位置，必要时要增加或减少一些基站，直至达到运营商提出的无线覆盖要求为止。

5. 频率规划及干扰分析

频率规划决定了系统最大用户容量，也是减少系统干扰的主要手段。网络规划工程师运用规划软件进行频率规划，并通过同频、邻频干扰预测分析，反复调整相关工程参数和频点，直至达到所要求的同、邻频干扰指标为止。

6. 无线资源参数设计

合理地设置基站子系统的无线资源参数，以保证整个网络的运行质量。从无线资源参数所实现的功能上来分，需要设置的参数有以下几类：

1）网络识别参数。

2）系统控制参数。

3）小区选择参数。

4）网络功能参数。

无线资源参数通过操作维护子系统配置。网络规划工程师根据运营商的具体情况和要求，并结合一般开局的经验来设置，其中有些参数要在网络优化阶段根据网络运行情况做适当调整。无线网络规划工作由于技术性强，涉及的因素复杂且众多，所以它需要专业的网络规划软件来完成。规划工程师利用网络规划软件对网络进行系统的分析、预测及优化，从而初步得出最优的站点分布、基站高度、站型配置、频率规划和其他网络参数。网络规划软件在整个网络规划过程中起着至关重要的作用，它在很大程度上决定了网络规划与优化的质量。

6.5 窄带 CDMA 移动通信系统

CDMA 移动通信网是由扩频、多址接入、蜂窝组网和频率再用等几种技术结合而成，它是用相互正交的编码来区分不同的用户、基站、信道。相比于其他系统，CDMA 系统具有较大的优势，其特点如下：

1）CDMA 系统的许多用户使用同一频率、占用相同带宽，各个用户可同时发送或接收信号。CDMA 系统中各用户发射的信号共同使用整个频带，发射时间是任意的，所以，各用户的发射信号在时间上、频率上都可能互相重叠，信号的区分只是所用地址码不同。因此，采用传统的滤波器或选通门是不能分离信号的，对某用户发送的信号，只有与其相匹配的接收机通过相关检测才能正确接收。

2）CDMA 通信容量大。CDMA 系统容量的大小主要取决于使用的编码数量和系统中干扰的大小，采用语音激活技术也可增大系统容量。CDMA 系统的容量约是 TDMA 系统的 4 ~ 6 倍，FDMA 系统的 20 倍左右。

3）CDMA 具有软容量特性。CDMA 是干扰受限系统，任何干扰的减少都直接转化为系统容量的提高。CDMA 系统具有软容量特性，多增加一个用户只会使通信质量略有下降，不会出现阻塞现象。而 TDMA 中同时可接入的用户数是固定的，无法再多接入任何一个用户。也就是说，CDMA 系统容量与用户数间存在一种"软"关系。在业务高峰期，系统可在一定程度上降低系统的误码性能，以适当增多可用信道数；当某小区的用户数增加到一定程度时，可适当降低该小区的导频信号的强度，使小区边缘用户切换到周边业务量较小的区域。

4）CDMA 系统可采用"软切换"技术。CDMA 系统的软容量特性可支持过载切换的用户，直到切换成功。当然，在切换过程中其他用户的通信质量可能受些影响。软切换指用户在越区切换时先不中断与原基站间的通信，而是在与目标基站取得可靠通信后，再中断与原基站的联系。在 CDMA 系统中切换时只需改变码型，不用改变频率与时间，其管理与控制相对比较简单。

5）具有良好的抗干扰、抗衰落性能和保密性能。由于信号被扩展在一较宽的频谱上，频谱宽度比信号的相关带宽大，则固有的频率分集具有减小多径衰落的作用。同时，由于地址码的正交性和在发送端将频谱进行了扩展，在接收端进行逆处理时可很好地抑制干扰信号。非法用户在未知某用户地址码的情况下，不能解调接收该用户的信息，信息的保密性较好。

6.5.1　IS - 95 CDMA 简介

美国电信工业协会（TIA）于 1995 年 5 月颁布了代号为 IS - 95 的窄带（N - CDMA）码分多址蜂窝移动通信标准，简称 IS - 95A。它的全称是"双模式宽带扩频蜂窝系统的移动台-基站兼容标准"，这是真正在全球得到广泛应用的第一个 CDMA 标准。随着移动通信对数据业务需求的增长，1998 年 2 月，推出了 IS - 95B 标准。IS - 95B 可提高 CDMA 系统性能，并增加用户移动通信设备的数据流量，数据传输速率理论上最高可达 115.2kbit/s，实际可达到 64kbit/s。IS - 95A 和 IS - 95B 均有一系列标准，其总称为 IS - 95。所有基于 IS - 95 标准的各种 CDMA 产品又总称为 CDMAone。IS - 95 只是一个公共空中接口（CAI）标准，它没有完全规定一个系统如何实现，而只是提出了信令协议和数据结构特点和限制。不同的制造商可采用不同的技术和工艺制造出符合 IS - 95 标准规定的系统和设备。

IS - 95 系统的主要性能参数如下：

1）码片速率：IS - 95 系统中的用户数据通过各种技术被扩展到码片速率为 1.2288Mc/s 的信道上（总括频因子为 128）。但上行链路和下行链路的扩频过程是不同的。

2）扩展码：64 维沃尔什（Walsh）码与长 m 序列。

3）速率：速率集 1 为 9.6kbit/s，速率集 2 为 14.4kbit/s；IS - 95B 为 115.2kbit/s。

4）帧长度：20ms。

5）话音编码器：在 IS - 95 中有三种话音编码方式：8kbit/s 的 QCELP，8kbit/s 的 EVRC 和 13kbit/s 的 ACELP。其中，QCELP 是码激励线性预测的可变速率混合编码方式，其基本速率为 8kbit/s，但它采用了检测话音激活（VAD）技术，可随输入话音信息的特征动态地分为 8kbit/s、4kbit/s、2kbit/s、1kbit/s 四种，从而以 9.6kbit/s、4.8kbit/s、2.4kbit/s 和 1.2kbit/s 四个档次的信道速率传输，可使平均传输速率降低到最高传输速率的 1/2 以下。

6）功率控制：在 IS - 95 中，下行链路功率控制不是重点，因此采用相对较简单的慢速闭环功率控制。上行链路是功率控制的重点，采用开环和快速闭环相结合的功率控制方式。其快速闭环的控制速率达 800 次/s、调整步长精确到 1dB。

6.5.2　CDMA 系统的无线传输方式

在窄带 CDMA 系统中，通常采用 FDMA/CDMA 的混合多址传输方式，即：将可使用的频段分成许多 1.25MHz 间隔的频道，一个蜂窝小区占用一个频道或同时使用多个频道。在一个工作频道上，CDMA 再以码分多址的方式分为许多个信道，这样的信道称为逻辑信道。

由于正、反向链路传输的要求不同，因此正、反向链路上信道的种类及作用也不同。图 6.16 所示是 CDMA 蜂窝系统无线传输链路的构成。在基站到移动台的正向传输信道中，包含导频信道、同步信道、寻呼信道和正向业务信道。在移动台至基站的反向传输信道中，包含接入信道和反向业务信道。下面分别介绍正向传输信道和反向传输信道的构成以及各信道的功能和传输信号的参数。

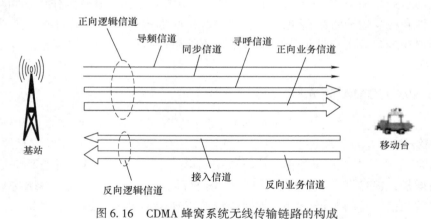

图 6.16　CDMA 蜂窝系统无线传输链路的构成

6.5.3　CDMA 正向传输信道

一个 CDMA 正向传输频道一般使用 Walsh 码作为地址来划分逻辑信道。各基站使用一对正交伪随机码（引导 PN 序列）进行扩频和四相调制，所有基站的引导 PN 序列具有相同的产生结构，但不同基站的引导 PN 序列具有不同的相位偏置。移动台根据不同的相位偏置量来区分不同小区或扇区发出的信号，根据分配给每个逻辑信道的地址码来区分不同的逻辑信道。

1. 正向传输信道的构成

CDMA 蜂窝系统的一个正向传输频道以 64 维的 Walsh 码划分成 64 个逻辑信道。图 6.17

所示是一种典型的配置方式，包括四种传输信道，分别是一个导频信道、一个同步信道、七个寻呼信道（允许的最多信道数）和 55 个正向业务信道。但正向传输频道的逻辑信道配置并不是固定的，其中导频信道必须有，而同步信道和寻呼信道在需要的情况下可以改作业务信道。在业务最繁忙时，逻辑信道的配置可以是 1 个导频信道、0 个同步信道、0 个寻呼信道和 63 个业务信道。这种情况发生在基站拥有两个以上的 CDMA 频道的条件下，其中一个为 CDMA 基本频道，基站可在这个 CDMA 基本频道的寻呼信道上发送逻辑信道指配消息，将移动台安排到另一个 CDMA 频道的逻辑信道上进行业务通信，则这个 CDMA 频道的逻辑信道中只需要一个导频信道，而不需要同步信道和寻呼信道。

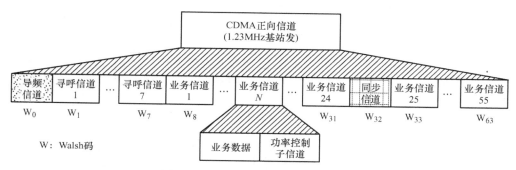

图 6.17　CDMA 正向传输信道的构成

四种传输信道的主要功能如下：

1）导频信道（Pilot Channel）：导频信道传输的是一个不含用户数据信息的无调制、直接序列扩频信号，在导频信号中包含有引导 PN 序列的相位偏置和定时基准信息。导频信号是连续发送的，并且发射功率比其他信道高 20dB，以使移动台可以迅速地捕获定时信息，获得初始系统同步，并提取用于信号解调的相干载波。导频信号还为移动台的越区切换提供依据，移动台通过对周围不同基站的导频信号进行检测和比较，以决定在什么时候进行切换。导频信号还是移动台开环功率控制的依据。

2）同步信道（Sync Channel）：同步信道传输的同步信息供移动台建立与系统的定时和同步。同步信息主要包括系统时间、引导 PN 序列的偏置指数、寻呼信道的数据率、长伪随机码的状态等。一旦同步建立，移动台通常不再使用同步信道，但当设备关机后重新开机时，还需要重新进行同步调整。当通信业务量很多，所有业务信道均被占用而不够使用时，同步信道也可临时改作业务信道使用。

3）寻呼信道（Paging Channel）：每个基站有一个或几个寻呼信道，其功能是向小区内的移动台发送呼入信号、业务信道指配信息和其他信令。在需要时，寻呼信道也可以改作业务信道使用，直至全部用完。

4）正向业务信道（Forward Traffic Channel）：正向业务信道用于基站到移动台之间的通信，主要传送用户业务数据。在业务信道中包含了一个功率控制子信道，传输用于移动台进行功率控制的控制信令，正向业务信道还传输越区切换的控制指令等信息。

2. 正向传输信道的信号处理

图 6.18 所示是正向传输信道上四种逻辑信道的电路框图。

导频信道为全 0 码，直接进行 Walsh 函数正交扩频调制。其他三种信道的信号在进行

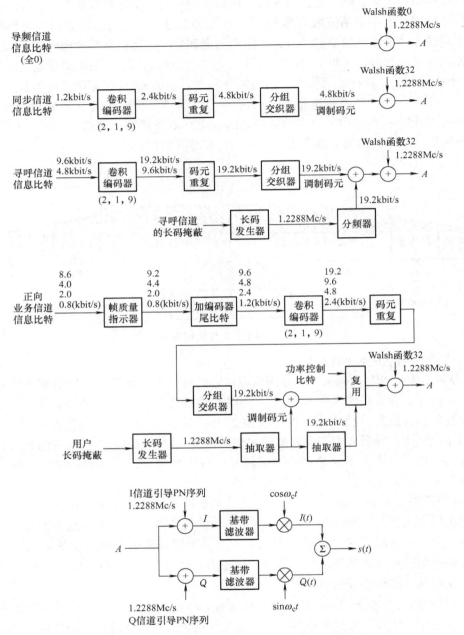

图 6.18　正向传输信道上四种逻辑信道的电路框图

Walsh 函数正交扩频之前需经过卷积编码、码元重复、分组交织等信号处理。下面介绍正向传输信道中各部分的处理功能及处理方式。

（1）数据速率

导频信道为全 0 码；同步信道工作在 1.2kbit/s；寻呼信道工作在 9.6kbit/s 或 4.8kbit/s。正向业务信道可同时支持速率 1（9.6kbit/s）和速率 2（14.4kbit/s）的声码器业务，图 6.18 中只画出了数据率 1 的电路框图，对于数据率 2，其电路结构与数据率 1 大体相同，唯一不同之处是在分组交织之前要进行符号抽取，通过从每六个输入码元中删除两个来实现把 28.8kbit/s 的数据率变为 19.2kbit/s，这样两种速率在进行分组交织时就具有了相同的数据率。四种信道的信号经 Walsh 函数扩展后的速率统一为 1.2288Mc/s。

（2）业务信道的帧结构

CDMA 的声码器是可变速率声码器，可工作于全速率、1/2 速率、1/4 速率和 1/8 速率。对于速率 1，其输出速率分别为 9.6kbit/s、4.8kbit/s、2.4kbit/s 或 1.2kbit/s；其对于速率 2，其输出速率分别为 14.4kbit/s、7.2kbit/s、3.6kbit/s 或 1.8kbit/s。业务信道的帧结构如图 6.19 所示。

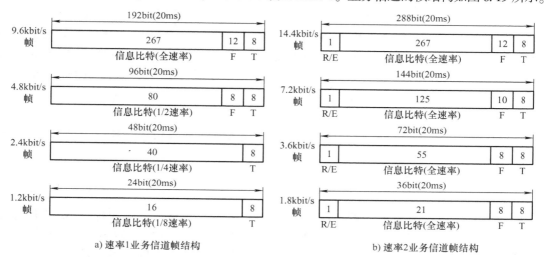

图 6.19　业务信道的帧结构

从声码器得到的用户话音信息为每帧 20ms。除了速率 1 的 2.4kbit/s 和 1.2kbit/s 数据外，帧质量指示器在每帧的末尾加上帧质量指示比特 F（循环冗余码 CRC 检验比特），用于帮助接收端判断数据速率和误帧率。2.4kbit/s 和 1.2kbit/s 数据中没有帧质量指示比特，这是因为这些帧相对而言抗误码性能较强，且发送的大多数信息是背景噪声。

业务信道的数据在进行卷积编码之前，要在每帧的末尾加 8bit 的编码器尾比特 T，用于将卷积编码器置于规定的状态。在所有速率 2 的数据中，各帧的开头还有 1bit 的预留字符。编码器尾比特、CRC 检验比特及预留比特均是业务信道开销比特。对于速率 1，实际用户的信息数据率分别为 8.6kbit/s、4.0kbit/s、2.0kbit/s、0.8kbit/s；对于速率 2，实际用户的信息数据率分别为 133.5kbit/s、62.5kbit/s、27.5kbit/s、10.5kbit/s。

（3）卷积编码

数据在传输之前进行卷积编码，使之具有检纠错能力。其编码效率为 1/2，约束长度为 9。

（4）码元重复

对于同步信道，码元经过编码后，在分组交织之前都要重复一次（每码元连续出现两次）。对于寻呼信道和业务信道，只要输入信号的数据率低于本信道的最高输入数据率，在分组交织之前都要进行码元重复处理。例如，对于业务信道速率 1，如果输入是 19.2kbit/s，码元不重复；如果输入是 9.6kbit/s，则每个码元重复一次（每码元符号连续出现两次）；如果输入是 4.8kbit/s，则每个码元重复三次（每码元符号连续出现四次）；如果输入是

2.4kbit/s，则每个码元重复七次（每码元符号连续出现八次）。重复符号的发送功率比全速率符号的功率低，例如，对于 9.6kbit/s 的速率，每个码元符号重复一次，但在半功率上发送。码元重复的目的是使各种信息速率均变成相同的调制码元速率。另外，码元重复还可为无线信道抵抗衰落提供附加的措施，增加接收的可靠性。

（5）分组交织

数据信号经过卷积编码和码元重复之后，被送到分组交织器中进行交织。交织的目的是使传输信号具有一定的抗瑞利衰落的能力。同步信道所采用的交织器的长度为 26.666ms，在码元速率为 4800s/s（符号/秒）时，等于 128 个调制码元宽度，交织器组成的阵列是 16 行×8 列。寻呼信道和正向业务信道所采用的交织器长度为 20ms，在调制符号速率为 19200s/s 时，等于 384 个调制符号（也就是业务信道一帧所含有的调制符号的个数）的宽度，交织器组成的阵列是 24 行×16 列。输入码元按顺序逐列写入交织器，填满整个阵列后按行依次读出数据即可实现符号的交织。

（6）数据扰码

数据扰码（或称为数据掩蔽）只用于寻呼信道和前向业务信道，其作用是为通信提供安全性和保密性。

（7）功率控制子信道

功率控制子信道传输基站对移动台的功率控制信息。功率控制子信道每 1.25ms 发射一个比特（0 或 1）的控制命令，即其发射速率为 800bit/s，该命令使移动台以 1dB 的步长提高或降低发射功率。如果基站接收某一移动台的功率较低，则通过功率控制子信道发射一个"0"，命令移动台提高发射功率；反之，则发送"1"命令移动台降低发射功率。一个功率控制比特等于正向业务信道中的两个调制码元的宽度。

功率控制比特是采用抽取插入技术在相应的前向业务信道上传输的。在正向业务数据扰码以后，用功率控制比特取代两个连续的业务信道上的调制码元（不考虑其重要性），功率控制比特就插入到了业务数据码流中，但插入位置不固定。图 6.20 给出了一个功率控制比特插入位置的例子。

在功率控制比特更新的一个周期（1.25ms）内，可以发送 24 个调制码元（称为一个功率控制组），IS-95 为功率控制比特指定了 16 个可能的插入位置，每个位置对应于前 16 个调制码元中一个，位置编号从 0 到 15。功率控制比特的插入位置受前一个功率控制组的掩码长码的控制。掩码长码经 1/64 抽取后，在 1.25ms 周期内共有 24 个长码比特。因为 16 个位置可用四位二进制数来指定，因此仅用 24 个长码比特的最后 4 个比特来确定功率控制比特的插入位置。在图 6.20 中，前一个功率控制组的掩码长码的后 4 个比特为"1001"，即为十进制数 9，于是功率控制比特的插入位置编号为 9。

当基站根据反向信道的信号测定某一移动台的信号强度后，则在相应的正向业务信道延迟两个功率控制组中发送功率控制比特，如在图 6.20 所示的例子中，基站测得反向信道第 3 个功率控制组的信号强度后，将其变换为功率控制比特，然后在第 3+2=5 个正向业务信道功率控制组中传送出去。

（8）正交 Walsh 函数扩频

在 CDMA 正向传输信道中，为了使各个逻辑信道之间具有正交性，避免相互之间的干扰，所有信号都用 1.2288Mc/s 固定码片速率的正交 Walsh 函数进行调制扩频。CDMA 正向

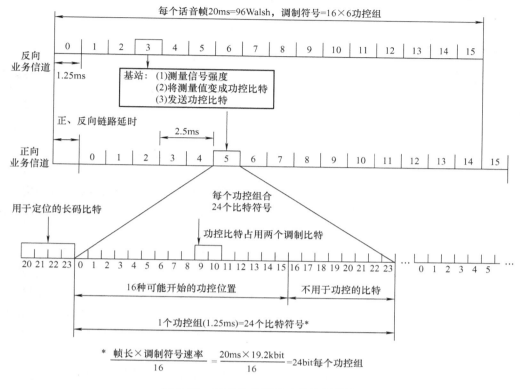

图 6.20　正向业务信道功率控制传输

信道所采用的是 64 维（64 × 64 阵列）的 Walsh 函数，每个 Walsh 函数由 64 个二进制序列组成，每 52.083μs 重复一次，这个周期正好是一个正向业务信道调制码元的宽度，也就是一个数据码元用 64 个 Walsh 码片来扩频。

（9）四相扩频调制

在完成正交 Walsh 扩频后，所有信道的数据都要与基站特定的引导 PN 序列（被称为短码）进行四相扩频调制。进行引导 PN 序列四相调制的目的是给每一个基站一个特定的识别码，并且产生 QPSK 的输出信号。实际上，所有基站台使用的是同样的引导 PN 序列，但各个基站采用不同的时间偏置（相位不同）来作为它们的身份扩频码。由于 PN 序列在时间上偏移大于一个码片宽度时，其相关性就为零或近似于零，因此移动台用相关检测法可以很容易地区分出不同基站发来的信号。

6.5.4　CDMA 反向传输信道

1. 反向传输信道的构成

反向传输信道由两种信道组成，即接入信道和业务信道，其结构如图 6.21 所示。反向业务信道与正向业务信道相同。接入信道与正向传输信道的寻呼信道相对应，传输指令、应答和其他有关信息，被移动台用来初始化呼叫等。CDMA 系统反向传输信道与正向传输信道相似，只是具体参数有所不同。

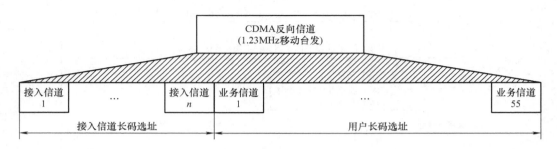

图 6.21　CDMA 系统反向传输信道的逻辑信道结构

在一个 CDMA 频道上，反向信道利用具有不同相位偏移量的长码 PN 序列码作为选址码，每一个长码相位偏移量代表一个确定的地址，而长码偏移量由代表信道或用户特征的掩码所决定。两种传输信道的主要功能如下：

1）接入信道（Access Channel）：当移动台没有业务通信时，移动台通过接入信道向基站进行登记注册、发起呼叫以及响应基站的呼叫等。

在反向信道中，最少有 1 个，最多有 32 个接入信道。接入信道是一个随机接入的 CDMA 信道，每一个接入信道都要对应正向信道中的一个寻呼信道，但与一个特定寻呼信道相连的多个移动台可以同时抢占同一个接入信道，每一个寻呼信道最多可支持 32 个接入信道。

2）反向业务信道（Traffic Channel）：用于在呼叫建立期间传输用户业务信息和指令信息。

反向业务信道与正向业务信道的帧长度相同为 20ms。业务和信令都能使用这些帧。当一个业务信道被分配时，CDMA 支持两种模式传送信令信息：空白突发序列（blank and burst）模式和半空白突发序列（dim and burst）模式。这两个模式在上行和下行链路上都能使用。采用空白突发序列模式时，一旦信令信息要发送，初始业务数据的一个或多个帧（如被编码的话音）就被信令数据代替。采用半空白突发序列模式传送信令，是因为在 CDMA 中使用了变速率声码器。在此模式中，声码器运行在 1/2、1/4 或 1/8 模式的其中之一上，由于没有使用全速声码器，节省的比特可为信令使用。只有在全速率发送时，在此模式上的声码器速率才会受到限制。由于半空白突发序列模式话音质量下降基本上不易被察觉，所以它比空白突发序列模式有更大的优势。

2. 反向传输信道的信号处理

反向传输信道信号的处理过程包括：加编码器尾码、卷积编码、码元重复、分组交织、64 进制正交调制、长码扩频和 OQPSK 调制等。图 6.22 系统所示的是反向传输信道电路原理框图。

（1）传输速率

移动台在接入信道上发送消息的速率固定为 4.8kbit/s。反向业务信道根据所使用的声码器不同，可支持两种业务速率，速率 1 包括 9.6kbit/s、4.8kbit/s、2.4kbit/s 和 1.2kbit/s 四种速率；速率 2 包括 14.4kbit/s、7.2kbit/s、3.6kbit/s 和 1.8kbit/s 四种速率。两种信道的数据中均要加入编码器尾比特（8bit），用于将卷积编码器复位到规定的状态。在反向业务

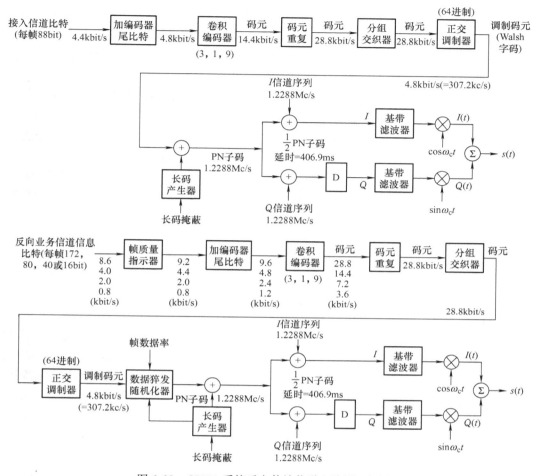

图 6.22　CDMA 系统反向传输信道电路原理框图

信道上传输高速率的数据（9.6kbit/s、4.8kbit/s 及速率2）时，也要加质量指示比特（CRC 检验比特）。无业务激活时，以低速率 1.2kbit/s（速率 2 为 1.8kbit/s）传输结构简单的无业务数据，保持与基站的联系。随着话音激活的不同程度，业务信道速率可以逐帧地改变，这样可以减小系统中各信道之间的干扰，提高系统容量，并可减小移动台的功耗，延长移动台电源的使用时间。

（2）卷积编码

CDMA 接入信道和反向业务信道所传输的数据都要经过卷积编码处理。接入信道和速率 1 反向业务信道其编码效率为 1/3，约束长度为 9。

（3）码元重复

码元重复的目的，是使所有信道的信号在进行分组交织时具有相同的数据率。反向业务信道的码元重复方法与正向业务信道相同。但是在反向业务信道上，这些重复的码元不会全部被传输，而是除其中一个码元外，其余的重复码元在发送之前均被删除。在接入信道中，因为数据率固定为 4.8kbit/s，所以每一个码元都要重复一次。这两个重复的码元都要传输，以增加接收的可靠性。

（4）分组交织

在调制和发射之前，移动台对所有信道的信号进行分组交织处理，以提高信号抗瑞利衰落的能力。在反向信道中，分组交织的长度为 20ms，交织器的组成阵列为 32 行 × 18 列（共 576 个单元）。输入码元按顺序逐列写入交织器，填满整个阵列后按行依次读出数据。

（5）64 维正交 Walsh 函数调制

CDMA 反向信道采用了 64 维正交 Walsh 函数调制，Walsh 函数的构成与正向信道的 Walsh 函数相同。调制时将每六个输入码元符号分为一组，作为一个调制符号，用 64 维 Walsh 码函数中的一个进行调制，则调制码元的速率为 $28800/6 = 4800s/s$，每一个调制码元含 64 个 Walsh 码片，因此，Walsh 码的码片速率为 $64 \times 4800 = 307.2 kc/s$。

需要注意的是，64 维 Walsh 码函数在正向信道和反向信道中使用的目的是不同的，在正向信道中，Walsh 函数用于区分不同的信道及对信号进行扩频调制，而在反向信道中，Walsh 函数仅用于数据的扩频调制。

（6）变数据猝发随机化处理

CDMA 反向业务信道上发送的是变速率数据，当数据速率低于 9.6kbit/s 时，码元符号的重复引入了冗余量。为了减小移动台的功耗和减小它对其他移动台的干扰，反向业务信道对数据进行了选通发送，只允许需要的码元传输，而删除其他重复的码元。

（7）直接序列扩频

接入信道的信号经过正交调制、反向业务信道的信号经数据猝发随机化处理后都要用长码 PN 序列进行直接序列扩频。实际上在整个 CDMA 系统中使用的都是同一个长码 PN 序列，只是其相位偏置不同。在 CDMA 系统的反向传输信道中，通过不同的掩码给每一个信道分配一个不同相位偏置的长码 PN 序列。由于 PN 序列在时间上偏移量大于一个码片宽度时，其相关性就为零或近似为零，因此可利用不同相位偏置的长码 PN 序列来区分不同的信道。

（8）四相正交扩频调制

反向传输信道进行四相扩频所采用的引导 PN 序列与正向传输信道四相扩频的引导 PN 序列相同，但反向信道上使用的是固定零偏置的 PN 序列，且四相扩频调制方式与正向传输信道也不同。在正向传输信道中采用的是 QPSK 调制，而反向传输信道采用的是 OQPSK（Offset QPSK）调制。Q 支路的扩频数据相对于 I 支路的扩频数据延迟半个 PN 序列的码片周期（406.901ns），这个延迟用于改善信号的频谱形状和同步性能。

6.5.5　呼叫处理

CDMA 的呼叫处理包括移动台的呼叫处理和基站的呼叫处理两方面。

1. 移动台的呼叫处理

移动台的呼叫处理由移动台初始化、移动台空闲、系统接入和业务信道四个状态组成，如图 6.23 所示（图中未列出所有状态的转变）。

1）移动台初始化状态。移动台开机后就进入初始化状态，初始化状态中，移动台先进行系统的选择，扫描基本信道，如不成功，再扫描辅助信道；进入 CDMA 系统后，不断检测周围基站发来的导频信号，比较导频信号的强度，判断自己所处的小区；移动台在选择基站后，在同步信道上检测出所需的同步信息，在获得系统的同步信息后，把自己相应的时间参数进行调整，与该基站同步。

2）移动台空闲状态。移动台在完成同步和定时后，由初始化状态进入空闲状态。在空闲状态，移动台监测寻呼信道以接收外来呼叫，也可发起呼叫或进行注册登记。注册是移动台向基站报告其位置、状态、身份标志、时隙周期和其他特征的过程，基站中存储的这些内容需不断更新。注册是移动通信系统中操作、控制不可缺少的功能，不同类型的注册，所更新的信息不同。

3）系统接入状态。在此状态，移动台在接入信道上发送消息，即接入尝试。只有当移动台收到基站证实后，接入尝试才结束，进入业务信道状态。

4）业务信道状态。在此状态，移动台确认收到前向业务信道信息后，开始在反向业务信道上发送信息，等待基站的指令和信息提示，等待用户应答，与基站交换基本业务数据包，并进行长码的转换（语音加密、去加密）、业务选择协商及呼叫释放（由于通话结束或其他原因造成）。

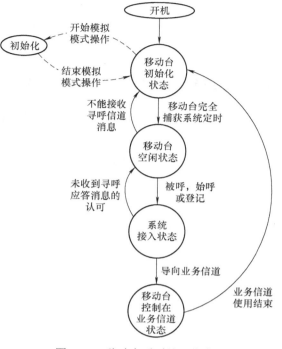

图 6.23　移动台呼叫处理状态

2. 基站的呼叫处理

基站的呼叫处理与移动台相对应，包含以下四个过程：

1）导频和同步信道处理。在此处理中，基站在导频信道和同步信道上发射导频和同步信息，以便移动台在其初始化状态时捕获，与 CDMA 系统同步。

2）寻呼信道处理。在此处理中，基站发射寻呼信息，以便移动台在空闲状态或系统接入状态监听寻呼信道消息。

3）接入信道处理。在此处理中，基站监听移动台在系统接入状态时发往基站的接入信道消息。

4）业务信道处理。在此处理中，基站使用前向业务信道和反向业务信道与同处于业务信道状态的移动台进行通信，交换业务信息和控制信息。

基站的处理与移动台的不同在于：基站的各种处理过程可能同时存在，因为它要与不同状态的移动台同时进行联系；而移动台的状态在某一时刻是唯一的。

6.6　第二代移动分组数据业务系统

在 GSM 系统中，为了满足用户日益增加的数据通信的需求，在早期是以电路交换方式，将 1～4 个 TCH 组合来实现数据信息的传输，数据传输速率受到极大限制，并且专用信道的工作方式也使信道利用率极低。与此同时，随着 Internet 应用的日益普及，分组数据业务需求猛增，通用分组无线业务系统就是人们顺应通信发展的需求，在 GSM 系统中实现移动分组数据业务的首个解决方案。

6.6.1 通用分组无线业务系统（GPRS）

通用分组无线业务（General Packet Radio Service，GPRS）是移动通信和分组数据通信相融合的第一阶段产品。移动通信在语音业务继续保持发展的同时，对 IP 和高速数据类承载业务的支持已经成为 2G 移动通信系统演进的主要方向。GPRS 主要的应用领域有：E－mail、互联网浏览、WAP 业务、电子商务、信息查询、远程监控等。

1. GPRS 的基本功能和业务

GPRS 的基本功能就是基于分组数据包传输的方式，借助于原有 GSM 网络的功能实现架构，通过增加少量的特殊功能节点，为 GSM 网络的移动用户在原有 GSM 业务实现的同时，提供直接访问外部分组数据网络的功能。GPRS 网络能够提供以下的主要业务：

1）在数字蜂窝网络中有效地传输分组数据。

2）有效而合理地使用匮乏的无线资源。

3）可实现基于内容、流量或者通信时长的预付费或者后付费等多种灵活的业务。

4）快速建立和接入数据网络。

5）无任何相互干扰的同时提供电路域业务（CS）和分组域业务（PS）。

6）采用 IP 的方式，与外部的分组数据网络（PDN）实现互联。

在 GPRS 系统中，为了实现用户端到端分组数据的收发，GPRS 定义了点对点和点对多点两类承载业务。GPRS 提供的业务具有以下特点：

1）适用于不连续、突发的较小数据量传输。因为 GPRS 系统基于原有 GSM 系统构建，GSM 系统又以提供语音业务为主，其语音电话用户密度高，业务量大，信道占用率已经较高，一旦需要提供大数据量的业务，则需要占用较多信道资源，因此在一个小区内不可能有多个信道用于 GPRS 业务。

2）无线信道的数据速率低。GPRS 共推荐了四种信道编码方案，即 CS－1、CS－2、CS－3 和 CS－3，其数据速率见表 6.1。前两种编码方案虽然速率较低，但是在实现小区90% 以上的覆盖时，能够满足同频干扰 C/I < 9dB 的要求，对无线信道具有较强的适应能力，所以是 GPRS 中最早也是最广泛采用的编码方案。后两种编码方案虽然速率较高，但是以减少或者取消纠错比特为代价的，因此要求有较高的 C/I 为使用前提。

表 6.1　GPRS 编码模式

编码模式	最大信息比特数	每时隙最大传输速率/kbit·s^{-1}	目标载干比（C/I）/dB
CS－1	181	9.05	6
CS－2	268	13.4	9
CS－3	312	15.6	12
CS－4	428	21.4	17

　　在 GPRS 系统中，对于大数据量的应用业务，例如：互联网浏览，数据库的查询以及 FTP 文件传输等，可采用多时隙共用的信道方式来提供，然而在语音为主要业务的情况下，多时隙信道数量极其有限，故对于大数据量的应用业务必须加以限制，仅允许每小时出现几次。

　　在 GSM 业务与 GPRS 业务共享信道时，采用动态分配信道的方式，而语音具有较高优先级，即在通话间隙方可传输 GPRS 分组数据。此种方式下，分组数据的传输是没有时间保障的。另一种信道分配的方式是为 GPRS 业务配置专用的分组信道（PDCH），这样就可以实现本小区内多个 GPRS 用户共享此信道（即多个逻辑信道可以复用到一个物理信道）。因此，GPRS 适用于突发数据的应用，同时也提高了信道的利用率。

　　2. GPRS 的系统组成及其各节点功能

　　GPRS 网络是在 GSM 网络的基础之上形成的，所以其系统组成结构与 GSM 网络结构密切相关。GPRS 网络由以下几个部分组成：

　　1）无线网络：提供移动用户连接到分组数据网络（PDN）的接入网络的功能。

　　2）GPRS 骨干网：连接 GPRS 的服务支持节点（SGSNs）以及网关 GPRS 支持节点（GGSNs）的 IP 连接网络。

　　3）操作维护（O&M）网络：提供 O&M 系统功能的网络。

　　4）业务网络：是提供互联网业务的主机与终端用户之间的网络。例如：公共的域名服务系统（DNS）、电子邮件系统（E - mail）以及 WWW 业务等。

　　图 6.24 给出了完整的 GPRS 网络组成结构和与之有关的其他通信网络之间相互关系的网络结构。

　　图中的以下节点：MSC/VLR、GMSC、HLR、AUC、EIR、SMS 以及 BSC 等为 GSM 系统的主要节点，完成语音通信为主的各项电路域业务；而 SGSN 和 GGSN 则是 GPRS 网络为提供移动用户的分组数据功能特别增设的新节点，他们与 GSM 系统原有的节点 HLR、EIR、SMS 以及 BSC 相配合，完成 2G 数字蜂窝移动通信网内的分组数据传输功能。图中的 RNC 则示意出了 3G 网络的 GPRS 实现方案。由图可以看出 GPRS 系统在两代数字蜂窝移动通信系统中性能实现上的差异，主要源于无线接入网的技术实现差异。

　　GPRS 网络的各主要节点功能如下：

　　（1）GPRS MS

　　GPRS 的用户终端设备由终端设备（Teminal Equipment，TE）、移动终端（Mobile Teminal，MT）或者移动站（Mobile Station，MS）来实现。

　　TE 是终端用户操作和使用的计算机终端设备，在 GPRS 系统中用于发送和接收终端用户的分组数据。TE 可以是独立的台式计算机，也可以将 TE 的功能集成到手持移动终端设备上，同 MT 集成在同一物理设备中。GPRS 网络的功能就是提供分组数据承载通道，即在 TE 与 GPRS 网络之外的其他外部分组数据网络之间建立和提供分组数据的传送功能。

　　MT 在与 TE 通信的同时，通过空中接口与 BTS 通信以建立到 SGSN 的逻辑链路。在 MT 中必须配置 GPRS 功能软件方可支持 GPRS 系统业务。在数据通信中，MT 相当于一个将 TE 连接到 GPRS 系统的调制解调器（Modem）。

　　GPRS 系统中的 MS 可看作 MT 和 TE 的合成实体，其功能是以上两部分功能之和。通常具有 GPRS 功能的手机就是其典型的设备。

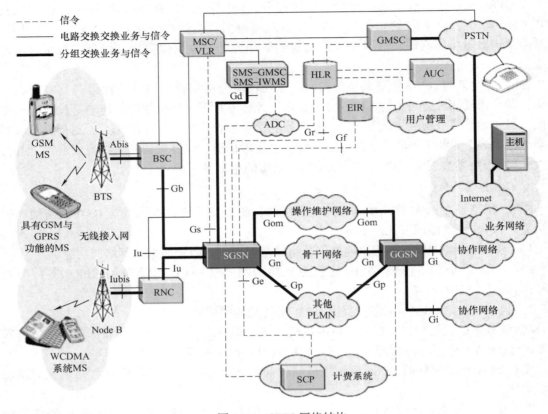

图 6.24　GPRS 网络结构

（2）BSC

在 GPRS 系统中，BSC 的功能与在 GSM 中系统所实现功能有所不同。一个新增的功能部件分组控制单元（Packet Control Unit，PCU）被设置在 BSC 实体内部，主要完成 BSS 侧分组业务数据的处理和分组无线信道资源的管理等功能。也就是说，当 GPRS 业务引入后，BSC 既要负责处理原有 GSM 的电路域业务功能，还要借助于新增的功能部件 PCU 实现对分组数据业务的处理。目前 PCU 组网方式有以下三种，分别集成在基站、BSC 或者以独立设备存在，如图 6.25 所示。例如爱立信的 GPRS 采用 B 种组网方式，而华为 GPRS 采用 C 种组网方式。

（3）SGSN

SGSN 是 GPRS 网络的基本组成网元，是为了提供分组数据业务功能而在 GSM 网络中引入的全新设备。其主要功能是为本 SGSN 服务区域的 MS 转发输入/输出的分组数据包，其地位等同于 GSM 电路域的 MSC/VLR 节点。SGSN 提供以下功能：

1）为本 SGSN 服务区域内的 MS 提供分组数据的路由与转发功能。

2）对用户提供加密与鉴权功能。

3）用户的移动性管理功能。

4）逻辑链路管理功能。

5）与相关节点的接口功能。

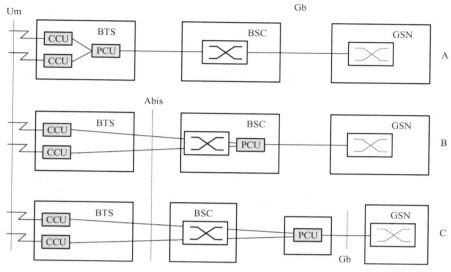

图 6.25　PCU 组网方式

6）通信详细话单的产生与输出功能。

此外，在 SGSN 中还提供了 VLR 的功能，其作用与 GSM 中的 VLR 相似，当 MS 移动到该 SGSN 服务区时，该 MS 的相关业务数据以及位置数据在位置更新业务实现的过程中从 HLR 利用 7 号信令的 MAP 消息传到 SGSN，存于 VLR 中。

（4）GGSN

GGSN 与 SGSN 类似，也是为 GPRS 分组业务的实现而引入的新节点。GGSN 为分组数据提供在 GPRS 网络与外部数据网络之间的路由和封装，也被称作 GPRS 的路由器。用户选择哪个 GGSN 作为网关，取决于用户请求接入的外部网络是什么（即 Access Point Name，APN）。GGSN 主要提供的功能有：

1）提供与外部 IP 分组数据网络的接口功能，它提供 MS 接入外部分组网络的网关功能，GGSN 对于外部分组数据网，则是一个可寻址 GPRS 网络内部所有用户的 IP 路由器。

2）GPRS 会话管理，完成 MS 与外部分组数据网络的通信建立过程。

3）将需要送达 MS 的分组数据发往正确的 SGSN。

4）通信详细话单的产生与输出功能，体现用户对外部网络的使用情况。

（5）HLR/AUC

与 GSM 网络中的作用类似，GPRS 网络中的用户永久数据库 HLR/AUC，采用与 GSM 系统共享同一节点的方式实现，即在 GSM 的 HLR 中增加储存 GPRS 用户相关的分组数据业务，位置信息等数据，并在 MS 移动到某个 SGSN 服务区时，通过位置更新业务过程，经 HLR 与 SGSN 之间的 Gr 接口，利用 7 号信令的 MAP 消息完成对 GPRS MS 的鉴权认证、业务管理与位置管理功能。

（6）SMS

此功能与 GSM 电路域的 SMS 功能类似，只是利用分组数据的传输方式来实现而已。例如：彩信业务就是其典型代表。

（7）DNS

GPRS 网络的域名系统（Domain Name System，DNS）的作用与 IP 网络中的类似，由接入点的域名（APN）解析出转发数据包的转发节点或者目的节点的 IP 地址，从而实现 IP 网络的寻址功能。在 GPRS 网络中有两种 DNS：

1）实现于 SGSN 中的 DNS，为一个内部 DNS，负责在 PDP 上下文激活过程中根据确定的 APN 解析出适当的 GGSN 的 IP 地址。

2）实现于 GGSN 中的 DNS，为一个外部 DNS，其作用类似于互联网中的普通 DNS，实现对外部数据网络的域名与其对应的 IP 地址的解析功能。

（8）CG

计费网关（Charging Gateway，CG）主要完成从各 GSN（SGSN 和 GGSN 的统称）的话单收集、合并、预处理工作，并完成同计费中心之间的通信接口。在 GSM 原有网络中并没有这样一个设备，GPRS 用户一次上网过程的话单会从多个网元实体中产生，而且每一个网元设备中都会产生多张话单。引入 CG 的目的就在话单送往计费中心之前对话单进行合并与预处理，以减少计费中心的负担；同时 SGSN、GGSN 这样的网元设备也不需要实现同计费中心的接口功能。

3. GPRS 的主要接口与协议

为了确保 GPRS 系统的分组数据业务的可靠传递，同时也方便不同设备供货商的节点设备能够灵活配置，GPRS 的规范对各功能实体之间的接口与协议进行了严格的定义。GPRS 系统的主要接口如图 6.26 所示。

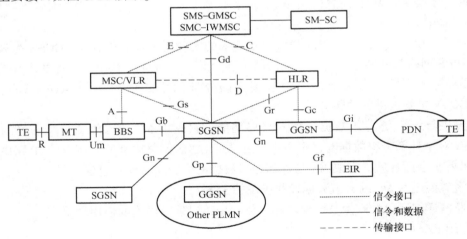

图 6.26　GPRS 系统的主要接口

（1）主要网络接口

1）Um 接口：是 GPRS MS 与 GPRS 网络之间的无线接口。通过此接口，MS 实现与 GPRS 网络的通信，在此接口上利用相应的协议完成分组数据的双向传送、移动性管理、会话管理、无线资源管理等多方面的功能。

2）Gb 接口：是 SGSN 与 BSC 之间的接口。在此接口上，定义了 BSSGP 协议，实现 SGSN、BSC 和 MS 之间的通信，从而完成分组数据传送、移动性管理、会话管理等功能。Gb 接口是

GPRS 的新增且必备接口。在实现初期，采用帧中继作为底层的传输协议，在后期已经采用 IP 取代了帧中继的方式。

3）Gi 接口：是 GPRS 系统与外部分组数据网络之间的接口。通过该接口，GPRS 系统与各种分组数据网实现互联，在 Gi 接口上进行协议的封装与解封装、地址转换（私网与公网 IP 地址的转换）、用户接入时的鉴权与认证等操作。

4）Gn 接口：为 SGSN 与 SGSN，或者与 GGSN 之间的接口。此接口采用 TCP/IP 协议之上承载 GTP（GPRS 隧道协议）的方式进行通信，以实现 GPRS 网络与外部网络之间的分组数据传送、逻辑通道的建立与分组数据包的传送。

5）Gs 接口：是 SGSN 与 MSC/VLR 之间的接口。该接口采用 7 号信令的 BSSAP + 协议，实现与 MSC/VLR 联合的位置更新等操作，以减轻 HLR 以及无线信道上的信令负荷。借助于此接口，也可实现 SMS 业务的负荷分流。

6）Gr 接口：为 SGSN 与 HLR 之间的接口。该接口采用 7 号信令的 MAP 协议，使 SGSN 从 HLR 获得关于 MS 的相关签约业务数据。HLR 保存有 GPRS 的用户数据和路由信息。MS 在不同的 SGSN 之间移动时，HLR 将更新其记录的 SGSN 的信息，以便于系统能够时刻跟踪 MS 的位置。

（2）GPRS 系统的数据传输协议栈

GPRS 系统的数据传输协议栈如图 6.27 所示。

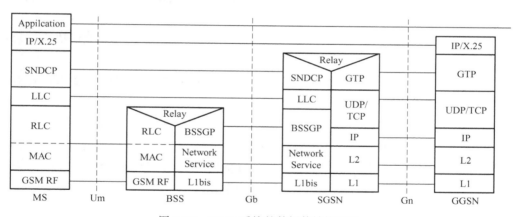

图 6.27　GPRS 系统的数据传输协议栈

GPRS 的数据传输协议栈是确保各节点能可靠通信的关键。其中各主要接口上的重要协议及其基本功能如下：

1）Gn 接口的协议

① GPRS 隧道协议（GPRS Tunnel Protocol，GTP）：该协议在 GPRS 的核心网部分（SGSN 和 GGSN 之间）采用隧道的方式建立逻辑信道，以传输用户的数据和控制信令。所有的用户数据与信令均采用 PDP 的分组数据单元，并以 GTP 来进行封装，然后传输。

② UDP/TCP：传输层协议，用来建立端到端的可靠连接链路。UDP 和 TCP 实现的功能与普通互联网中的功能相同。

③ IP/L2/L1：IP 层与互联网功能相似，实现 GPRS 核心网（骨干网）的网络层功能，即完成用户数据和控制信令的路由选择。L2/L1 实现数据链路层以及物理层功能。L2 常采

用以太网协议实现。

2）Gb 接口的协议 BSSGP

BSS GPRS 协议（BSS GPRS Protocol，BSSGP）的主要功能是提供与无线相关的数据、QoS 和选路信息，以满足在 BSS 和 SGSN 之间传输用户数据时的需要。在 BSS 中，它用作 LLC 帧和 RLC/MAC 块之间的接口；在 SGSN 中，它形成一个源于 RLC/MAC 的信息和 LLC 帧之间的接口。在 SGSN 和 BSS 之间的 BSSGP 协议具有一一对应关系，如果一个 SGSN 处理多个 BSS，这个 SGSN 对于每一个 BSS 都必须有一个 BSSGP 协议机制。BSSGP 协议的功能归纳如下：

① 在 SGSN 和 BSS 之间提供一个无连接的链路。

② 在 SGSN 和 BSS 之间非确认的传输数据。

③ 在 SGSN 和 BSS 之间提供了数据流量双向控制工具。

④ 处理从 SGSN 到 BSS 的寻呼请求。

⑤ 支持在 BSS 上旧信息的刷新。

⑥ 支持在 SGSN 和 BSS 之间的多层链路。

3）Um 接口的协议

① 子网汇聚协议（Sub – Network Dependent Convergence Protocol，SNDCP）：该传输功能将网络层特性映射成低层网络特性，执行用户数据的分段、压缩功能等。

② 逻辑链路控制（Logical Link Control，LLC）：为传输层协议提供端到端的可靠无差错的逻辑数据链路。

③ RLC：无线链路控制子层，属于链路层和网络层协议，提供与无线解决方案有关的可靠链路。

④ MAC：媒质接入控制层，属于链路层协议，控制无线信道的信令接入过程以及将 LLC 的帧映射成 GSM 的物理信道。

4. GPRS 的基本业务实现

在 GPRS 系统中，为了可靠地提供分组数据传送功能，首先需要解决的就是 MS 的移动性管理问题。此外，在 MS 发出接入外部数据网络的请求时，系统则必须根据用户所请求接入的 APN（接入点域名，即外部数据网网址），建立一条数据连接通道，以实现分组数据传送。

（1）GPRS MS 的附着

该过程实现 GPRS 系统对 MS 的移动性管理。图 6.28 描述了一个 MS 在两个 SGSN 之间实现位置改变所进行的附着业务处理过程（即 MS 在新的 SGSN 完成登记）。其业务处理实现过程简述如下：

1）MS 在新的 SGSN 区域发送附着请求消息（Attach_ Request），其中包括旧的路由区标识（RAI），旧的分组域临时移动用户身份标识（P_ TMSI）等。

2）新的 SGSN 利用旧的 RAI 确认旧的 SGSN，然后向旧的 SGSN 请求 MS 的 IMSI 号码。

3）如果旧的 SGSN 知道该 MS，则发送 MS 的 IMSI 以及鉴权三参数组给新的 SGSN。

4）如果 MS 在旧的 SGSN 中未知，则新的 SGSN 将命令 MS 发送自己的 IMSI 到新的 SGSN。

5）新的 SGSN 利用 IMSI 从 HLR 中获得鉴权三参数组。

6）新的 SGSN 对 MS 进行鉴权。

7）新的 SGSN 发送一个位置更新消息（Update_ Location）（包括 IMSI，新 SGSN 地址等

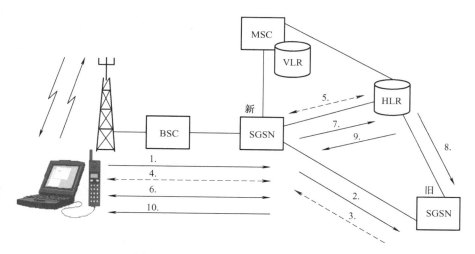

图 6.28　GPRS MS 的附着业务处理过程

信息）通知 HLR 该 MS 已经改变了 SGSN。

8）HLR 发送一个取消位置（Cancel_ Location）的消息给旧的 SGSN，便于它清除有关于此 MS 的相关数据。

9）HLR 发送用户数据给新的 SGSN。用户数据包括签约的 QoS，允许的接入网络等。

10）如果需要，SGSN 可为 MS 分配新的临时标识（P_ TMSI 和 TLLI）。

（2）GPRS 的 PDP 上下文激活

该业务的功能是在 MS 与外部分组数据网络之间建立端到端的分组数据传送通道。该过程涉及在 MS，SGSN 以及 GGSN 之间建立路由信息。

为了理解该过程，首先要了解 APN 的概念。APN 代表一个连接到 GPRS 网络的外部分组数据网络的一个业务提供者（例如百度网）。同时，它也标识了现有 GPRS 网络中的一个连接点，即某个特定的 GGSN。每个业务提供者在 GSM GPRS 网络中都用特定的 APN 来表示。APN 由 APN 的网络标识以及默认的该 APN 的运营商标识号来表示。其中 APN 的网络标识就是该业务提供者的互联网域名，例如：www. baidu. com。而默认的该 APN 的运营商标识通常由 GSM GPRS 运营商的移动国家码（Mobile Country Code，MCC）以及移动网络码（Mobile Network Code，MNC）组成。格式为：mncMNC. mccMCC. gprs。

例如：mcc460. mnc00. gprs 就是我国（MCC =460）的一个有效的默认 APN 的运营商标识。以下例子就是百度网的完整 APN 标识：

www. baidu. com. mcc460. mnc00. gprs

当 MS 在手机上发起了对某个 APN 的接入请求之后，GPRS 系统所进行的业务处理的简要过程如图 6.29 所示。

下面以 MS 访问百度网为例，说明 GPRS 的 MS 是如何接入到外部分组数据网的。

1）MS 在完成位置登记后，通过 BTS 和 BSC，将请求 PDP 上下文激活

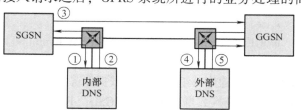

图 6.29　GPRS PDP 上下文激活的过程

（PDP Context Activation）的信令传到 SGSN，其中包含有百度网的 APN，即：www. baidu. com. mnc460. mcc00. gprs。在 SGSN 中，根据该 APN，在内部 DNS 中确定连接到百度网服务器的 GGSN，并获得该 GGSN 的 IP 地址，该地址为 GPRS 网内部有效的地址。

2）将此 GGSN 的 IP 地址送回 SGSN。

3）SGSN 立即利用此 IP 地址将请求 PDP 上下文激活（PDP Context Activation）的信令转发到该 GGSN。

4）当 GGSN 收到此请求后，提取出其中的 APN 网络标识（即 www. baidu. com），并将其送到外部 DNS 进行解析，即可获得百度网服务器的互联网 IP 地址。

5）GGSN 收到返回的 IP 地址后，就可以按照互联网通用的 IP 寻址方式，将与百度服务器建立数据连接的请求发到百度网服务器，当该服务器收到此请求，并确认建立连接之后，MS 就可以正常访问百度网了。

6.6.2 基于 GSM/GPRS 网络的数据增强型移动通信系统（EDGE）

相对于在 GSM 中以电路交换的方式来传输的非语音数据服务而言，GPRS 大大地提高了频谱的利用和开发，是一种重要的移动数据服务手段，然而却仍然存在一些限制，如：

（1）实际传输速度比理论速度低得多

在 GPRS 系统中，要达到理论上的最高传输速度 172.2kbit/s 的条件是：仅单一用户占用全部八个时隙，并且没有任何错误保护程序。在实际网络运行的情况下，营运商不可能允许单个 GPRS 用户占用全部时隙。此外，GPRS 终端的时隙支持能力也受到很大局限。因此，理论上最大速度要考虑到现实环境的约束而重新检验，通常仅可达到几十 kbit/s。

（2）终端不支持无线终止功能

启用 GPRS 服务时，一旦用户确认就服务内容的流量支付费用，则用户就要为不想收取的垃圾内容付费。GPRS 终端是否支持无线终止，直接威胁到 GPRS 的应用和市场开拓。

（3）传输延迟

GPRS 分组通过不同的方向发送数据，最终达到相同的目的地，那么数据在通过无线链路传输的过程中就可能发生一个或几个分组数据丢失或出错的情况。

（4）调制方式不是最优

GPRS 采用 GMSK（Gaussian Minimum – Shift Keying）的调制技术。而新提出来的 EDGE 的解决方案则是基于一种新的调制方法，即 8PSK（Eight – Phase – Shift Keying），它允许无线接口有更高的比特率。8PSK 也用于 UMTS（3G）。

正因为上述原因，新开发的 EDGE 技术迅速取代了 2.5G 的 GPRS 技术，将 2G 的移动通信技术推进到了 2.75G。

1. EDGE 的技术特点

EDGE（Enhanced Data Rate for GSM Evolution）规范是由第三代移动通信合作伙伴项目（3GPP）来负责制定的。根据相关规范的定义，EDGE 是一种能够增强高速电路交换数据业务（HSCSD）和通用分组交换无线数据业务（GPRS）的单位时隙内数据吞吐量的技术。将增强型高速电路交换数据业务称为 ECSD（Enhanced Circuit – Switched Data），将增强型通用分组交换无线数据业务称为 EGPRS（Enhanced GPRS）。目前国内所采用的 EDGE 主要是 EGPRS。

144

EDGE 是一种从 GSM 到 3G 的过渡技术，它主要是在 GSM 系统中采用了一种新的调制方法，即最先进的多时隙操作和 8PSK 调制技术。EDGE 技术主要影响现有 GSM 网络的无线接入部分，即收发基站（BTS）和 GSM 中的基站控制器（BSC），而对基于电路交换和分组交换的应用和接口并没有太大的影响。因此，网络运营商可最大限度地利用现有的无线网络设备，只需少量的投资就可以部署 EDGE，并且通过移动交换中心（MSC）和服务 GPRS 支持节点（SGSN）还可以保留使用现有的网络接口。事实上，EDGE 改进了这些现有 GSM 应用的性能和效率，并且为将来的宽带服务提供了可能。EDGE 技术有效地提高了 GPRS 信道编码效率及其高速移动数据标准，它的最高速率可达 384kbit/s，在一定程度上节约了网络投资，可以充分满足未来无线多媒体应用的带宽需求。

EDGE 是一种能够进一步提高移动数据业务传输速率和从 GSM 向 3G 过渡中的重要技术，它在接入业务和网络建设方面具有以下特点：

1）可以平滑过渡到 WCDMA。

2）提供接近 3G 的应用和用户感受。

3）与 GPRS 可以共用核心网络。

4）不需要重新进行无线小区频率规划。

5）完全兼容现有 GPRS 网络，任何 GPRS 业务均可稳定高效地在 EDGE 网络上运行。

6）可以提供三倍于 GPRS 的数据传输速率。

7）成倍增加 GPRS 网络的容量。

8）提高了无线频谱的利用率（数据传输速率 < 100kbit/s）。

9）可以和 GPRS 语音业务共享信道和无线频谱。

2. EDGE 的基本原理

EDGE 技术的先进性主要体现在全新的调制技术、灵活的编码方案和先进的数据重发机制三个方面。

（1）全新的调制技术

EDGE 的"高速数据吞吐率"主要得益于采用了 8PSK（八相键控）调制技术。GPRS 系统中系统采用 GMSK 相位调制技术（高斯最小移频键控，为两相键控），而 8PSK 技术则是在 2π 调制周期内定义八个均分的不同相位来区分每个传送符号，八种不同相位则可表示三个比特的信息量（000 ~ 111），而 GMSK 采用一比特表示一个符号，因此 8PSK 调制效率提高到 GMSK 的三倍。

EDGE 和 GPRS 调制技术的比较如图 6.30 所示。

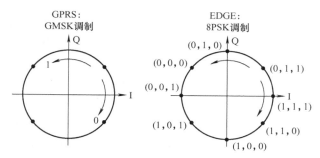

图 6.30　EDGE 和 GPRS 调制技术的比较

（2）灵活的编码方案

结合不同检错与纠错能力的信道编码方案，EDGE 共提供了九种不同的"调制编码方案"，见表 6.2。

表 6.2　EDGE 的调制编码方案

方　案	编码速率	调制方式	一个无线分组包括的 RLC 分组数	类别	头部编码速率（kbit/s）	数据速率（kbit/s）
MCS – 1	0.53	GMSK	1	C	0.53	8.8
MCS – 2	0.66	GMSK	1	B	0.53	11.2
MCS – 3	0.85	GMSK	1	A	0.53	14.8
MCS – 4	1.0	GMSK	1	C	0.53	17.6
MCS – 5	0.37	8PSK	1	B	1/3	22.4
MCS – 6	0.49	8PSK	1	A	1/3	29.6
MCS – 7	0.76	8PSK	2	B	0.36	44.8
MCS – 8	0.92	8PSK	2	A	0.36	56.4
MCS – 9	1.0	8PSK	2	A	0.36	59.2

较之使用单一调制技术的 GPRS 提供的四种"编码方案"，EDGE 可以适应更恶劣、更广泛的无线传播环境。在相同带宽内，EDGE 最高可以提供六倍于 GPRS 的数据速率。九种 MCS 根据相互之间的相关特性被分为三组，即 Family A（MCS – 3，MCS – 6，MCS – 8，MCS – 9）、Family B（MCS – 2，MCS – 5，MCS – 7）和 Family C（MCS – 1，MCS – 4）。各组内的几种编码方案的结构之间具有相互包含或被包含的关系，更易于实现编码速率的转换。其中 MCS1 ~ MCS4 采用 GMSK 高斯最小相移键控调制方法，这时容错保护能力强，数据吞吐量就相对低；MCS5 ~ MCS9 采用 8 – PSK 调制方法，数据吞吐能力较强。

与 GMSK 方式下的恒定调制功率包络不同，8PSK 调制功率包络是变化的，平均值小于峰值；而移动台测量的网络电平以平均功率为准，降低的测量功率会缩减小区的有效业务半径，从而影响系统的综合容量。因此为了保证网络吞吐率达到理想水平，必须将功率放大器的峰值指标提高至少 3dB 以抬高平均值。

图 6.31 为 EDGE 编码方案。

（3）先进的数据重发机制

EDGE 在数据发送和重发机制上采用了链路适配（Link Adaptation）和增量冗余（Incremental Redundancy）功能，数据重发成功率较 GPRS 平均提高 10% ~ 20%。

链路适配功能根据精确的无线链路质量及时调整最适合的 MCS 方案。正常数据块传输正确情况下，转换可以在九种数据速率之间进行，从而获得传输质量与吞吐率的最佳平衡。当无线环境恶化而导致数据块错传而需重传时，编码速率可在同一组内的具有包含关系的几种 MCS 之间互相转换，前后数据块所携带的冗余信息因此具有足够的相关性以便于解调；而 GPRS 没有链路状况适配机制，因此重发成功的概率依赖于无线环境的变化，在多数情况下只会加重网络的负担、浪费网络资源，且无法改善传输质量而导致不断重发、系统效率急剧恶化。

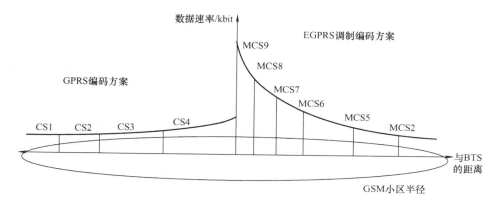

图 6.31　EDGE 编码方案

增量冗余结合了简单的前向纠错机制 FEC 和自动重发机制 ARQ 两种技术，在重发信息中加入更多的冗余信息从而提高接收端正确解调的概率。当接收端检测到故障帧时，GPRS会删除收到的故障数据块，并要求发送端再次重发相同的数据块，属于简单的混合自动重发请求。而 EDGE 采用的重发机制实际上就是全增量混合重发请求，即在前后相继的若干个数据块中加入的冗余纠错比特具有部分相关性，因此 EDGE 会在接收端存储故障数据块而不是删除。当发送端重发一个使用同组内不同 MCS 数据块，接收端会综合前次故障数据块中的信息比特、冗余信息，本次信息比特、冗余信息等多方信息来进行综合检错纠错分析后作相关解调接收，以冗余的信息量提高接收成功率。图 6.32 描述了 EDGE 先进的数据重发机制。

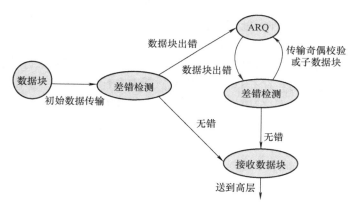

图 6.32　EDGE 先进的数据重发机制

3. EDGE 在 GSM 网络中的部署

由于 EDGE 是从 GPRS 改进发展而来，大量的设备在部署 EDGE 时均可以平滑过渡，从而确保对 GSM 网络其他业务的影响降到最小。

一般提供 EDGE 设备的公司，均将 EDGE 网络部署架构在 GPRS 网络之上，以使运营商系统升级费用低、风险小。通常 EDGE 应该和话音、GPRS 共载频，同时支持话音、GPRS和 EDGE 手机的接入，支持 EDGE 的所有编码方式（MCS1～9），动态链路适应（Link Adaptation）及 IR（Incremental Redundancy）功能，同时采用先进的动态算法，能根据无线条件尽可能地采用高编码方式。和 CS3/4 相比，EDGE 需要更高的 C/I。

无线网络的优化是实施 EDGE 的重要前提。因此在部署 EDGE 时，还需要在 GSM 话音优化的基础上对 GPRS/EDGE 数据业务进行优化。

在 EDGE 部署时，需要考虑如下几个方面的问题：

1）软件部分：EDGE 功能的引入，必将涉及相应软件功能的修改与新增，故原有的相关软件在升级完成并经过运营商网络现场测试通过后，方可正式进入商用。

2）核心网部分：应将软件版本升级到可支持 EDGE 的版本。

3）BSC 部分：通常硬件无须改动，只需软件升级，即增加相应可选择 EDGE 功能的选项。

4）PCU 部分：功能不变，故硬件无须改动，只需软件升级。

5）基站部分：多数厂家的 EDGE 设备的变化都仅出现在此部分。例如：爱立信公司升级基站软件，并利用全新的载频板替换原有 GPRS 的载频板；而摩托罗拉公司则是对原有基站进行软件升级，并在现有机柜插入新型的载频板。

6）手机终端部分：此时需要用户更新手机终端为可支持 EDGE 相关技术的终端，方可正常使用 EDGE 功能。

思考与练习题

1. 简述 GSM 数字移动通信系统的优点。
2. 画出 GSM 系统的组成框图，并简述各组成部分的作用。
3. GSM 系统中有哪些重要的数据库？存储何种信息？
4. 在 GSM 系统中采用何种多址技术？
5. 什么叫物理信道？什么是逻辑信道？
6. 简述 GSM 系统中逻辑信道是如何分类的，各类信道分别起什么作用？
7. 什么是突发脉冲序列？在 GSM 中有几种？分别在什么信道中应用？
8. 画出普通突发脉冲序列（NB）的结构，并简述各部分的作用。
9. 简述逻辑信道是如何映射到物理信道上的。
10. SIM 卡有哪些功能？存储哪些信息？
11. 什么是 CDMA？CDMA 多址方式有哪些特点？
12. 简述地址码在 IS-95 CDMA 系统中的应用。
13. 简述 CDMA 中地址同步过程。
14. 分集技术和合并技术有哪几种？在 CDMA 中采用了哪些分集技术和合并技术？
15. 在 IS-95 CDMA 系统中采用了何种语音编码技术？其数据速率如何选择？
16. 在前向链路和反向链路中信号是如何进行处理的？
17. 在 CDMA 系统中移动台的呼叫处理包含哪些状态？
18. 画出 GPRS 系统的组成框图，并简述各组成部分的作用。
19. 简述 MS 是怎样通过 GPRS 网络接入外部数据网络的。
20. 简述 EDGE 的特点，并说明 EDGE 与 GPRS 的异同。

第7章 3G移动通信系统

20世纪80年代末到90年代初，第二代数字移动通信系统刚刚出现，第一代模拟移动通信还在大规模发展。当时的一个主要情况是第一代移动通信系统制式繁多，第二代移动通信系统也只实现了区域内制式的统一，而且覆盖也只限于城市地区。这时，用户希望通信界能在短期内提供一种能实现真正意义上的全球覆盖，带宽更宽、业务更灵活，并且使终端能在不同的网络间无缝漫游的系统，以取代第一代和第二代移动通信系统。为此国际电联（ITU）提出了未来公共陆地移动通信系统（Future Plans for Land Mobile Telecommunications System，FPLMTS）的概念，将其命名为 IMT - 2000（International Mobile Telecom System - 2000），即第三代移动通信系统（3G）。IMT - 2000 包括地面系统和卫星系统，其终端既可连接到基于地面的网络，也可连接到卫星通信的网络。目前，3G 包含三种主流标准：WCDMA、CDMA2000 和 TD - SCDMA。

7.1 概述

1. 3G发展背景

1985 年，ITU 着手进行未来移动通信网络技术的研究，最初它被命名为 FPLMTS，首要目标是实现全球的无缝漫游。与此同时，欧洲电信标准协会（European Telecommunications Standards Institute，ETSI）也开始研究未来 GSM 系统发展的替代者，ETSI 将这一未来的通信系统称为通用移动通信系统（Universal Mobile Telecommunications System，UMTS）。1991 年，ITU 正式成立 TG8/1 任务组，负责 FPLMTS 标准制定工作。1992 年 ITU 召开世界无线通信系统会议，将第三代通信系统使用的核心频段进行了划分。考虑到该系统的工作频段在2000MHz，最高业务速率为 2000kbit/s，而且将在 2000 年左右商用，于是 ITU 在 1996 年将第三代移动通信系统正式命名为 IMT - 2000，ITU 通过 IMT - 2000 定义了未来 3G 系统应该实现的一些重要性能指标。在 1997 年初，ITU 向世界各国发出通函，要求各国在 1998 年 7 月之前提交 IMT - 2000 的技术方案。

由于 GSM 系统的巨大成功，欧洲的电信运营商和设备制造商对建立全新移动网络的研究有所减缓，在 ITU 将未来 IMT - 2000 移动通信发展的规划明确下来之后，从 1995 年开始，ETSI 重新加速了对 UMTS 标准的制订工作。1998 年 1 月，ETSI 选择了两个无线传输技术作为向 ITU 提交的 UMTS 地面无线接入技术。我国的标准组织也提交了具有中国自主知识产权的 TD - SCDMA 提案，并被接纳。1999 年 10 月在芬兰赫尔辛基举行的 ITUTG8/1 会议最终确定了 IMT - 2000 所包含的五种技术标准，这五种技术标准中有三种是基于 CDMA 技术的，有两种是基于 TDMA 技术的。

1998 年底，两个专门从事 3G 技术规范标准化工作的项目组织成立了，即 3GPP（3rd Generation Partnership Project，第三代合作伙伴计划）和 3GPP2。3GPP 工作的目的是将 IMT - 2000 中多个基于宽带 CDMA 技术的 3G 技术提案融合在一起，进行统一标准化。3GPP2 则是将基于 IS - 95 技术的 CDMA2000 技术方案进行标准化。

最终，欧洲提出的 WCDMA 标准、美国提出的 CDMA2000 标准和中国提出的 TD - SCDMA 标准成为事实上的 3G 技术的主流。

2. IMT - 2000 系统的总体要求

3G 系统是首个以"全球标准"为目标的移动通信系统，旨在提供比 2G 更大的系统容量、更高的传输速率、更优良的通信质量、更丰富的业务类型。ITU 在对 IMT - 2000 系统进行定义时，提出了必须满足的一些指标特性：

1）支持全球漫游，支持 2G 与 3G 之间的相互漫游。

2）上、下行链路适应于传输不对称业务的需要。传统的话音业务是对称传输，而数据业务常常是不对称传输。

3）对多媒体业务的支持。

4）高的频谱使用率。

5）同时支持电路域的服务和分组域的服务。

6）数据传输速率的要求：在高速移动情况下达到 144kbit/s；在低速移动情况下达到 384kbit/s；在室内环境下最高能够达到 2Mbit/s。

3. IMT - 2000 系统的特点

IMT - 2000 系统有以下主要特点：

1）IMT - 2000 具有全球性漫游的特点。虽然经过国际标准化组织的努力，最终还是没有将所有的候选技术合并成一个无线接口。但是，已经使几个主流的无线接口技术间的差别尽可能地缩小了，为实现多模多频终端打下了很好的基础。

2）IMT - 2000 系统的终端类型多种多样。IMT - 2000 系统的终端包括普通语音终端、与笔记本电脑相结合的终端、病人的身体监测终端、儿童的位置跟踪及其他各种形式的多媒体终端等。

3）IMT - 2000 系统除提供质量更佳的语音和数据业务外，还能提供一个很宽范围的数据速率，不对称数据传输能力；有更高级的鉴权和加密算法，提供更强的保密性。

4）IMT - 2000 能与第二代系统共存和互通。系统的结构是开放式和模块化的，可很容易地引入更先进的技术和不同的应用程序。

5）IMT - 2000 系统包括卫星和地面两个网络，适用于多环境。同时具有更高的频谱利用率，可降低同样速率的业务的价格。

6）IMT - 2000 系统可同时提供语音、分组数据和图像，支持多媒体业务。用户实际得到的业务将依赖于终端能力、属于的业务集及相应的网络运营者能够提供的业务集。

4. IMT - 2000 系统结构

（1）系统组成

IMT - 2000 系统主要由四个功能子系统构成，即核心网（CN）、无线接入网（RAN）、移动终端（MT）和用户识别模块（UIM），如图 7.1 所示。

1）核心网（CN）：提供信息的交换和传输，可采用分组交换或 ATM 网络，最终将过渡到全 IP 网络，并与 2G 系统核心网兼容。

2）无线接入网（RAN）：实现无线传输功能。

3）移动终端（MT）：为移动用户提供服务的设备，它与无线接入网之间的通信链路为无线链路。

4）用户识别模块（UIM）：存储接入网络系统的标识。

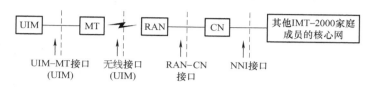

图 7.1　IMT－2000 系统的功能模型

（2）系统标准接口

由于 3G 的标准统一非常困难，IMT－2000 放弃了在空中接口、网络技术等方面一致性的努力，而致力于制定网络接口的标准和互通方案。ITU 定义了四个标准接口。

1）网络与网络之间的接口（NNI）：ITU 在网络部分采用了"家族概念"，此接口是指不同家庭成员之间的标准接口，是保证互通和漫游的关键接口。

2）无线接入网与核心网之间的接口（RAN－CN 接口）。

3）无线接口（UNI）：移动通信系统中最重要的接口。

4）用户识别模块和移动台之间的接口（UIM－MT 接口）。

（3）3G 无线接口的分层结构

3G 系统无线接口的设计通常采用三层结构。由于 3G 需要同时支持电路型业务和分组业务，并支持不同质量、不同速率业务，因而其具体协议组成相较于 2G 系统要复杂得多。3G 系统无线接口各层的主要功能如下。

1）物理层：由一系列下行物理信道和上行物理信道组成。

2）链路层：由媒体接入控制 MAC 子层和链路接入控制 LAC 子层组成。MAC 子层根据 LAC 子层的不同业务实体的要求对物理层资源进行管理与控制，并负责提供 LAC 子层的业务实体所需的 QoS 级别。LAC 子层采用与物理层相对独立的链路管理与控制，并负责提供 MAC 子层所不能提供的更高级别的 QoS 控制，这种控制可以通过 ARQ 等方式来实现，以满足来自更高层业务实体的传输可靠性。

3）高层：集 OSI 模型中的网络层、传输层、会话层、表示层和应用层为一体。高层实体主要负责各种业务的呼叫信令处理，语音业务（包括电路类型和分组类型）和数据业务（包括 IP 业务，电路和分组数据，短消息等）的控制与处理等。

5. 2G 向 3G 的演进

出于对已经建成网络投资的保护以及网络演进方案的平滑过渡，3G 系统在设计时必须考虑和已有的 2G 系统的兼容性。从 2G 系统到 3G 的演进方案主要包括三个层面：空中接口技术的演进、网络体系结构的演进和业务方面的演进。

空中接口技术的演进主要体现在系统在网络设备与移动终端之间传输数据能力的提高，可以说，数据速率能力的提高是整个网络业务应用得以改进的前提条件。

网络体系结构的演进一方面体现在网络拓扑结构的变化和改进上，另外也体现在系统采用的传输技术的改进上。移动通信网结构的发展趋势是全 IP 化，即通过这种全 IP 化来更好地完成与 Internet 等其他网络的互通与融合。3G 系统的网络体系结构如图 7.2 所示。

从技术层面而言，空中接口技术的发展是 3G 技术的最显著特征。根据 2G 时代的主流技术（GSM、IS－95、北美的 TDMA 以及日本的 PDC），可以清晰地看到 3G 技术演进的路线，如图7.3所示。

从 GSM 的演进来看，沿袭由 GSM 到 GPRS 的技术路线，在 GPRS 基础之上，有的国家和地区已经大量使用了 EDGE 技术。GPRS 技术和 EDGE 技术是在维持 GSM 系统基础上进行的改进和提高。GPRS 在 GSM 系统中引入了对分组交换功能的支持，GPRS 在设计上充分考虑了分组业务突发传输的特性。EDGE 技术则是在 GPRS 基础上的改进，EDGE 系统在空中接口上采用新的调制技术，从而有效地提高了空中接口的数据传输速率，理论上 EDGE 可以达到 384kbit/s 甚至更高。

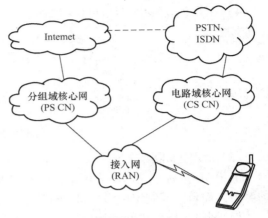

图 7.2　3G 系统的网络体系结构

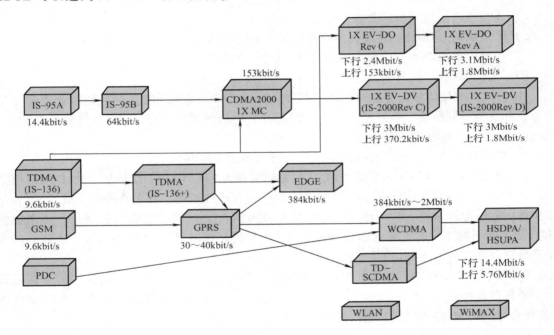

图 7.3　3G 技术演进路线

WCDMA 系统由 GSM 系统演进而来，它将最大限度地兼容 GSM 系统原有的核心网结构，但是由于 WCDMA 系统使用基于 CDMA 的空中接口技术，这与 GSM 系统空中接口使用的 TDMA 技术是完全不同的接入技术，所以 WCDMA 的接入网相对于 GSM 原有的接入网是一个全新的网络。而且由于使用的空中接口技术不同，WCDMA 也不能使用与 GSM 系统相同的频谱，在依然维持现存 GSM 网络设备的前提下，必须为 WCDMA 系统分配新的频谱。WCDMA 进一步的演进方向是 HSDPA/HSUPA。HSDPA 技术通过使用自适应编码调制、快速重传等技术，理论上允许最大 14.4Mbit/s 的下行空中接口数据传输速率。而相应地，HSU-PA 理论上允许 5.76Mbit/s 的上行空中接口数据传输速率。

从 GPRS 向 3G 进行技术演进的另一条途径就是我国具有自主知识产权的 TD‐SCDMA。

TD - SCDMA 是基于时分双工（上下行链路使用相同频谱）的 3G 技术。TD - SCDMA 的技术规范与 WCDMA 技术规范一起在 3GPP 中定义，TD - SCDMA 与 WCDMA 的不同点主要体现在空中接口的底层技术方面。在核心网层面，TD - SCDMA 系统和 WCDMA 系统可以共享设备。TD - SCDMA 采用了联合检测、智能天线和软件无线电等多项新技术，由于采用时分技术，所以更有利于上下行不对称业务的传输。

CDMA 向 3G 的演进过程中，曾经存在过 CDMA2000 lx 与 CDMA2000 3x 两种方案。在目前的实际系统中，使用的都是基于 lx 技术的系统，而 CDMA2000 lx 之后的 EV - DO 和 EV - DV 技术也都是使用一个载频的 CDMA 技术。CDMA2000 lx 技术由于建立在已有的 IS - 95 系统之上，所以在空中接口上能够保证较好的兼容，CDMA2000 系统和 CDMAIS - 95 系统不仅在核心网，而且在接入网方面都可以做到后向兼容。运营商现有的 CDMA 网络可以通过网络的升级直接过渡到 CDMA2000 lx。

7.2　3G 新兴业务及应用

第二代移动通信技术已经可以为用户提供简单的数据业务（例如 WAP 和彩信），但 2G 网络的数据承载能力有限，使之成为移动数据业务进一步发展的瓶颈。第三代移动通信技术就是为了适应移动业务发展的需求而产生的。与 2G/2.5G 技术相比，针对数据业务发展的要求，3G 技术显著地提高了空中接口的数据传输速率，这为新型数据业务的发展以及进一步的网络融合提供了技术保障。

在 2G 技术中，应用最广泛的是语音与简单的数据业务。在 3G 中，高速流媒体和视频电话应用等则是典型的第三代通信业务。在未来，多媒体应用将会在移动通信中占据越来越重要的地位。

概括起来，3G 可以提供以下类型的业务应用：

1）基本电信业务：例如语音业务、紧急呼叫、短消息业务等。

2）补充业务：如呼叫转移、多方通信等。

3）承载业务：3G 提供电路域承载业务和分组域承载业务，可以根据业务类型的不同，提供不同 QoS 要求的承载业务。

4）智能网业务：如在 WCDMA 中，依旧可以使用 GSM 系统中基于 CAMEL 机制的智能网业务。

5）位置业务：移动性是移动通信与固定通信的最本质区别，3G 提供了多种定位技术作为对位置业务的支持，例如 CEIX - W、OTDOA、A - GPS 等。与用户移动性息息相关的位置服务将会得到越来越普遍的应用，利用移动终端进行导航就是这种应用的一个典型实例。

6）多媒体业务：3G 系统为用户提供了更高的数据传输速率以及较好的 QoS 控制机制，这些都为多媒体应用提供了技术条件。另外，为了更好地支持多媒体业务，WCDMA 在 R5 中引入了一个新的 IMS 多媒体应用平台，通过 IMS，可以实现移动多媒体应用与 Internet 多媒体应用的融合。

需要说明的是，3G 中的业务并不是孤立的，多种业务之间会有相互重叠、结合。从业务演进方向来看，在 2G 通信中，基本都是电路域业务。对于电路域业务而言，每个呼叫占用固定的带宽，这对系统资源的有效使用、业务的灵活性、业务的进一步融合都是不利的。从业务发展的趋势来看，移动通信与 Internet 的融合是必然的趋势。从长远来看，所有的实时、非实时业务都会在基于 IP 的分组交换域上进行实现，IMS 就是针对这一业务发展方向设计的。随着 QoS 技术的不断改进，基于 IP 的多媒体业务，特别是基于 IP 的实时业务在未来移动通信中将得到广泛应用。

7.3 实现 3G 的关键技术

1. 初始同步与 Rake 多径分集接收技术

CDMA 通信系统接收机的初始同步包括 PN 码同步、符号同步、帧同步和扰码同步等。CDMA2000 系统采用与 IS – 95 CDMA 系统类似的初始同步技术，即通过对导频信道的捕获建立 PN 码同步和符号同步，通过同步信道的接收建立帧同步和扰码同步。WCDMA 系统的初始同步则需要通过"三步捕获法"进行，即通过对基本同步信道的捕获建立 PN 码同步和符号同步；通过对辅助同步信道的不同扩频码的非相干接收，确定扰码组号等；最后，通过对可能的扰码进行穷举搜索，建立扰码同步。

为解决移动通信中存在的多径衰落问题，系统采用 Rake 分集接收技术，这在前面第四章中已作介绍。为实现相干 Rake 接收，需发送未调导频信号，使接收端能在确定已发数据的条件下估计出多径信号的相位，并在此基础上实现相干方式的最大信噪比合并。WCDMA 系统采用用户专用的导频信号；而在 CDMA2000 系统下行链路采用公用导频信号，用户专用的导频信号仅作为备选方案用于使用智能天线的系统，上行信道则采用用户专用的导频信道。Rake 多径分集技术的另一种重要的体现形式是宏分集及越区切换技术，WCDMA 和 CDMA2000 都支持。

2. 高效信道编译码技术

3G 另一核心技术是信道编译码技术。在 3G 主要提案中除采用 IS – 95 系统相类似的卷积编码技术和交织技术外，还建议采用 Turbo 编码技术。在高速率、对译码时延要求不高的数据链路中使用 Turbo 码以利于其优异的纠错性能；在语音和低速率、对译码时延要求比较苛刻的数据链路中使用卷积码，在其他逻辑信道中也使用卷积码。

3. 智能天线技术

智能天线是雷达系统自适应天线阵在通信系统中的新应用。由于其体积庞大、计算复杂，目前仅适合在基站系统中应用，用于扩大基站的覆盖范围、提高系统容量和业务质量。

智能天线技术较适用于 TDD 方式的 CDMA 系统，能在较大程度上抑制多用户干扰，提高系统容量。实现的关键技术为：多波束形成技术、自适应干扰抑制技术、空时二维的 Rake 接收技术、多通道的信道估计和均衡技术。困难在于存在多径效应，每个天线均需一个 Rake 接收机，使基站处理单元复杂度提高。

WCDMA 和 CDMA2000 都支持智能天线的关键技术，但 WCDMA 可在整个覆盖区域内实现多波束切换技术，而 CDMA2000 一般在局部热点区域内实现；另外，由于 WCDMA 标准中定义了专用导频，容易实现自适应天线阵列技术，而 CDMA2000 未定义下行专用导频，实现相对较困难。

4. 多用户检测技术

多径衰落环境下，各用户的扩频码通常难以保证正交，因此造成多个用户之间的相互干扰，并限制系统容量的提高。解决此问题的一个有效方法是使用多用户检测技术。多用户检测（MUD）称为联合检测和干扰对消，降低了多址干扰，可以消除远近效应问题，从而提高系统的容量。

多用户检测技术的基本思想是把所有用户的信号都当作有用信号，而不是当作干扰信号来处理，充分利用各用户信号的用户码、幅度、延迟等先验信息，将所有用户信号的分离看做一个统一的过程。

多用户检测通过测量各用户扩频码间的非正交性，用矩阵求逆方法或迭代方法消除多用户间的相互干扰。CDMA 系统中，对某个用户来说，其他用户的信号均为干扰，而每个用户的信号都存在多径信号，因此，基站接收端的等效干扰用户等于正在通话的移动用户数乘以基站端可观察到的多径数。这意味着在实际系统中等效干扰用户数将多达数百个，使算法过于复杂，实现多用户检测技术的关键是把多用户干扰抵消算法的复杂度降低到可接受的程度。

5. 功率控制技术

CDMA 系统是一个自干扰系统，所有用户共用相同的频带，且各用户的扩频码之间存在着非理想的相关特性，用户发射功率的大小将直接影响系统的总容量，因此，功率控制技术是 CDMA 系统中的核心技术。CDMA 功率控制的目的就是克服"远近效应"，使系统既能维持高质量通信，又能减小对其他用户产生的干扰。

在 WCDMA 和 CDMA2000 中，上行信道采用开环、闭环和外环功率控制技术，下行信道采用了闭环和外环功率控制技术，但两者的闭环功率控制速度有所不同，前者为每秒1600 次，后者为每秒 800 次。外环功控是指通过对接收误帧率的计算，确定闭环功控所需的信干比门限，通常需采用变步长方法，以加快对信干比门限的调节速度。总之，功率控制的原则是在可以满足无线链路传输质量的前提下，尽可能减小发送端的发射功率，进而尽可能减少用户专用链路对其他用户的干扰。

7.4　WCDMA 移动通信系统

7.4.1　WCDMA 技术概述

1. 技术指标

WCDMA 是一种直接序列码分多址（DS-CDMA）技术，信息被扩展成 3.84MHz 的带宽，然后在 5MHz 的带宽内进行传送。WCDMA 作为 IMT-2000 的一个重要分支，是目前世界范围内应用最广泛的一种 3G 技术。

WCDMA 具有以下特点：

1）信号带宽：5MHz。

2）码片速率：3.84Mchip/s。

3）调制方式：上行为 HPSK，下行为 QPSK。

4）解调方式：导频辅助的相干解调。

5）语音编码：AMR。

6）信道编码：话音信道采用卷积码。

7）适应多种速率的传输，可灵活提供多种业务，并根据不同的业务质量和业务速率分配不同的资源。同时对多速率、多媒体的业务，可通过改变扩频比和多码并行传送的方式来实现。

8）上下行快速、高效的功率控制大大减少了系统的多址干扰，提高了系统容量，同时也降低了传输的功率。

9）核心网基于 GSM/GPRS 网络的演进，并保持与它们的兼容性。

10）基站之间无需同步。因基站可收发异步的 PN 码，即基站可跟踪对方发出的 PN 码，同时移动终端也可用额外的 PN 码进行捕获与跟踪，因此可获得同步，支持越区切换及宏分集，而在基站之间无需进行同步。

11）支持软切换、更软切换，切换方式包括三种：扇区间更软切换、小区间软切换和载频间硬切换。

2. WCDMA 标准的演进

WCDMA 标准由 3GPP 推动，目前的协议版本包括 R99、R4、R5、R6、R7 等。其中，R99 是基于 GSM 的核心网，确定了 WCDMA 无线传输技术的接口，引入新的无线接入网。R4 在核心网电路域中实现了软交换，即将传统的 MSC 分离为媒体网关和 MSC 服务器两个部分，向全 IP 的核心网迈出了第一步。R5 是全 IP 核心网的第一个版本，引入了 IP 多媒体子系统（IMS），无线接入网定义了采用 IP 传输的可选方式，无线接口部分支持 HSDPA 技术，下行数据传输速率最高可达 10Mbit/s。R6 支持 HSUPA 技术，在上行链路支持增强技术，提高上行的数据传输速率。R7 中介绍了 HSPA + 技术（HSPA 的演进技术），进一步提升了下行的数据传输速率。

7.4.2 无线接口的分层

无线接口是各移动通信系统的关键技术，最基本区别在于其物理层。在此首先介绍第三代移动通信系统的无线接口的分层结构、各层的功能及相互之间的关系。

无线接口指用户设备 UE 和网络之间的 Um 接口，由层 1、层 2 和层 3 组成。层 1（L1）是物理层，层 2（L2）和层 3（L3）描述 MAC、RLC 和 RRC 等子层。整个无线接口的分层结构如图 7.4 所示，图中不同层间的圆圈部分为业务接入点 SAP。

1. 无线资源控制层（RRC）

RRC 位于无线接口的第三层，它主要处理 UE 和 UTRAN 的第三层控制平面之间的信令，包括处理连接管理功能、无线承载控制功能、RRC 连接移动性管理和测量功能。

2. 媒体接入控制层（MAC）

MAC 层屏蔽了物理介质的特征，为高层提供了使用物理介质的手段。高层以逻辑信道的形式传输信息，MAC 完成传输信息的有关变换，以传输

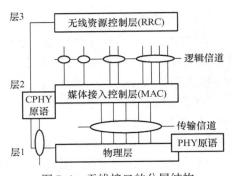

图 7.4　无线接口的分层结构

信道的形式将信息发向物理层。

3. 物理层

物理层是 OSI 参考模型的最底层，它支持在物理介质上传输比特流所需的操作。物理层与层 2 的 MAC 子层和层 3 的 RRC 子层相连。物理层为 MAC 层提供不同的传送信道，传送信道定义了信息是如何在无线接口上进行传送的。MAC 层为层 2 的无线链路控制 RLC 子层提供了不同的逻辑信道。逻辑信道定义了所传送的信息的类型。物理信道在物理层进行定义，物理信道是承载信息的物理媒介。物理层接收来自 MAC 层的数据后，进行信道编码和复用，通过扩频和调制，送入天线发射。物理层的数据处理过程如图 7.5 所示。物理层技术的实现如图 7.6 所示。

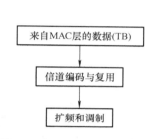

图 7.5　物理层的数据处理过程

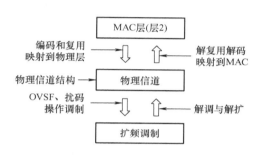

图 7.6　物理层技术的实现

7.4.3　信道结构

在 WCDMA 系统的无线接口中，从不同协议层次上讲，承载用户各种业务的信道被分为三类，即逻辑信道，传输信道，物理信道。逻辑信道属于 MAC 层向 RLC 层提供的数据传输服务，RCL 层将更上层的 RB 映射到相应的逻辑信道，MAC 层则将逻辑信道映射和复用到传输信道上。逻辑信道直接承载用户业务，所以根据承载的是控制平面业务还是用户平面业务分为两大类，即控制信道和业务信道；传输信道是无线接口第二层和物理层的接口，是物理层对 MAC 层提供的服务，所以根据传输的是针对一个用户的专用信息还是针对所有用户的公用信息而分为专用信道和公共信道两大类；物理信道是各种信息在无线接口传输时的最终体现形式，每一种使用特定的载波频率、扩频码及载波相对相位（0 或 $\pi/2$）和相对时间的信道都可以理解为一类特定的物理信道。

1. 逻辑信道

逻辑信道根据其传输数据的不同可分为控制信道和业务信道，控制信道用于传输用户面的控制信息，业务信道用于传输用户面的业务数据（包括电路域和分组域数据）。逻辑信道的分类如图 7.7 所示。

1) 控制逻辑信道

控制逻辑信道有 4 种类型：广播控制信道（BCCH）、寻呼控制信道（PCCH）、公共控制信道（CCCH）、专用控制信道（DCCH）。

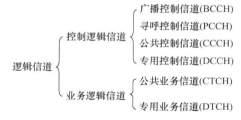

图 7.7　逻辑信道的分类

2）业务逻辑信道

业务逻辑信道分为公共业务信道（CTCH）和专用业务信道（DTCH）。其中公共业务信道为下行逻辑信道，用于点到多点的组播业务。专用业务信道为双向逻辑信道，用于传输 UE 专用业务信息，包括 PS 域和 CS 域的业务数据。

2. 传输信道

传输信道是物理层给 MAC 层提供的服务，是定义数据是怎样在空中接口中传输的，类似于 GSM 系统中的逻辑信道。传输信道通常分成两类：专用传输信道和公共传输信道。传输信道的分类如图 7.8 所示。

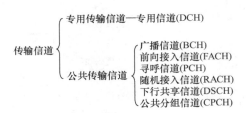

图 7.8　传输信道的分类

在公共传输信道中所有或某一组用户都要对该信道的信息进行解码，即使该信道的信息在某一时刻是针对一个用户的。但当针对某一个用户时，该信道必须包含该用户 UE 的识别码 ID。

专用传输信道的信息在某一时刻只能针对一个用户的，所以每一时刻只有一个用户需要对该信道的信息进行解码，此时，UE 是通过物理信道来识别的。

（1）专用传输信道

WCDMA 中只有一种专用传输信道，即专用信道（DCH）。DCH 包括上行和下行传输信道，主要用来传送网络和特定 UE 之间的数据信息或控制信息。DCH 可在整个小区中进行全向传输，也可采用智能天线技术进行波束成型，针对某用户进行传输。DCH 可进行快速信息速率改变、快速功率控制和宏分集、软切换等。

（2）公共传输信道

公共传输信道共有六种类型：广播信道（BCH）、前向接入信道（FACH）、寻呼信道（PCH）、随机接入信道（RACH）、下行共享信道（DSCH）和公共分组信道（CPCH）。

3. 物理信道

物理信道可以由某一载波频率、码（信道码和扰码）、相位确定。在采用扰码与扩频码的信道里，扰码或扩频码任何一种不同，都可以确定为不同的信道。一般物理信道包括三层结构：超帧、无线帧和时隙。

WCDMA 中，一个超帧长 720ms，包括 72 个无线帧。超帧的边界是用系统帧序号 SFN 来定义的：当 SFN 为 72 的整数倍时，该帧为超帧的起始无线帧；当 SFN 为 72 的整数倍减 1 时，该帧为超帧的结尾无线帧。

无线帧是一个包括 15 个时隙的信息处理单元，时长 10ms。

时隙是包括一组信息符号的单元，每个时隙的符号数目取决于物理信道，一个符号包括许多码片，每个符号的码片数量与物理信道的扩频因子相同。

物理信道分为上行物理信道和下行物理信道，其分类如图 7.9 所示。

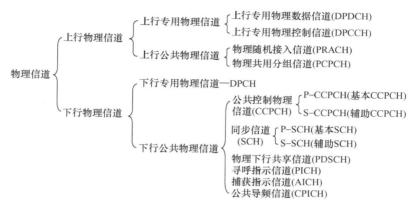

图 7.9　物理信道的分类

7.4.4　信道编码和复用

为保证高层的信息数据在无线信道上可靠传输，需对来自 MAC 和高层的数据流（传送块/传送块集）进行编码/复用后在无线链路上发送，并且将无线链路上接收到的数据进行解码/解复用再送给 MAC 和高层。信道编码/复用包括非压缩和压缩两种模式。

非压缩模式下，到达编码/复用功能模块的数据以传送块集合的形式传输，在每个传送时间间隔 TTI 传输一次，传送时间间隔可以是集合 {10ms，20ms，40ms，80ms} 中的一个值。编码/复用的步骤如下：给每个传送块加 CRC，传送块级联和码块分段，信道编码，速率匹配，插入非连续传输 DTX 指示比特，交织，无线帧分段，传输信道复用，物理信道的分段，到物理信道的映射。

差错检测功能是通过传送块上的循环冗余校验 CRC 实现，每个传输信道的 CRC 长度由高层决定；传送块级联是指在一个 TTI 中的所有传送块都是顺序级联起来的，如果在一个 TTI 中的比特数比给定值 Z 大，在传送块的级联后将进行码块分割，码块的最大尺寸根据编码而定；无线帧尺寸均衡是指对输入比特序列进行填充，以保证输出可以分割成相同的大小为 F_i 的数据段，但是仅在上行链路进行，因为下行链路速率匹配输出块长总是 F_i 的整数倍；当传输时间间隔长于 10ms，输入比特序列将分段并映射到连续的无线帧上，下行链路在速率匹配后，上行链路在无线帧尺寸均衡后，使用无线帧分段，可保证输入比特序列长度为 F_i 的整数倍；速率匹配表示数据信息在进行信道编解码后，在一个传输信道上为适应固定分配的信道速率被重发或者打孔；无线帧从传输信道中以 10ms 的间隔被送到传输信道复用功能块中，被连续地复用到一个 CCTrCH 中；在下行链路中，当无线帧要发送的数据无法把整个无线帧填满时，需采用非连续发送 DTX 技术，此时，需插入指示比特指出何时传输需要被关闭，但指示比特本身不需要被发送。

压缩模式中，一帧的一个或连续几个无线帧中某些时隙不被用作数据的传输。为了保持压缩后的质量不被影响，压缩帧中其他时隙的瞬时传输功率增加，功率增加的数量与传输时间的减少相对应。何时帧被压缩取决于网络。在压缩模式中，压缩帧可以周期性出现，也可以在必须时才出现，并且依赖于外界条件，其主要用于频间测量、系统间切换，有单帧和双帧方式两种类型。减少传输时间进行压缩的方法有打孔、扩频因子（SF）减半、高层指配三种。使用时，下行链路支持所有三种压缩方法，上行链路不支持速率匹配打孔方式。

压缩模式下，传输间隔可以被放置在固定位置。双帧方式时，固定间隔位置在两个连续帧的中间，传输间隔也可放置在任何其他的位置，此时传输间隔位置可以被调整或者重新定位。该传输间隔位置可以用来捕获其他系统/载波的控制信道信息，进行切换或对其他频率的载波功率进行测量。

接收机为了准确解码，必须得到发送方的编码/复用格式参数，因此，需要采用传送格式检测来获得这些参数。如果 TFCI 被显式传送，则传送格式可用显式检测；如果 TFCI 没有被传送，则采用隐式检测，即收信机利用其他信息来检测传送格式。

7.4.5　切换

切换是移动台在移动过程中为保持与网络的持续连接而发生的。一般情况下，切换可以分为以下三个步骤：无线测量、网络判决和系统执行。

在无线测量阶段，移动台不断地搜索本小区和周围所有小区基站信号的强度和信噪比，此时基站也不断地测量移动台的信号，测量结果在某些预设的条件下汇报给相应的网络单元；网络单元进入相应的网络判决阶段，在执行相应的切换算法（如与预设门限相比较）并确认目标小区可以提供目前正在服务的用户业务后，网络最终决定是否开始这次切换；在移动台收到网络单元发来的切换确认命令后，开始进入到系统执行阶段，移动台进入特定的切换状态，开始接收或发送与新基站所对应的信号。

WCDMA 具有软切换、更软切换、硬切换，还有 CDMA 到其他系统的切换和空闲切换的功能。CDMA 到其他系统的切换中，移动台从 CDMA 业务信道转到其他系统业务信道；空闲切换是移动台处于空闲状态时所进行的切换。硬切换通常发生在不同频率的 CDMA 信道间，WCDMA 由于采用了压缩模式，可以通过压缩间隔探测其他频点的信号强度，所以与 IS-95 相比有了很大进步，可以不通过其他辅助手段自主地实现硬切换。WCDMA 系统主要通过对其他频点的公共导频信号进行探测而得到其他频点的信号强度。

7.5　CDMA2000 移动通信系统

7.5.1　CDMA2000 技术概述

CDMA2000 是在 IS-95 标准基础上提出的 3G 标准，由美国电信工业协会制定，向下兼容 IS-95 系统。它可以提供 144kbit/s 以上速率的数据业务，而且增加了辅助信道，可以对一个用户同时承载多个数据流，为支持各种多媒体分组业务打下了基础。

CDMA2000 具有以下特点：

1）射频带宽从 1.25MHz ~ 20MHz 可调。

2）前反向同时采用导频辅助相干解调。

3）在扩频码的选择中采用相同 M 序列，通过不同的相位偏置区分不同的小区和用户。

4）快速前向和反向功率控制。

5）下行信道中采用公共连续导频方式进行相干检测，提高系统容量。

6）在下行信道传输中，有直扩和多载波传输两种方式，码片速率分别为 3.6864Mchip/s 和 1.22Mchip/s；多载波方式能很好地兼容 IS-95 网络。

7）支持 F-QPCH，可延长手机待机时间。

8）核心网是 ANSI-41 网络的演进，并保持与 ANSI-41 网络的兼容性。

9）支持软切换和更软切换。

10）设计了两类码复用业务信道：基本信道用于传送语音、信令和低速数据，是一个可变速率信道；补充信道用以传送高速率数据，在分组数据传送上应用了 ALOHA 技术，改善传输性能。

11）在同步方式上 CDMA2000 与 IS-95 相同，基站间同步采用 GPS 方式。

7.5.2　演进过程

CDMA2000 的标准共有 5 个版本，分别为 Rev.0、Rev.A、Rev.B、Rev.C、Rev.D。其中 Rev.0 规定了 CDMA2000 的空中接口，核心网基于 ANSI-41，使用 IS-95B 的开销信道，并增加了新的业务信道和补充信道，数据速率有很大提高。Rev.A 增加了新的开销信道及相应的信令。Rev.B 做了很少的改动，新增了救援信道（Rescue Channel）。Rev.C 在前向链路增加了对 EV-DV 的支持，提高数据的吞吐量，是一个基于全 IP 核心网的版本。Rev.D 在反向链路支持 EV-DV，提升反向链路的数据性能。

CDMA2000 在无线接口功能上有了很大的增强，例如在软切换方面将原来的固定门限变为相对门限，增加了灵活性。

前向快速寻呼信道技术可实现寻呼或睡眠状态的选择，因基站使用快速寻呼信道向移动台发出指令，决定移动台是处于监听寻呼信道还是处于低功耗的睡眠状态，这样移动台不必长时间连续监听前向寻呼信道，可减少移动台激活时间并节省功耗；还可实现配置改变功能，通过前向快速寻呼信道，基站向移动台发出最近几分钟内的系统参数消息，使移动台根据此消息做相应设置处理。

前向链路发射分集技术可减少发射功率，抗瑞利衰落，增大系统容量。CDMA2000 系统采用直接扩频发射分集技术，有两种方式：正交发射分集方式（即先分离数据再用正交 Walsh 码进行扩频，通过两个天线发射）和空时扩展分集方式（即使用空间两根分离天线发射已交织的数据，使用相同的 Walsh 码信道）。

反向相干解调是指基站利用反向导频信道发出的扩频信号捕获移动台的发射，再用 Rake 接收机实现相干解调。该方法提高了反向链路的性能，降低了移动台发射功率，提高了系统容量。连续的反向空中接口波形。在反向链路中，数据采用连续导频，使信道上数据波形连续，此措施可降低对发射功率的要求，增加系统容量。

CDMA2000 仅在前向辅助信道和反向辅助信道中使用 Turbo 码。

CDMA2000 支持多种帧长，不同的信道中采用不同的帧长，较短的帧可减少时延，但解调性能较低；较长的帧可降低发射功率要求。前向基本信道、前向专用控制信道、反向基本信道、反向专用控制信道采用 5ms 或 20ms 帧；前向辅助信道、反向辅助信道采用 20ms、40ms 或 80ms 帧；语音信道采用 20ms 帧。

增强的媒体接入控制功能控制多种业务接入物理层，保证多媒体的实现，可实现语音、分组数据和电路数据业务，同时处理、提供发送、复用和 QoS 控制、提供接入程序，可满足比 IS - 95 CDMA 更宽的带宽和更多业务的要求。

CDMA2000 采用了前向快速功控技术，可进行前向快速闭环功控，与只能进行前向信道慢速功控的 IS - 95 CDMA 系统相比，大大提高了前向信道的容量，减少了基站耗电。

CDMA2000 因为采用了传输分集发射技术和前向快速功控后，前向信道的容量约为 IS - 95 CDMA 系统的两倍；同时，业务信道因采用 Turbo 码而具有 2dB 的增益。因此，容量还能提高到未采用 Turbo 码时的 1.6 倍。

从网络系统的仿真结果来看，如果用于传送语音业务，CDMA2000 系统的容量是 IS - 95 CDMA 系统的两倍；如果传送数据业务，CDMA2000 的系统容量是 IS - 95 CDMA 系统的 3.2 倍。而且，在 CDMA2000 中引入了快速寻呼信道，极大地减少了移动台的电源消耗，延长了移动台的待机时间，支持 CDMA2000 的移动台待机时间是 IS - 95 CDMA 的 15 倍或更多。CDMA2000 还定义了新的接入方式，可以减少呼叫建立时间，并减少移动台在接入过程中对其他用户的干扰。

7.5.3 信道结构

CDMA2000 与 IS - 95 CDMA 系统的主要区别是信道类型及物理信道的调制得到了增强，以适应更多、更复杂的第三代业务。

1. 反向信道

反向信道包括以下类型：

1）反向导频信道：是一个移动台发射的未调制扩频信号，用于辅助基站进行相关检测。反向导频信道在增强接入信道、反向公用控制信道和反向业务信道的无线配置为 3～6 时发射，在增强接入信道前导、反向公用控制信道前导和反向业务信道前导也发射。

2）接入信道：传输一个经过编码、交织及调制的扩频信号，是移动台用来发起与基站的通信或响应基站的寻呼消息的。接入信道通过其公用长码掩码唯一识别，由接入试探序列组成，一个接入试探序列由接入前导和一系列接入信道帧组成。

3）增强接入信道：用于移动台初始接入基站或响应移动台指令消息，可能用于以下三种接入模式：基本接入模式、功率控制接入模式和备用接入模式。功率控制接入模式和备用接入模式可以工作在相同的增强接入信道，而基本接入模式需要工作在单独的接入信道。增强接入信道与接入信道相比，其在接入前导后的数据部分增加了并行的反向导频信道，可以进行相关解调，使反向的接入信道数据解调更容易。

当工作在基本接入模式时，移动台在增强接入信道上不发射增强接入头，增强接入试探序列将由接入信道前导和增强接入数据组成；当工作在功率控制接入模式时，移动台发射的增强接入试探序列由接入信道前导、增强接入头和增强接入数据组成；当工作在备用接入模式时，移动台发射的增强接入试探序列由接入信道前导和增强接入头组成，一旦收到基站的允许，在反向公用控制信道上发送增强接入数据。

4）反向公用控制信道：传输一个经过编码、交织及调制的扩频信号，是在不使用反向业务信道时，移动台在基站指定的时间段向基站发射用户控制信息和信令信息，通过长码唯一识别。反向公用控制信道可能用于两种接入模式：备用接入模式和指配接入模式。

5）反向专用控制信道：用于某一移动台在呼叫过程中向基站传送该用户的特定用户信息和信令信息，反向业务信道中可以包含一个反向专用控制信道。

6）反向基本信道：用于移动台在呼叫过程中向基站发送用户信息和信令信息，反向业务信道可以包含一个基本信道。

7）反向辅助码分信道：用于移动台在呼叫过程中向基站发射用户信息和信令信息，仅在无线配置 RC 为 1 和 2，且反向分组数据量突发性增大时建立，并在基站指定的时间段内存在。反向业务信道可以最多包含七个反向辅助码分信道。

8）反向辅助信道：用于移动台在呼叫过程中向基站发射用户信息和信令信息，仅在无线配置 RC 为 3～6 时，且反向分组数据量突发性增大时建立，并在基站指定的时间段内存在。反向业务信道可以包含两个辅助信道。CDMA2000 反向信道结构如图 7.10 所示。

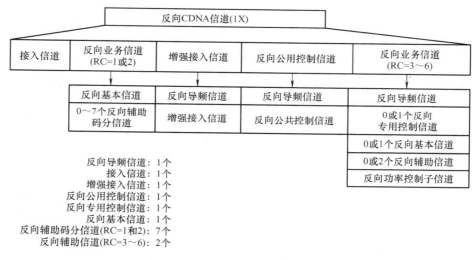

图 7.10　CDMA2000 反向信道结构

2. 前向信道

前向信道包括导频信道、同步信道、寻呼信道、广播控制信道、快速寻呼信道、公用功率控制信道、公用指配信道、前向公用控制信道。其中，前三种与 IS–95 系统兼容，后面的信道则是 CDMA2000 新定义的信道。

前向专用信道包含专用控制信道、基本信道、辅助码分信道、辅助信道。其中，前向基本信道的 RC1、RC2 以及前向辅助码分信道是和 IS–95 中的业务信道兼容的，其他信道则是 CDMA2000 中新定义的信道。

1）广播控制信道：传输经过卷积编码、码符号重复、交织、扰码、扩频和调制的扩频信号，用来发送基站的系统广播控制信息。基站利用此信道与区域内的移动台进行通信。

2）快速寻呼信道：传输一个未编码的开关控制调制扩频信号，包含寻呼信道指示，用于基站和区域内的移动台进行通信。基站使用快速寻呼信道通知空闲模式下工作在分时隙方式的移动台，是否应在下一个前向公用控制信道或寻呼信道时隙的开始，接收前向公用控制信道或寻呼信道。

3）公用功率控制信道：用于基站进行多个反向公用控制信道和增强接入信道的功率控制。基站支持多个公用功率控制信道工作。

4）公用指配信道：提供对反向链路信道指配的快速响应，以支持反向链路的随机接入信息的传输。该信道在备用接入模式下控制反向公用控制信道和相关联的功率控制子信道，并且在功率控制接入模式下提供快速证实。基站可以选择不支持公用指配信道，并在广播控制信道通知移动台这种选择。

5）前向公用控制信道：传输经过卷积编码、码符号重复、交织、扰码、扩频和调制的扩频信号，用于在未建立呼叫连接时，发射移动台特定消息。基站利用此信道和区域内的移动台进行通信。

6）前向专用控制信道：用于在呼叫过程中给某一特定移动台发送用户信息和信令信息。每个前向业务信道中可以包括一个前向专用控制信道。

7）前向辅助码分信道：用于在通话过程中给特定移动台发送用户和信令消息，在无线配置 RC 为 1 和 2，且前向分组数据量突发性增大时建立，并在指定的时间段内存在。每个前向业务信道最多可包括七个前向辅助码分信道。

8）前向辅助信道：用于在通话过程中给特定移动台发送用户和信令消息，在无线配置 RC 为 3～9，且前向分组数据量突发性增大时建立，并在指定的时间段内存在。每个前向业务信道最多可包括两个前向辅助信道。移动台发射的 CDMA 前向信道结构如图 7.11 所示。

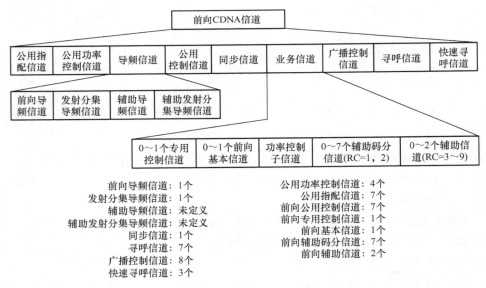

图 7.11　CDMA2000 前向信道结构

7.5.4　CDMA2000 基本工作过程

CDMA2000 的基本工作过程与 IS－95 CDMA 系统相似，下面主要介绍用户起呼过程。首先，用户通过移动台发起一个呼叫，生成初始化消息，由于此时没有建立业务信道，移动台通过接入信道将该消息发送给基站。基站收到初始化消息后，开始准备建立业务信道，并开始试探发送空业务信道数据，而此时移动台并没有开始建立业务信道的准备，所以基站组成信道指配消息（包含基站针对该用户刚分配的信道特性，如所使用的信道码等），通过寻呼信道发送给移动台。移动台根据该消息所指示的信道信息开始尝试接收基站发送的前向空业务信道数据，在接收到 N 个连续正确帧后，移动台开始尝试建立相对应的反向业务信道。首先发送业务的前导，在基站探测到反向业务信道前导数据后，基站认为前向和反向业务信道链路基本建立，生成基站证实指令消息通过前向业务信道发送给移动台，移动台收到该消息后，开始发送反向空业务信道数据。基站接着生成业务选择响应指令消息，并通过前向业务信道发送给移动台，移动台根据收到的业务选择开始处理基本业务信道和其他相应的信道，并发送相应的业务连接完成消息。在移动台和基站间交流振铃和去振铃等消息后，用户就可以进入对话状态了。

对于分组业务，系统除了建立前向和反向基本业务信道之外，还需要建立相应的辅助码分信道，如果前向需要传输很多的分组数据，基站通过发送辅助信道指配消息建立相应的前向辅助码分信道，使数据在指定的时间段内通过前向辅助码分信道发送给移动台。如果反向需要传输很多的分组数据，移动台通过发送辅助信道请求消息与基站建立相应的反向辅助码分信道，使数据在指定的时间段内通过反向辅助码分信道发送给基站。辅助信道的设立对 CDMA2000 更灵活地支持分组业务起到了很大作用。

CDMA2000 中其他一些辅助性信道的设立，如反向导频信道、反向公用控制信道、前向公用控制信道、公用功率控制信道、快速寻呼信道等，是为了增强系统的功能和灵活性，如通过反向相干解调增加反向容量，对公用信道增加相应控制，快速通知用户寻呼信息，缩短连接建立时间并支持省电功能等。这些信道是辅助性的，并不一定涉及每一个呼叫过程，故在此不再赘述。

7.6　TD‐SCDMA 移动通信系统

7.6.1　TD‐SCDMA 技术概述

1. TD‐SCDMA 发展背景

TD‐SCDMA 是信息产业部电信科学技术研究院（现大唐电信科技产业集团）在国家主管部门的支持下，提出的具有一定特色的 3G 通信标准，是中国百年通信史上第一个具有完全自主知识产权的国际通信标准，是整个中国通信业的重大突破，在我国通信发展史上具有里程碑的意义，并将产生深远影响。

该标准文件在我国无线通信标准组（CWTS）最终修改完成后，经原邮电部批准，于1998 年 6 月代表我国提交到 ITU 和相关国际标准组织。在 1999 年 11 月赫尔辛基的 ITU‐RTG8/1 第 18 次会议和 2000 年 5 月伊斯坦布尔的 ITU‐R 全会上，TD‐SCDMA 被正式接纳为 CDMATDD 制式的方案之一。在 1999 年 12 月法国尼斯的 3GPP 会议上，中国的提案被3GPPTSGRAN（无线接入网）全会所接受，正式确定将 TD‐SCDMA 纳入到 Release2000（后拆分为 R4 和 R5）的工作计划中，并将 TD‐SCDMA 简称为低码片速率 TDD 方案（Low Code Rate TDD, LCRTDD）。在 2001 年 3 月棕榈泉的 RAN 全会上，经过一年多的时间，经历了几十次工作组会议几百篇提交文稿的讨论，随着包含 TD‐SCDMA 标准在内的 3GPPR4

版本规范的正式发布，TD-SCDMA 在 3GPP 中的融合实现了第一个目标。2005 年，第一个 TD-SCDMA 试验网依托重庆邮电大学无线通信研究所，在重庆进行第一次实际入网实验。之后，罗马尼亚和韩国进行了 TD-SCDMA 的试验网建设。2009 年 1 月 7 日，中国移动获得 TD-SCDMA 业务的经营许可，进行了大规模的 TD-SCDMA 网络建设，并在组网时要求必须兼容 TD-LTE。截至 2010 年 12 月末，中国共有 3G 用户 4705.2 万户，其中中国联通 1406 万，占 29.88%；中国电信 1229 万，占 26.12%；中国移动 2070.2 万，占 44.00%。至此，TD-SCDMA 不论在形式上还是在实质上，都已在国际上被广大运营商、设备制造商所认可和接受，形成了真正的国际标准。

随着 4G 时代的到来，中国移动已不再追加 TD-SCDMA 的新建投资。TD-SCDMA 网络未来的目标是维护以保持网络稳定，逐步将过去发展的 TD-SCDMA 用户过渡到 4G 网络上。

2. TD-SCDMA 概念及特点

TD-SCDMA 的中文含义为时分同步码分多址。其中 TD 是时分（Time Division）的英文缩写，指时分双工。即在 TD-SCDMA 系统中，单用户在同一时刻双向通信（收发）的方式是 TDD（时分双工），在相同的频带内，通过在时域上划分不同的时段（时隙）给上、下行进行双工通信，可以方便地实现上/下行链路间的灵活切换。TD-SCDMA 通过最佳自适应资源的分配和最佳频谱效率，可支持速率从 8kbit/s 到 2Mbit/s 以及更高速率的语音、视频电话、互联网等各种 3G 业务。

TD-SCDMA 中的 SCDMA 是同步码分多址（Synchronous Code Division Multiple Access）技术的英文缩写，实质上，TD-SCDMA 的无线传输方案灵活地综合了 FDMA、TDMA 和 CDMA 等基本传输方法。SCDMA 中的 S 共有四种解释：智能天线（Smart Antenna）、同步码分多址（Synchronous CDMA）、软件无线电（Software Radio）和同步无线接入协议（Synchronous Wireless Access Protocol）。这四个"S"基本上是 SCDMA 技术的简练概括。

TD-SCDMA 具有以下特点：

1）信号带宽：1.6MHz。
2）码片速率：1.28Mchip/s。
3）采用智能天线技术，提高频谱效率。
4）采用同步 CDMA 技术，降低上行用户间的干扰和保持时隙宽度。
5）接收机和发射机采用软件无线电技术。
6）采用联合检测技术，降低多址干扰。
7）具有上下行不对称信道分配能力，适应数据业务。
8）采用接力切换，降低掉话率，提高切换成功率。
9）核心网络基于 GSM/GPRS 网络的演进，并保持与它们的兼容性。
10）基站间采用 GPS 或者网络同步方式，降低基站间干扰。

7.6.2　系统原理

1. TDD 技术

时分双工（Time Division Duplex）是一种通信系统的双工方式，在无线通信系统中用于分离接收、传送信道或者上行、下行链路。采用 TDD 模式的无线通信系统中接收和传送是在同一频率信道（载频）的不同时隙，用保护时间间隔来分离上下行链路；而采用 FDD 模式的无线通信系统的接收和传送是在分离的两个对称频率信道上，用保护频率间隔来分离上下行链路。采用不同双工模式的无线通信系统的特点和通信效率是不同的。

TDD 模式中由于上下行信道采用同样的频率，因此上下行信道之间具有互惠性，这给 TDD 模式的无线通信系统带来许多优势。比如，智能天线技术在 TD – SCDMA 系统中的成功应用。另外，由于 TDD 模式下上下行信道采用相同的频率，不需要为其分配成对频率，在无线频谱越来越宝贵的今天，相比于 FDD 系统具有更加明显的优势。TDD 模式在相同的频带内，通过在时域上划分不同的时段（时隙）给上、下行进行双工通信，可以方便地实现上、下行链路间的灵活切换。TD – SCDMA 通过最佳自适应资源的分配和最佳频谱效率，可支持速率从 8kbit/s 到 2Mbit/s 以及更高速率的语音、视频电话、互联网等各种 3G 业务。

2. 多址方式

TD – SCDMA 是一个时分同步的 CDMA 系统，用软件和帧结构设计来实现严格的上行同步。它是一个基于智能天线的系统，充分发挥了智能天线的优势，并且使用了 SDMA（空分多址）技术；还可以采用软件无线电技术，所有基带数字信号处理均用软件实现，而不依赖于 ASIC（特定用途的集成电路）；在基带数字信号处理上，联合使用了智能天线和联合检测技术，达到比 UTRA TDD（通用陆地无线接入-时分双工）高一倍的频谱利用率；另外，TD – SCDMA 使用接力切换技术，和 CDMA 的软切换相比，简化了用户终端的设计，克服了软切换要长期大量占用网络资源和基站下行容量资源的缺点。

对 FDD 来说，由于上下行链路的空间特性差异很大，所以很难采用 SDMA 方法通过计算上行链路的空间传播特性来合成下行链路信号；而 TDD 的上下行空间传播特性接近，所以比较适合采用 SDMA 技术。使用 SDMA 技术还可以大致估算出每个用户的距离和方位，以辅助用于 3G 用户的定位并为切换提供参考信息。

CDMA 与 SDMA 有相互补充的作用，当几个用户靠得很近时，SDMA 技术无法精确分辨用户位置，每个用户都受到了邻近其他用户的强干扰而无法正常工作，而采用 CDMA 的扩频技术可以很轻松地降低其他用户的干扰。因此，将 SDMA 与 CDMA 技术结合起来（即 SCDMA）就可以充分发挥这两种技术的优越性。SCDMA 由于采用了 CDMA 技术，与纯 SDMA 相比运算量降低了。这是因为在 SDMA 中，要求波束赋形计算能够完全抵销干扰，而采用本身有很强的降噪作用的 CDMA，所以 SDMA 只需起到部分降低干扰的作用即可。这样，SCDMA 就可以采用最简化的波束赋形算法，以加快运算速度，确保在 TDD 的上下行保护时间内能完成所有的信道估计和波束赋形计算。

TD – SCDMA 系统区分用户的方式如图 7.12 所示。由图 7.12 可知，TD – SCDMA 用户是通过频率、时隙和码字三维空间来区分，所以说 TD – SCDMA 系统集 FDMA、TDMA、CDMA 优势于一体，是一种系统容量大、频谱利用率高、抗干扰能力强的移动通信技术。

3. 时隙、帧结构

由于帧结构是决定物理层很多参数和程序的基础，TD – SCDMA 系统帧结构的设计考虑到对智能天线、上行同步等新技术的支持。

TD – SCDMA 以 10ms 为一个帧时间单位，由于使用智能天线技术，需要随时掌握用户终端的位置，因此 TD – SCDMA 进一步将每个帧分为了两个 5ms 的子帧，从而缩短了每一次上下行周期的时间，能在尽量短的时间内完成对用户的定位。TD – SCDMA 的每个子帧的结构

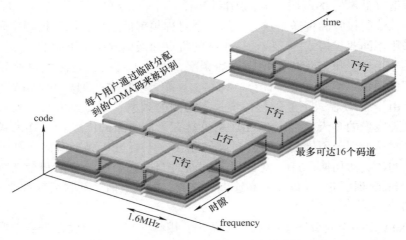

图 7.12　TD‐SCDMA 系统区分用户的方式

如图 7.13 所示。

　　一个 TD‐SCDMA 子帧分为七个普通时隙（TS$_0$ ~ TS$_6$）、一个下行导频时隙（DwPTS）、一个上行导频时隙（UpPTS）和一个保护周期（GP）。切换点（Switching Point）是上下行时隙之间的分界点，通过该分界点的移动，可以调整上下行时隙的数量比例，从而适应各种不对称

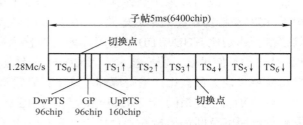

图 7.13　TD‐SCDMA 子帧结构

分组业务。各时隙上的箭头方向表示上行或下行，其中 TS$_0$ 必须是下行时隙，而 TS$_1$ 一般情况下是上行时隙，但随着两种 TDD 模式（WCDMA TDD 和 TD‐SCDMA）间干扰分析研究的进一步深入，该时隙也有可能在遇到干扰时停止发射并将数据移至下一时隙。

　　对于 TD‐SCDMA，由于其帧结构为波束赋形的应用而优化，在每一子帧里都有专门用于上行同步和小区搜索的 UpPTS 和 DwPTS。DwPTS 包括 32 码片的 GP 和 64chip 的 SYNC，其中 SYNC 是一个正交码组序列，共有 32 种，分配给不同的小区，用于小区搜索。UpPTS 包括 128chip 的 SYNC1 和 32chip 的 GP，其结构如图 7.14 所示。其中 SYNC1 是一个正交码组序列，共有 256 种，按一定算法随机分配给不同的用户，用于在随机访问程序中向基站发送物理信道的同步信息。

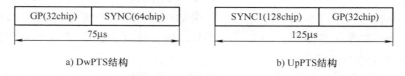

a) DwPTS结构　　　　　　　b) UpPTS结构

图 7.14　导频时隙结构

　　TD‐SCDMA 中每个时隙的信息只有一种脉冲类型，包括数据信息块 1、数据信息块 2、同步控制 SS、TPC、TFCI、训练序列（Midamble）和保护间隔（GP），如图 7.15 所示。

　　图 7.15 中，Midamble 是用来区分相同小区、相同时隙内的不同用户的。在同一小区的

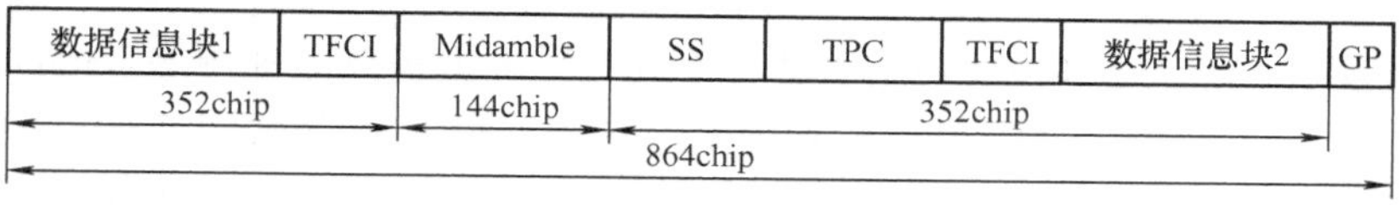

数据信息块1	TFCI	Midamble	SS	TPC	TFCI	数据信息块2	GP

| 352chip | | 144chip | | 352chip | | | |

864chip

图 7.15 TD - SCDMA 的脉冲类型

同一时隙内，用户具有相同的基本训练序列，不同用户的训练序列只是基本训练序列的时间移位。TFCI 用于指示传输的格式，TPC 用于功率控制。SS 是 TD - SCDMA 特有的，用于实现上行同步，该控制信号每子帧 5ms 发射一次。

7.7 3G 无线网络规划

无线网络规划的目标是根据规划需求（运营商要求、网络运行环境和无线业务需求）和网络特性，设定工程参数和无线资源参数，在满足信号覆盖、系统容量和业务质量要求的前提下，使网络的工程成本最低。

网络规划的特点是由网络采用的技术特征决定的，不同的网络技术在网络规划设计中有不同的重点和难点。如 GSM 网络采用频率复用，因此频率规划是一个非常重要的问题，IS - 95 网络使用扰码相位区分小区，则带来扰码相位规划问题。3G 网络规划和 2G 网络规划有许多相似的地方，但也有一些根本性的差异。

7.7.1 3G 无线网络规划的特点

与 2G 网络规划相比，3G 网络规划因系统的软容量，以及大量比特率和多样化混合业务的引入而变得较为复杂。3G 无线网络规划主要有以下特点：

1）3G 建立的目的是为了向用户提供更多样、更高速、更灵活、更大容量的无线数据业务。在 2G 时代，话音业务是主流业务，所考虑的业务类型主要为电路交换型业务，只需考虑呼损率的问题。而在 3G 网络中，引入了分组交换，随着网络的发展，种类繁多的无线数据业务将成为和话音业务并重的无线业务主体，因此还需考虑时延、QoS、BLER 等指标。由于各种不同业务要求的 QoS 各不相同，造成各种业务需要的信道传输质量和传输带宽也各不相同，使同一网络在相同的环境和相同的发射功率条件下对不同业务的覆盖范围和服务质量都存在很大差别，因此在评价规划网络的覆盖水平时必须根据不同业务的服务质量综合考察。

2）由于 CDMA 网络本质上是一个自干扰系统，系统容量和覆盖范围都会随着网络负载的变化而动态变化。此外，对于业务使用者提供的服务质量也会影响网络容量，即存在所谓"软容量"的问题。考虑到网络提供的数据业务的多样性和不同数据业务特征的多样性，如果 3G 网络规划仍然延续 2G 无线网络以话音业务为主、简单地通过带宽的大小来计算网络容量的方法显然是不合理的，这就要求在 3G 网络规划时充分考虑设计网络将来可能开展的业务类型和可能具有的业务容量，在此基础上评估规划网络的用户容量、业务容量以及话务量和数据吞吐量等全方位的网络容量标准。

3）由于 CDMA 网络的呼吸效应，其覆盖范围会随着网络负载的变化而变化。当扇区负荷大，扇区覆盖范围变小；当扇区负荷小，扇区覆盖范围变大，即所谓的呼吸效应。因此，在作链路预算时应充分考虑扇区负荷问题，避免扇区负荷增大后覆盖范围无法连续。引入各种业务后还需要针对该特征对 3G 网络中各种不同业务的覆盖范围进行综合地评估。

4）在规划 3G 网络时，还需考虑软切换对系统的影响。由于软切换带来硬件的额外开销，基站一般应多预留 30% 的信道单元。另外，由于引入软切换，因此可对抗阴影衰落；引入软切换增益还可扩大扇区的覆盖范围。

5）导频对 3G 系统至关重要。移动台使用导频区分基站，如果同导频相位的复用距离不恰当，或者相邻导频的距离不恰当，移动台可能把来自不同基站的导频信号误认为同一基站的导频；如果导频搜索窗口的大小设置不合理，一方面移动台可能将不同的导频误认为相同的导频，另一方面处于小区边缘的移动台也可能搜索不到可用的导频信号；此外，对于前向链路，导频干扰比基本上决定了其覆盖范围，导频的功率大小直接影响着小区负载大小和软切换比例。如果导频发射功率偏小，会使下行覆盖出现盲点若偏大，则又会出现多个基站覆盖同一个地区，产生导频污染。因此，合理地进行导频偏置规划，是构筑精品网络的关键。

6）由于 3G 网络将与 2G 网络长期共存，因此在 3G 无线网络规划时还需要考虑双网协同的问题，在一定条件下对 2G 资源利旧，对 3G/2G 互操作及相关的参数进行规划尤其重要。

7.7.2　3G 无线网络规划的流程

3G 无线网络规划包括链路预算、容量和所需基站数目的计算以及覆盖和参数规划等。3G 无线网络规划及建设流程可分为六个步骤：

1）定义设计要求：确定 3G 网络需要达到的要求，包括对不同区域（密集市区、一般市区、郊区和农村等）覆盖、容量和服务的要求（数据业务速率和 QoS 等）。

2）模式调校：为了使规划软件中的覆盖预测与实际网络更接近，必须对规划软件的传播模型进行调校。

3）小区规划：基于规划软件，进行小区规划，以满足输入的设计要求。包括链路预算、容量估计、设备配置等。其中，链路预算是进行网络预设计最重要的手段。进行链路预算时，应全面考虑信号从发送端到接收端所可能经历的增益和损耗，根据所采用的无线技术对接收信号大小的要求，确定出前反向链路可以忍受的最大链路损耗；以该最大链路损耗为限制条件，根据已进行过校正的传播模型，以及为保证一定的通信可靠性的要求所预留出的链路余量，确定出小区半径和目标规划区所需的小区数目；通过对单小区所能满足的话音和数据用户数目的估算，估计实现系统容量目标所需要的基站数目。

小区规划的结果是基站数量、站址规划、基站技术条件要求和设备配置等。

4）基站选择及站址勘察：根据规划结果，进行基站选择和站址勘察。

5）无线网络设计：系统开通前，对无线网络进行具体设计，包括下行信道功率分配、多载波频率规划、PN 码规划、切换算法参数设置等。

6）网络调整及优化：系统开通后，必须根据测试情况、话统数据对无线网络进行调整及优化，使实际网络满足设计要求，达到较佳效果。

随着通信技术的不断发展，无线网络规划技术也在不断发展。在无线网络规划的过程中，不仅要考虑每种通信技术的特点，还需要考虑不同无线网络的重叠交互，始终保证在满足覆盖、容量和质量目标的基础上，尽量降低建设和运营成本。

　　尽管3G的三大系统WCDMA、CDMA2000、TD-SCDMA具有很多优点，但是3G还是存在着很多不尽人意的地方，如：3G缺乏全球统一的标准；3G所采用的语音交换架构仍承袭了2G系统的电路交换，而不是纯IP的方式；3G的业务提供和业务管理不够灵活；流媒体（视频）的应用不尽如人意；3G的高速数据传输不成熟，接入速率有限；安全方面存在缺陷等。伴随着无线技术的种类越来越多，迫切需要将这些无线技术整合到一个统一的网络环境中去。因此，发展4G通信系统是一个必然的结果。

思考与练习题

1. IMT-2000有哪些主要特点？
2. 画出IMT-2000功能模型，并简述其系统组成。
3. 第三代移动通信系统的主流标准有哪三种？
4. 简述第二代移动通信系统到第三代移动通信系统的演进路线。
5. 比较三种3G制式的主要系统参数。
6. 简述WCDMA系统的无线信道的传输信道结构和物理信道结构。
7. 画出WCDMA中传输信道到物理信道的映射图。
8. 简述CDMA2000系统的上下行无线信道结构。
9. 什么是SDMA？TD-SCDMA中的"S"有哪些含义？为什么要将SDMA与CDMA结合使用？
10. 3GPP和3GPP2均是标准化组织，它们的英文全称及作用是什么？
11. 简述3G的关键技术。
12. 简述3G网络规划的特点。

第8章 LTE 移动通信系统

2013 年 12 月 4 日，中华人民共和国工业和信息化部发布公告，向中国移动、中国电信和中国联通颁发 "LTE/第四代数字蜂窝移动通信业务（TD - LTE）" 经营许可，4G 牌照的发放，意味着 4G 网络、终端、业务都进入正式商用的阶段，标准着我国正式进入 4G 时代。

4G 又称为宽带接入和分布网络，具有超过 2Mbit/s 的数据传输能力，包括宽带无线固定接入、宽带无线局域网、移动光带系统和互操作的广播网络（基于地面和卫星系统）。与已有的数字移动通信系统相比，4G 通信系统具有更高的数据速率和传输质量；更好的业务质量（QoS），更高的频谱利用率，更高的安全性、智能性和灵活性；可以容纳更多的用户，支持包括非对称性业务在内的多种业务；能实现全球范围内多个移动网络和无线网络间的无缝漫游，包括网络无缝、中断无缝和内容无缝。

8.1 LTE 概况

由第三代合作伙伴计划（3rd Generation Partnership Project，3GPP）组织制定的通用移动通信系统（Universal Mobile Telecommunications System，UMTS）技术标准的长期演进（Long Term Evolution，LTE，通常被称作 3.9G），于 2004 年 12 月在 3GPP 多伦多 TSG RAN#26 会议上正式立项并启动。LTE 关注的核心是无线接口和无线组网架构的技术演进问题。在 LTE 中引入了正交分频复用（Orthogonal Frequency Division Multiplexing，OFDM）和多输入多输出（Multi - Input & Multi - Output，MIMO）等关键技术，相对于 3G 网络显著提高了小区容量，降低了网络延迟，提高了频谱效率和数据传输速率（20M 带宽 2×2 MIMO 在 64QAM 情况下，LTE 的理论下行最大传输速率为 201Mbit/s，除去信令开销后大概为 140Mbit/s，但由于实际组网以及终端能力限制，一般认为下行峰值速率为 100Mbit/s，上行为 50Mbit/s），并支持多种带宽分配：1.4MHz，3MHz，5MHz，10MHz，15MHz 和 20MHz 等，且支持全球主流 2G/3G 频段和一些新增频段，因此频谱分配更加灵活，系统容量和覆盖也显著提升。LTE 系统网络架构更加扁平化、简单化，减少了网络节点和系统复杂度，从而减小了系统时延，也降低了网络部署和维护成本。LTE 系统支持与其他 3GPP 系统互操作。具体而言，4G LTE 具有以下优势：

1）通信速度快、质量高。从移动通信系统数据传输速率作比较，第一代模拟式通信系统仅提供语音服务；第二代数字式移动通信系统传输速率也只有 9.6kbit/s，最高达到 32kbit/s；第三代移动通信系统理论数据传输速率可达到 2Mbit/s，实际最高数据传输速率最高只有 386kbit/s；第四代移动通信系统则可达到最高 100Mbit/s 的数据传输速率。

2）网络频谱宽、频率使用效率高。4G 通信系统在 3G 通信系统的基础上进行大幅度的改造和研究，使 4G 网络在通信宽带上比 3G 网络蜂窝系统的宽带高出许多。4G 信道占有 100MHz 的频谱，相当于 WCDMA 3G 网络的 20 倍。

3）提供各种增值服务。4G 通信并不是从 3G 通信的基础上经过简单的升级而演变过来的，它们的核心技术根本就是不同的。3G 移动通信系统主要是以 CDMA 为核心技术，而 4G 移动通信系统技术则以正交频分复用（OFDM）技最受瞩目，利用这种技术，人们可以实现例如无线区域环路（WLL）、数字音讯广播（DAB）等方面的无线通信增值服务。不过考虑到与 3G 通信的过渡性，第四代移动通信不仅仅只采用 OFDM 一种技术，CDMA 技术在第四代移动通信系统中，与 OFDM 技术相互配合可以发挥更大的作用。

4）通信费用更加便宜。由于 4G 通信不仅解决了与 3G 通信的兼容性问题，让更多的现有通信用户能轻易地升级到 4G 通信，而且 4G 通信引入了许多尖端的通信技术，这些技术保证了 4G 通信能提供一种灵活性非常高的系统操作方式，因此相对其他技术来说，4G 通信部署起来较容易且迅速；同时在建设 4G 通信网络系统时，通信运营商们直接在 3G 通信网络的基础设施之上采用逐步引入的方法，这样就能够有效地降低费用。

8.2　LTE 系统架构及工作原理

8.2.1　3GPP 的演进系统架构

在无线接入技术不断演进的同时，3GPP 开展了系统架构演进（System Architecture Evolution，SAE）的研究。演进过程如图 8.1 所示。

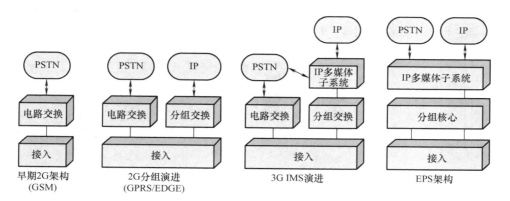

图 8.1　网络结构演进过程

无线网络演进的主要过程分为以下几个阶段：

第一阶段，早期的 2G 架构。2G GSM 蜂窝网络最初是为话音和电路交换业务而设计，网络结构相对简单，主要由接入网络（Access Network，AN）和电路交换核心网络域（CS 域）两部分组成。接入网络部分包括无线接口以及支持无线相关功能的网络节点和其他接口。

第二阶段，随着 IP 和 Web 业务的出现，2G GSM 网络逐步演进到能够支持分组数据传输方式的阶段，例如 GPRS 和 EDGE。系统在接入网中引入了支持分组发送和共享资源分配的方案。此外，还增加了与 CS 域并行的分组交换核心网络域（PS 域）。PS 域与 CS 域具有相同的作用，即支持分组发送（包括认证和计费）以及与公共或私有 Internet（或 IP）网络的互通。

第三阶段，3G UMTS 网络结构的演进。UMTS 逐步在 PS 域上面增加了一个新的域：IP

多媒体子系统（IP Multimedia Subsystem，IMS）。IMS 的主要目标是制订一个新的标准，在 3GPP 的各种无线网络间采用统一的方法来实现 IP 业务。

第四阶段，EPS 架构。LTE 系统架构主要分为两部分：一是演进后的分组核心网（Evolved Packet Core，EPC），采用全 IP 结构，旨在帮助运营商通过采用无线接入技术来提供先进的移动宽带服务；二是演进的 UMTS 陆地无线接入网络（Evolved Universal Terrestrial Radio Access Network，E‐UTRAN）。演进后的系统主要存在于分组交换域。EPC 和 E‐UTRAN 合称演进分组系统（Evolved Packet System，EPS）。EPS 的目标是在简单的公共平台上综合所有业务。

3GPP 的目标是实现由 2G 网络到 3G 网络的平滑过渡，保证未来技术的后向兼容性，支持轻松建网及系统间的漫游和兼容性。

8.2.2 LTE 的系统架构

在 3GPP 的 LTE 项目中，对系统的时延需求更加严格。对于无线帧长度、空中接口 TTI 等变化，3GPP 通过缩短空中接口的时延，优化了网络结构，使通信路径上的节点跳数减少，从而使网络中的传输时延减少。从整体上来说，LTE 系统与 3GPP 系统相似，无线接入网与核心网依然存在逻辑关系，其接口也依旧清楚，空中接口在无线接入网终止。由于 E‐UTRAN 的网元设备仅由 eNodeB 构成，因此形成了更扁平化的网络结构。LTE 网络实现了全 IP 路由，各个网络节点之间与 Internet 区别不大，网络结构趋近于 IP 宽带网络结构，其最大优势在于低时延、低成本及高带宽等。LTE 的系统架构如图 8.2 所示。

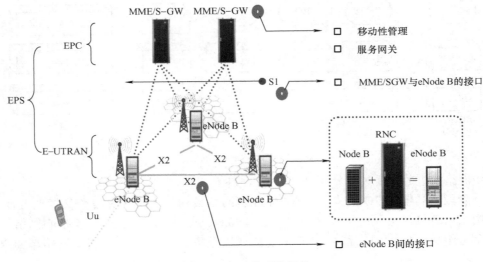

图 8.2　LTE 的系统架构

1. LTE 系统组成

由图 8.2 可知整个 LTE 系统由三部分组成：

（1）核心网（EPC）

EPC 的体系结构如图 8.3 所示。由图 8.3 可知，EPC 架构中主要包括以下组件：

1）归属用户服务器（HSS）：是一个中央数据库，包含了所有网络运营商的用户信息。

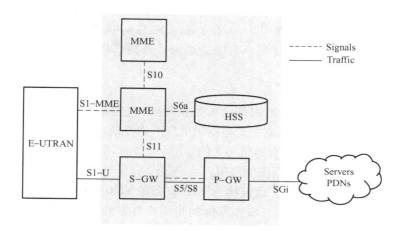

图 8.3　EPC 的体系结构

2）移动性管理实体（Mobility Management Entity，MME）：负责空闲模式的用户设备（User Equipment，UE）的跟踪定位、寻呼、漫游、鉴权；承载管理等功能。简单来说，MME 负责信令处理部分。

3）服务网关（Serving Gateway，S‑GW）：是终止于 E‑UTRAN 接口的网关，负责本地网络用户数据处理部分。该设备的主要功能包括：支持 UE 的移动性切换用户面数据功能；执行合法侦听功能；上下行传输层数据包标记；数据包路由和转发；在上行和下行传输层进行分组标记；空闲状态下，下行分组数据的缓存和寻呼支持；运营商间的计费等。

4）PDN 网关（PDN Gateway，P‑GW）：是面向分组数据网（Packet Data Network，PDN），终结于 SGi 接口的网关，负责用户数据包与其他网络的处理。如果 UE 访问多个 PDN，UE 将对应一个或多个 P‑GW。P‑GW 的主要功能包括基于用户的包过滤、合法监听、UE 的 IP 地址分配、在上／下行链路中进行数据包传输层标记、进行上／下行业务等级计费以及业务级门控、进行基于业务的上／下行速率的控制等。另外，P‑GW 还提供上／下行链路承载绑定和上行链路绑定校验功能。

（2）接入网（E‑UTRAN）

在 3G 网络中，接入网部分叫作 UMTS 陆地无线接入网（UMTS Terrestrial Radio Access Network，UTRAN）。LTE 中的很多标准接手于 3G UMTS 的更新并最终成为 4G 移动通信技术。其中，将原有的 UMTS 下"电路交换 + 分组交换"相结合的网络简化为全 IP 扁平化基础网络架构是其工作重点。在 LTE 网络中，将接入网部分称为 E‑UTRAN，即 LTE 中的移动通信无线网络。

由图 8.2 可知 E‑UTRAN 由 eNodeB（LTE 中基站的名称，简称为 eNB）构成，eNodeB 除了具有原来 3G 网络中 NodeB 的功能外，还承担了原有无线网络控制器（Radio Network Controller，RNC）的大部分的功能，使得网络更加扁平了。另外，eNodeB 和 eNodeB 之间采用网格方式直接相连，和原有 UTRAN 结构大不相同。正因为核心网采用全 IP 分布式的结构，所以 LTE 的 E‑UTRAN 是全新的系统，它提供了更高的传输速率，进一步满足了用户对速度的更高要求。

每个 eNB 通过 S1 接口与 EPC 连接，也可以通过 X2 接口连接到附近的基站，eNB 主要用于在越区切换过程中信令和数据包的转发。eNB 具有 NodeB 的全部和 RNC 大部分功能，包括：物理层功能；无线资源管理（Radio Resource Management，RRM）功能；移动性管理功能；无线接入控制；IP 头压缩及用户数据流加密；寻呼信息和广播信息的调度传输；以及设置和提供 eNB 的测量等功能。

（3）用户设备（UE）

用于 LTE 的用户设备（UE）的内部结构是相同的，它实际上是一个移动设备（ME）。UE 通过 Uu 接口与 eNodeB 相连，它主要包括以下三个重要模块：

1）移动终端（MT）：处理所有通信相关的功能。

2）终端设备（TE）：终止数据流的作用。

3）通用集成电路卡（UICC）：也被称为 LTE 设备的 SIM 卡。它运行的是 3G 中通用用户识别模块（USIM）的应用程序。USIM 存储的是用户特定的数据，包括用户的电话号码、家庭网络身份和安全密钥等信息。

2. LTE 网络接口

由图 8.2 可知，LTE 网络结构中主要有三大网络接口：

（1）S1 接口

S1 接口是 eNodeB 与 EPC 之间的接口。S1 接口沿袭了承载和控制分离的思想，分成两个接口，一个用于控制平面（S1 - MME），一个用于用户平面（S1 - U），如图 8.3 所示。

1）控制平面接口 S1 - MME：将基站和移动性管理实体（MME）相连，主要完成 S1 接口的无线接入承载控制、接口专用的操作维护等功能。

2）用户平面接口 S1 - U：将基站和服务网关（S - GW）连接，用于传送用户数据和相应的用户平面控制帧。

（2）X2 接口

X2 接口是 eNodeB 之间的接口，支持数据和信令的直接传输。eNodeB 之间通过 X2 接口互连，形成了网状网络。这是 LTE 相对传统移动通信网的重大变化，产生这种变化的原因在于网络结构中没有了 RNC，原有的树型分支结构被扁平化，使得基站承担更多的无线资源管理任务，需要更多地和相邻基站直接对话，从而保证用户在整个网络中的无缝切换。X2 也分为两个接口，一个用于控制平面（X2 - C），一个用于用户平面（X2 - U）。

（3）Uu 接口

Uu 接口是 eNodeB 与 UE 之间的接口。U（User to Network interface）表示用户网络接口；u（universal）表示通用。Uu 接口实现的交互数据分为两类：

1）用户面数据：用户业务数据，如上网、语音、视频等。

2）控制面数据：主要指无线资源控制（Radio Resource Control，RRC）消息，实现对 UE 的接入、切换、广播、寻呼等有效控制。

3. LTE 网络架构特点

LTE 的网络架构具有以下几个特点：

1）E - UTRAN 中只有一种网元——eNodeB。

2）网络结构扁平化，RNC + NodeB = eNodeB。

3）全 IP 网络结构，与传统网络互连互通。

4）网络扁平化减少了系统延时，改善了用户体验，可开展更多业务。

5）网元数目减少，网络部署简单，维护更加容易。

6）取消了 RNC 的集中控制，避免单点故障，有利于提高网络稳定。

8.3　LTE 的两种制式

8.3.1　LTE 两种制式的由来

实际上，LTE 其实并不符合国际电信联盟对下一代无线通信的标准（IMT - Advanced）定义，只有升级版的 LTE - Advanced 才满足国际电信联盟对 4G 的要求。LTE - Advanced（简写为 LTE - A）是 LTE 的演进版本。LTE - Advanced 的正式名称为 Further Advancements for E - UTRA。LTE - Advanced 是一个向后兼容的技术，完全兼容 LTE，是演进而不是革命，相当于 HSPA 和 WCDMA 这样的关系。LTE - Advanced 的相关特性有：宽带 100MHz；峰值速率下行 1Gbit/s，上行 500Mbit/s；峰值频谱效率下行 30b/（s·Hz），上行 15b/（s·Hz）；针对室内环境进行优化；有效支持新频段和大宽带应用；峰值速率大幅提高，频谱效率有效改进。如果严格的讲，LTE 作为 3.9G 移动互联网技术，那么 LTE - Advanced 作为 4G 标准更加确切一些。LTE - Advanced 的入围，包含 TDD 和 FDD 两种制式，其中 TD - SCDMA 将能够进化到 TDD 制式，而 WCDMA 网络能够进化到 FDD 制式。

TD - LTE（Time Division Long Term Evolution）是 LTE 技术中的 TDD（Time Division Duplexing）时分双工模式。TD - LTE 是我国自主研发的 4G 标准，是由 TD - SCDMA（3G 网络）发展而来的，该技术由上海贝尔、诺基亚西门子通信、大唐电信、华为技术、中兴通讯、中国移动、高通、ST - Ericsson 等业者共同开发。

FDD - LTE（Frequency Division Duplexing Long Term Evolution）是 LTE 技术中的频分双工（Frequency Division Duplexing，FDD）模式。FDD - LTE 是现在国际上主流的 4G 标准。由于无线技术的差异、使用频段的不同以及各个厂家的利益等因素，FDD - LTE 的标准化与产业发展都领先于 TD - LTE。FDD - LTE 已成为当前世界上采用的国家及地区最广泛的，终端种类最丰富的一种 4G 标准。

8.3.2　LTE 两种制式的对比

TD - LTE 和 FDD - LTE 都是基于 LTE 的不同分支，相似度超过 90%。二者的主要区别在空中接口的物理层上（帧结构、时分设计、同步等）。FDD - LTE 系统空口上下行传输采用一对对称的频段接收和发送数据，而 TD - LTE 系统上下行则使用相同的频段在不同的时隙上传输，相对于 FDD 双工方式，TDD 有着较高的频谱利用率。下面主要从三个方面进行比较：

（1）TD - LTE 省资源，FDD - LTE 速度快

为了建立起上行和下行的通道，FDD - LTE 通过频率来分割，在两个对称频率上，分别下载和上传。就好像是双车道，两个方向的汽车互不干扰，畅通无阻。TD - LTE 只用一个频率，既上传又下载，比 FDD 省了一个频率占用，资源利用率更高（实际上 TD - LTE 为了避免干扰，需要预留较大保护带，也会消耗一些资源），相当于"单行道"上跑双向"车流"，TD - LTE 只能通过时间来控制通信（时分双工），一会让下载的流量通过，一会又让

上传的流量通过。表现在手机端，会比 FDD 网速慢一些。FDD - LTE 理论下行速度为 150Mbit/s，TD - LTE 理论下行速度为 100Mbit/s。

（2）TD - LTE 热点覆盖，FDD - LTE 广域覆盖

人们使用手机，更多的是阅读、观赏和下载，很少用于上传。因此，如果手机的无线网络是可见的，你会发现下载通道上数据川流不息，上传通道却很少被使用。

TD - LTE 的优势在于，它将上传和下载通道合并为一个，然后通过时间来灵活控制，例如分配给下载的时间占 70%，上传占 30%，这样，整个通道的"车流"总是满的，资源利用率更高。在用户密集的热点区域，频段资源很紧张，此时 FDD 的"双车道"就显得很浪费，TDD 更适合。但由于 TDD 在上行方面受限，基站覆盖范围小于 FDD，因此，在非热点的广覆盖区域（城郊、乡镇和公路）上，TDD 需要比 FDD 建设更多基站，成本更高。

（3）TD - LTE 与 FDD - LTE 能混合组网

FDD - LTE 和 TD - LTE 这两个 LTE 的分支标准各有所长，但两者间基础技术非常相似。有专家表示，TD - LTE 和 FDD - LTE 完全可以看做一个系统，仅在业务实现上有一定的技术区别。

因此，国际上有了将 TD - LTE 与 FDD 混合组网的模式，充分发挥各自的长处，将 TD - LTE 用于热点区域覆盖，而 FDD 用于广域覆盖。

由于有着共同的技术基础，TD - LTE 与 FDD 在混合组网方面有着非常好的前景。这也是当年国际电联在制定 4G 标准时所期望实现的——即尽量降低不同标准之间物理层的差异，让网络标准最终走向融合。

中国移动在香港的 4G 网络中采用了 TD - LTE 与 FDD 混合组网的方式，工信部也即将组织运营商开展混合组网的验证。

TD - LTE 与 FDD - LTE 本质上共用一套标准基础，在业务实现的技术上有着一定差别。TD - LTE 节省频道资源，适合热点集中区域覆盖；FDD 的理论最高速度更快，基站覆盖更广，适合郊区、公路铁路等广域覆盖。两者混合组网，是更好的选择。

表 8.1 从高层信令、帧结构、物理层机制等方面将 TD - LTE 与 FDD - LTE 做了更详细地比较。

表 8.1　TD - LTE 与 FDD - LTE 的比较

相　同　点	不　同　点
高层信令，包括非接入层（NAS）和无线资源控制层（RRC）的信令	TDD 采用同一频段分时进行上下行通信；FDD 上下行占用不同频段
L2 用户面处理，包括 MAC、RLC 及 PDCP 等	采用的帧结构不同；FDD 上下行子帧相关联，TDD 上下行子帧数目是不同的；帧结构还会影响无线资源管理和调度的实现方式
物理层基本机制，如帧长，调制、多址、信道编码、功率控制和干扰控制等	物理层反馈过程不同，TDD 可以根据上行参考信号估计下行信道
时分双工与频分双工空中接口指标相同	下行同步方式不同，时分双工系统要求时间同步；频分双工在支持增强多播广播多媒体业务（eMBMS）时才需考虑

8.4　LTE 的主要业务及现状

8.4.1　LTE 的主要业务

移动数据业务在最近几年得到了迅猛发展。伴随着这种发展，用户对移动互联网业务的需求越来越多，特别是用户已经习惯了"永远在线"这种保持与外界联系的感觉，进一步对移动通信网络的带宽、时延、QoS 保障等提出了更高的要求。在业务提供方式上，LTE 只提供数据业务。LTE 网络中的典型业务有：

1. 移动高清多媒体业务

人类的视听能力有限，假设以"高清电视投影到视网膜，高保真音响透射到耳膜"为模型，数字化后的信息比特流速率就应该是人类视听的极限，这个数值接近 1000Mbit/s。

对于个人业务，用户对当今大多数无线网络的视听速率感到非常失望。LTE 技术能够实现质量更好、速率更快的连接，其特点决定有可能向个别用户提供支持视频业务的足够带宽。

在线播放高清视频需要很高的带宽，LTE 使移动用户也能在线享受高清视频，因此"移动高清多媒体业务"应该是 LTE 网络无法被替代的优势，它可针对移动中的大屏幕终端设备提供高清多媒体业务。

2. 实时移动视频监控

由于要实时上传视频流到监控中心，视频监控对上传带宽要求很高。在 3G 高速上行链路分组接入（High Speed Uplink Packet Access，HSUPA）系统中，上行峰值速率为 5.76Mbit/s（商用网还要更低），难以满足实时视频传递的要求。LTE 能很好地支持无线实时视频监控（50Mbit/s 上行带宽，LTE 可同时上传 8 路高清视频）。

3. 移动 Web2.0 应用

Web2.0 的主要特点是与用户通过浏览器获取信息的 Web1.0 相对应，注重用户交互作用，用户既是浏览者也是内容的创造者。Web2.0 是网络文化传播的新载体，标志着以个人为中心的互联网时代的到来，强调双向互动和使用者的参与。

Web2.0 并非替代 Web1.0，如果说 Web1.0 时代网络的使用是下载与阅读，那么 Web2.0 时代则是上传与分享。简单地说就是可以互相沟通，而不是像书本那样只能读。网站的内容，Web1.0 由媒体自行上传，Web2.0 则由网友共同创造。Web2.0 应用的一些典型案例包括大众点评网、博客网、淘宝等。就拿博客来说，借助 LTE 网络和手机终端，可以实现家人朋友间的内容共享（图片/视频/音频）、紧急报告和业务、厂家促销（新的电影、CD、MTV 等发行）、信息的推送等。通过这种方式，可以实现多媒体内容基于多种网络的共享。

4. 支持移动接入的 3D 游戏

手机网络游戏是指基于无线互联网，可供多人同时参与的手机游戏类型，目前细分为 WAP 网络游戏与客户端网络游戏。网络延时和带宽成为当前限制多人在线游戏规模的主要因素，很多游戏要求高实时性，在游戏中每个节点都需要频繁交互。通过 LTE 网络支持的 3D 游戏具有以下特点：

1）游戏更具吸引力。3D游戏需要更高带宽和更低延迟，而LTE的高带宽和低延迟保证了移动3D游戏服务质量（QoS）和体验质量（QoE），3D画质和流畅的背景转换，逐步具备了与专业游戏设备媲美的画面质量和响应速度。

2）支持手机游戏社区。LTE时代网络的发展将带来手机游戏社区的迅猛发展。

3）更多参与者。将来的游戏平台是需要支持好友共同参与的游戏模式，因为对手越多游戏越有趣。

4）游戏多元化。针对互联网用户量的急剧上升，追求休闲娱乐为主要趋势，需发展一个可以支撑游戏类型比较多的平台。

5）互动性强。上行传输信息大幅增长。

6）提高推广效率。以更低成本带来更多用户。

5. 支持移动接入的远程医疗系统

通过支持移动接入的远程医疗系统，可以实现生理参数值（心率、血压、血糖、呼吸频率等）实时上传、车内便携式高清视频监控及标清视频监控（上行）、医疗中心视频及数据传送（下行）等。还可以实现上级医院医生与社区医生通过视频通信协作；上级医院医生与社区医生共享医疗图像，上级医院医生可以在图像上标注重点；提供会议接入服务，方便多科室和多地域专家加入会诊，实现资源共享，提高效率。

6. 智能出租车

出租车系统作为城市公共交通系统中重要的组成部分，其系统效率大大地影响了整个城市公交系统的效率。传统的出租车运营面临的问题有以下几点：高峰期供不应求，资源调配困难；非高峰期空车率偏高，造成能源浪费，运输成本上升；道路信息获取不足（包括路线规划），运营效率低下。造成这些问题的主要原因为驾驶员、乘客、出租车运营商以及城市路网信息源之间的信息发布沟通不对称。

与高速移动网络结合的下一代智能出租车将LTE创新的网络技术应用于智能出租车系统，不仅可以有效地减少空车率、降低能耗和排污、缓解交通压力、提高城市交通运营的效率和质量，同时还能够提高交通安全性，拓展公共交通新盈利领域，对构建绿色节能的公交体系和创造新的产业价值链有重大的意义。该系统可以实现网络订车系统，司机、乘客信息交互；出租车拼车服务；LTE网络视频监控和智能安防业务；丰富的LTE智能出租车车载业务。

7. 车载网真终端

网真会议解决方案结合了音频、视频和互动组件，为远端的参会者创造了有如"身临其境"的会议体验。"移动网真"的应用场合有集会、培训，高清视频客服及导游，实景导航业务，户外应急指挥，领导巡视，远程诊断等。

8. 高清视频即摄即传

高清视频即摄即传业务（也称移动采编播），为传媒机构提供了独一无二的高清视频移动采编服务，相较于传统的采编播系统具有成本低廉、信号稳定、双向传输、快速反应等优势，将推动广电业务的传统运作方式发生根本变化，并将引领实况转播工作模式的深层变革。

9. 移动化电子学习

移动化电子学习业务将课堂学习带到了教室之外。电子化学习（e‐Learning）的概念带来了每时每刻的学习体验。一个学生通过双向语音设备与远程的老师交流，就同样的发言稿、视频片段和其他多媒体内容进行课堂讨论。LTE 使高速而随时的电子化学习变为可能。

10. M2M

M2M（Machine to Machine）一般被认为是机器到机器的无线数据传输，有时也包括人对机器和机器对人的数据传输。有多种技术支持 M2M 网络中终端之间的传输协议。LTE 在 M2M 的通信方面有很大优势——它容易得到较高的数据速率，容易得到现有计算机 IP 网络的支持，更能适应在恶劣移动环境下完成任务。M2M 应用大体包括以下几类：远程测量，公共交通服务，销售与支付，远程信息处理/车内应用，安全监督，维修维护，工业应用，家庭应用，通过遥测、电话、电视等手段求诊的医学应用，针对车队、舰船的快速管理等。

8.4.2　LTE 的业务现状

LTE 的业务之所以能够得到迅速开展是因为得到了运营商的力挺和设备商的跟进。

1. 运营商力挺

LTE 技术得到了全球移动通信（GSM）协会的大力支持，同时很多运营商也纷纷选择了 LTE。最先采用 LTE 技术的是美国 AT&T，英国沃达丰于 2007 年 9 月宣布 LTE 计划。2007 年 11 月，LTE 标准在 GSM 得到应用，并声称这一标准在全球将有诸多 GSM 运营商作为首选。2008 年 2 月，在巴塞罗举行的 3GSM 大会上，前中国移动总裁王建宙表示，中国移动将与美国威瑞森电信（Verizon）、英国沃达丰共同加入，LTE 的测试。

2013 年，中国移动于 6 月份启动 LTE 网络主设备招标工作，LTE 组网采购规模约有 20.7 万个基站，载扇共计 55 万，投资纸头为 500 亿元，在全国 100 多个城市覆盖。2014 年，中国移动 4G 用户达到 9006.4 万，4G 用户渗透率达到 11.17%，2015 年 9 月，4G 渗透率突破 30%，中国移动 4G 用户数达到 3.12 亿，渗透率为 38%。2016 年中国移动 4G 渗透率达到 60%。

2014 年，中国联通计划每年投资 100 亿元建设 3.1 万个 4G 基站。中国联通 4G 用户由 2014 年 210.8 万户，增长到 2015 年 4415.6 万户，4G 渗透率为 17.5%。

2015 年，中国电信全年 4G 用户规模达到 5846 万，净增超过 5100 万，渗透率为 29.5%；同年，中国电信和中国联通发展 4G 用户数约等于 2014 年中国移动 4G 用户数。

2016 年，中国 4G 用户市场增速远超 2015 年，存量用户市场挖角态势加剧。2017 年，移动用户市场竞争加剧，中国移动有望推出 2G + LTE 终端；中国电信和联通 4G 终端有望推出 FDD + TDD 载波聚合手机。2018 年，单模 VoLTE 手机将普及。LTE 得到了诸多运营商的大力支持，在移动宽带技术中，LTE 将成为长期的继任者。

2. 设备商跟进

LTE 由于得到诸多运营商的普遍选择，这为全球移动通信产业的发展指明了方向，在 LTE 领域中，设备制造商也纷纷投入，促进了 LTE 的不断发展。

在商用产品的推出上，LTE 根据 3GPP 所制定的计划，商用产品于 2008 ~ 2009 年推出，与此对应，商用 LTE 产品计划也有设备制造商纷纷推出。其中，多制式基站的 LTE 商用产品为华为在 2009 年推出，并将 LTE 商用网络在全球进行了部署；LTE 的相关产品由北电在 2008 年推出，满足了 2010 年后对 LTE 网络的大规模商业部署；在 2009 ~ 2010 年日本电气股份有限公司（NEC Corporation）推出了 LTE 的有关服务，对相关网络及终端产品有了积极的准备。爱立信与大唐在 LTE 领域展开了合作，重点研究了 LTE/TDD 技术，并在 2010 ~ 2012 年期间推出了 TD – LTE，从而实现了热点地区覆盖。

在 LTE 的应用测试上，因为有设备制造商的大力推动，早在 2008 年就部署了试商用网络，并且顺利对 LTE 的应用进行了测试。对 LTE 的呼叫测试成功完成，是 LTE 商业化进程中一个非常重要的里程碑。

8.5 LTE 关键技术

8.5.1 OFDM 技术

正交频分复用（Orthogonal Frequency Division Multiplexing，OFDM）技术是多载波调制（Multi – Carrier Modulation，MCM）的一种。其主要思想是：将信道分成若干正交子信道，将高速数据信号转换成并行的低速子数据流，将其调制在每个子信道上进行传输。正交信号可以通过在接收端采用相关技术来分开，这样可以减少子信道间的相互干扰。每个子信道上的信号带宽小于信道的相干带宽，因此每个子信道可以看成平坦性衰落，从而可以消除符号间干扰。而且每个子信道的带宽仅仅是原信道带宽的一小部分，信道均衡变得相对容易。

在传统的并行数据传输系统中，整个信号频段被划分为 N 个相互不重叠的频率子信道。每个子信道传输独立的调制符号，然后再将 N 个子信道进行频率复用。这种避免信道频谱重叠看起来有利于消除信道间的干扰，但是这种又不能有效利用频谱资源。常规频分复用与 OFDM 的信道分配情况如图 8.4 所示。可以看出，OFDM 至少能够节约二分之一的频谱资源。

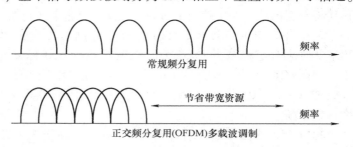

图 8.4　常规频分复用与 OFDM 的信道分配情况

在 OFDM 传播过程中，高速信息数据流通过串并变换，分配到速率相对较低的若干子信道中传输，每个子信道中的符号周期相对增加，这样可减少因无线信道多径时延扩展所产生的时间离散性对系统造成的码间干扰。另外，由于引入保护间隔，在保护间隔大于最大多径时延扩展的情况下，可以最大限度地消除多径带来的符号间干扰。如果用循环前缀作为保护间隔，还可避免多径带来的信道间干扰。

1. OFDM 调制和解调

OFDM 利用相互正交的子载波来实现多载波通信的技术。在基带相互正交的子载波就是类似 $\{\sin(\omega t)、\sin(2\omega t)、\sin(3\omega t)\}$ 和 $\{\cos(\omega t)、\cos(2\omega t)、\cos(3\omega t)\}$ 的正弦波和余弦波，属于基带调制部分。将基带相互正交的子载波调制到射频载波 ω_c 上，成为可以发射出去的射频信号。

在接收端，将信号从射频载波上解调下来，在基带用相应的子载波通过码元周期内的积分把原始信号解调出来。基带其他子载波信号与信号解调所用的子载波由于在一个码元周期内积分结果为 0，相互正交，所以不会对信息的提取产生影响。整个 OFDM 调制解调过程如图 8.5 所示。

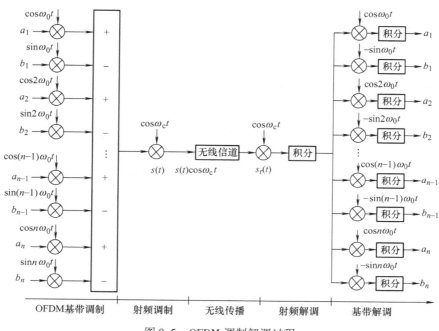

图 8.5　OFDM 调制解调过程

2. 保护间隔和循环前缀

采用 OFDM 的一个主要原因是它可以有效地对抗多径时延扩展。通过把输入的数据流串/并变换到 N 个并行的子信道中，使得每个用于调制子载波的数据符号周期可以扩大为原始数据符号周期的 N 倍，因此时延扩展与符号周期的比值也同样降低到原来的 $1/N$ 倍。为了最大限度地消除符号间干扰，还可以在每个 OFDM 符号之间插入保护间隔（guard interval），而且该保护间隔长度 T_g 一般要大于无线信道的最大时延扩展，这样一个符号的多径分量就不会对下一个符号造成干扰。在这段保护间隔内，可以不插入任何信号，即是一段空闲的传输时段。然而在这种情况下，多径传播会产生信道间干扰（ICI），即子载波之间的正交性遭到破坏，不同的子载波之间产生干扰，如图 8.6 所示。

由于每个 OFDM 符号中都包括所有的非零子载波信号，而且同时会出现

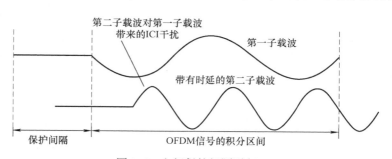

图 8.6　空闲保护间隔引起 ICI

该 OFDM 符号的时延信号，因此图中给出了第一子载波和第二子载波的延时信号。从图中可以看出，由于在 FFT 运算时间范围内，第一子载波与带有时延的第二子载波之间的周期个数之差不再是整数，所以当接收机试图对第一子载波进行解调时，第二子载波会对此造成

干扰。同样，当接收机对第二子载波进行解调时，有时会存在来自第一子载波的干扰。

为了消除由于多径所造成的ICI，OFDM符号需要在其保护间隔内填入循环前缀信号，如图8.7所示。这样就可以保证在FFT周期内，OFDM符号的延时副本内包含波形的周期个数也是整数。小于保护间隔 T_g 的时延信号就不会在解调过程中产生ICI。

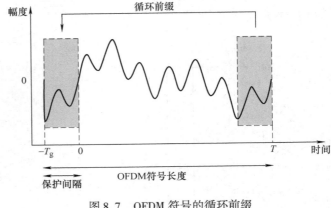

图8.7　OFDM符号的循环前缀

通常，当保护间隔占到20%时，功率损失也不到1dB，但是带来的信息速率损失达20%，[传统的单载波系统中存在信息速率（带宽）的损失]。然而插入保护间隔可以消除ISI和多径所造成的ICI的影响，因此这个代价是值得的。

3. 同步技术

同步在通信系统中占据非常重要的地位。例如，当采用同步解调或相干检测时，接收机需要提取一个与发射载波同频同相的载波，同时还要确定符号的起始位置等。一般的通信系统中存在如下的同步问题：

1）发射机和接收机的载波频率不同。

2）发射机和接收机的采样频率不同。

3）接收机不知道符号的定时起始位置。

OFDM符号由多个子载波信号叠加构成，各个子载波之间利用正交性来区分，因此确保这种正交性对于OFDM系统来说是至关重要的，它对载波同步的要求也就相对较严格。在OFDM系统中存在如下几个方面的同步要求。

1）载波同步：接收端的振荡频率要与发送载波同频同相。

2）样值同步：接收端和发射端的采样频率一致。

3）符号定时同步：IFFT和FFT起止时刻一致。

与单载波系统相比，OFDM系统对同步精度的要求更高，同步偏差会在OFDM系统中引起ISI及ICI。图8.8显示了OFDM系统中的同步要求，并且给出了各种同步在系统中所处的位置。

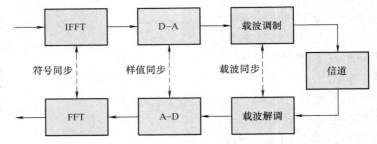

图8.8　OFDM系统内的同步示意图

4. 信道估计

加入循环前缀后的OFDM系统可以等效为 N 个独立的并行子信道。如果不考虑信道噪声，N 个子信道上的接收信号等于各子信道上的发送信号与信道的频谱特性的乘积。如果通过估计方法预先获知信道的频谱特性，将各子信道上的接收信号与信道的频谱特性相除，即可实现接收信号的正确解调。

常见的信道估计方法有基于导频信道和基于导频符号（参考信号）这两种，多载波系统具有时频二维结构，因此采用导频符号的辅助信道估计更灵活。导频符号辅助方法是在发送端的信号中某些固定位置插入一些已知的符号和序列，在接收端利用这些导频符号和导频序列按照某些算法进行信道估计。在单载波系统中，导频符号和导频序列只能在时间轴方向插入，在接收端提取导频符号估计信道脉冲响应。在多载波系统中，可以同时在时间轴和频率轴两个方向插入导频符号，在接收端提取导频符号估计信道传输函数。只要导频符号在时间和频率方向上的间隔相对于信道带宽足够小，就可以采用二维内插入（滤波的方法）来估计信道传输函数。

5. 降峰均比技术

除了对频率偏差敏感之外，OFDM 系统的另一个主要缺点就是峰值功率与平均功率比〔简称峰均比（PAPR）〕过大的问题。即与单载波系统相比，由于 OFDM 符号是由多个独立的经过调制的信号相加而成的，这样的合成信号就有可能产生比较大的峰值功率，由此会带来较大的峰均比。

信号预畸变技术是最简单、最直接的降低系统内峰均比的方法。在信号被送到放大器之前，首先经过非线性处理，对有较大峰值功率的信号进行预畸变，使其不会超出放大器的动态变化范围，从而避免较大的 PAPR 出现。最常用的信号预畸变技术包括限幅和压缩扩张方法。

6. OFDM 技术的特点

OFDM 系统通过多个正交的子载波来区分不同的信道，并行地承载数据。这个特点决定了 OFDM 系统相对于其他系统来说，有以下优点：

（1）频谱利用率高

传统的 FDM 系统的载波之间必须有保护带宽，频率的利用效率不算高。OFDM 的多个正交子载波可以相互重叠，无须保护带来分离子信道，从而提高了频率利用效率。频率效率是运营商关心的重点。这里强调的 OFDM 比 FDM 的频谱效率高，但和 CDMA 比较起来，在低于 5MHz 带宽的时候，优势并不明显。3GPP 对 CDMA 和 OFDM 的频谱效率做过严格的对比测试，结论是两者的频谱效率相差无几。

（2）带宽可灵活配置

LTE 上下行带宽可以根据实时需求灵活配置，如：此时刻上行带宽是 18MHz、下行带宽是 2MHz；而下一个时刻的上行带宽为 10MHz、下行带宽为 10MHz。

（3）可扩展性强

带宽等级有：1.4MHz、3MHz、5MHz、10MHz、15MHz、20MHz。

（4）系统的自适应能力增强

OFDM 技术持续不断地监控无线环境特性的变化，通过接通和切断相应的子载波，使之动态地适应环境，来确保无线链路的传输质量。

以往无线自适应技术有天线自适应、信道自适应、资源分配自适应，但自适应技术只局限于时域和码域的自适应，没有频率自适应。OFDM 将自适应能力扩展到频域，支持频率位置、带宽大小对无线环境的适应能力，极大地提高了抗频率选择性衰落的能力。OFDM 的资源分配是以无线资源块（Radio Block，RB）为单位，一个 RB 里面有多个正交的子载波，也就是说，子载波的数量大小可以自适应。

（5）抗衰落能力和抗干扰能力强

OFDM 采用多个子载波并行传输技术，符号周期增加很多，对抗脉冲噪声和信道快衰落的能力得到增强；采用子载波的联合编码，起到了子信道间的频率分集作用，降低了对时域均衡器的要求。

OFDM 系统和其他系统不同之处在于无用户间干扰的概念，但有符号间干扰 ISI、载波间干扰 ICI 的概念。OFDM 并行传输技术和加入循环前缀 CP 技术，大大降低了 ISI、ICI 的影响。在单载波系统中，单个衰落或者干扰可能导致整个无线链路被破坏；但在 OFDM 的多载波系统中，频率自适应通过合理地挑选子载波的位置，使得只有一小部分子载波受到影响。纠错机制可帮助恢复这些受损子载波上的信息。因此，OFDM 系统较单载波系统具有更强的抗衰落和干扰能力。

尽管 OFDM 有诸多优点，但该技术也有缺点：

（1）OFDM 的峰均比高

OFDM 符号由多个子载波组成，各个子载波信号是由不同的调制方式分别完成的。OFDM 符号在时域上表现为 N 个正交子载波信号的叠加。当这 N 个信号恰好同相，峰值相叠加时，OFDM 符号将产生最大峰值。该峰值功率最大可以是平均功率的 N 倍。尽管峰值功率出现的概率较低，但峰均比越大，必然会对放大器的线性范围要求越高。也就是说，过高的峰均比会降低放大器的效率，增加 A－D 转换和 D－A 转换的复杂性，也增加了传送信号失真的可能性。

（2）多普勒频移大

OFDM 系统严格要求各个子载波的正交性，频偏和相位噪声会使各个子信道之间的正交特性恶化。任何微小的频偏都会破坏子载波之间的正交性，仅 1% 的频偏就会造成信噪比下降 30dB，引起载波间的干扰（ICI）。

当移动速度较高的时候，必然会产生多普勒频偏。对于宽带载波来说，多普勒频偏相对整个带宽比例较小，影响不大；而多普勒频偏相对于 OFDM 子载波来说，比例就比较大了。对抗多普勒频偏性能较差，是 OFDM 技术一个致命的缺点。

同样，频偏会产生相位噪声，易导致高阶调制符号星座点的错位、扭曲，从而形成 ICI。而对宽带单载波系统来说，相位噪声就不会引起这个问题，只能降低接收到的信噪比，而不会引起载波间的相互干扰。LTE 和其他无线制式相比，移动性要求并不算高。但考虑到 OFDM 对多普勒频移和相位噪声的敏感度较强，当终端移动速度高于 30kMbit/h 的时候，子载波级的自适应调制技术就不适用了，由此可得出 LTE 对移动性的要求和其他制式相比较高。

（3）时间和频率同步要求严格

时间失步会导致符号间干扰（ISI），频率失步则类似频偏的影响，导致载波间干扰（ICI）。OFDM 系统通过设计同步信道、导频和信令交互，以及 CP 的加入，目前已经能够满足系统对同步的要求。

（4）小区间干扰控制难度大

OFDM 系统在抑制小区内的干扰方面优势比较明显，但对于小区间的干扰抑制仍需要依赖其他技术来进行辅助，这是 OFDM 系统目前面临的最大问题。

8.5.2 MIMO 与智能天线

1. MIMO 的原理

多输入多输出（Multiple - Input Multiple - Output，MIMO）的系统框图如图 8.9 所示。

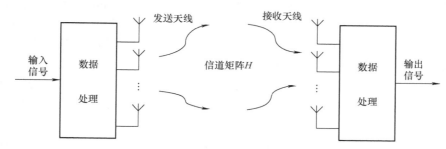

图 8.9 MIMO 系统框图

该技术最早是由 Marconi 于 1908 年提出的，它利用多天线来抑制信道衰落。MIMO 技术是指在发射端和接收端分别设置多副发射天线和接收天线，其出发点是将多发送天线与多接收天线相结合，以改善每个用户的通信质量（如差错率）或提高通信效率（如数据速率）。信道容量随着天线数量的增大而线性增大。也就是说可以利用 MIMO 信道成倍地提高无线信道容量，在不增加带宽和天线发送功率的情况下，频谱利用率可以成倍地提高。

利用 MIMO 技术可以成倍提高信道的容量，同时也可以提高信道的可靠性，降低误码率。前者是利用 MIMO 信道提供的空间复用增益，后者是利用 MIMO 信道提供的空间分集增益。目前 MIMO 技术领域另一个研究热点就是空时编码。常见的空时码有空时块码、空时格码。空时编码的主要思想是利用空间和时间上的编码实现一定的空间分集和时间分集，从而降低信道误码率。

2. MIMO 的核心技术

MIMO 系统在一定程度上可以利用传播中的多径分量，也就是说 MIMO 可以有效对抗多径衰落，但是对于频率选择性深衰落，MIMO 系统依然是无能为力。目前解决 MIMO 系统中的频率选择性衰落的方案一般是利用均衡技术，还有一种是利用 OFDM。大多数研究人员认为 OFDM 技术是 4G 的核心技术，4G 需要极高的频谱利用率，而 OFDM 提高频谱利用率的能力毕竟是有限的，在 OFDM 的基础上合理开发空间资源，也就是 MIMO - OFDM，可以提供更高的数据传输速率。

另外，OFDM 因码率低和加入了时间保护间隔而具有极强的抗多径干扰能力。由于多径时延小于保护间隔，所以系统不受码间干扰的困扰，这就允许单频网络（SFN）可以用于宽带 OFDM 系统，依靠多天线来实现，即采用由大量低功率发射机组成的发射机阵列消除阴影效应，来实现完全覆盖。

MIMO - OFDM 系统的核心技术主要包括信道估计、空时信号处理技术、同步技术、分集技术等。

（1）MIMO - OFDM 的信道估计

在一个传输分集的 OFDM 系统中，只有在接收端有很好的信道信息时，空时码才能进行有效地解码。估计信道参数的难度在于，对于每一个天线，每一个子载波都对应多个信道参数。但对于不同的子载波，同一空分信道的参数是相关的。根据这一相关性，可以得到参数的估计方法。MIMO - OFDM 系统信道估计方法一般有三种：非盲信道估计、盲信道估计和半盲信道估计。

1）非盲信道估计。非盲信道估计是通过在发送端发送导频信号或训练序列，接收端根据所接收的信号估计出导频处或训练序列处的信道参数，然后根据导频或训练序列处的信道参数得到数据信号处的信道参数。当信道为时变信道时，即使是慢时变信道，也必须周期性的发射训练序列，以便及时更新信道估计。这类方法的好处是估计误差小，收敛速度快；不足是由于发射导频或训练序列而浪费了一定的系统资源。

2）盲信道估计。盲信道估计是利用信道的输出以及与输入有关的统计信息，在无须知道导频或训练序列的情况下估计信道参数。其好处是传输效率高；不足是健壮性相对较差、收敛速度慢，而且运算量较大。

3）半盲信道估计。半盲信道估计是在盲信道估计的基础上发展起来的，它利用尽量少的导频信号或训练序列来确定盲信道估计算法所需的初始值，然后利用盲信道估计算法进行跟踪、优化、获得信道参数。由于盲信道算法运算复杂度较高，目前还存在很多问题，难以实用化。而半盲信道估计算法有望在非盲算法和盲算法的基础上进行折中处理，从而降低运算复杂度。

（2）空时信号处理技术

空时信号处理是随着 MIMO 技术而诞生的新概念，与传统信号处理方式的区别在于其从时间和空间两方面同时研究信号的处理问题。从信令方案的角度看，MIMO 主要分为空时编码和空间复用两种。

1）空时编码。空时编码技术在发射端对数据流进行联合编码，以减小由于信道衰落和噪声所导致的符号错误率，同时增加信号的冗余度，从而使信号在接收端获得最大的分集增益和编码增益。

2）空间复用。空间复用是通过不同的天线尽可能多地在空间信道上传输相互独立的数据。MIMO 技术的空间复用就是在接收端和发射端使用多个天线，充分利用空间传播中的多径分量，在同一信道上使用多个数据通道发射信号，从而使得信道容量随着天线数量的增加而线性增加。这种信道容量的增加不占用额外的带宽，也不消耗额外的发射功率，因此是增加信道和系统容量的一种非常有效的手段。

（3）MIMO - OFDM 系统同步技术

MIMO - OFDM 系统对定时和频偏敏感，因此时域和频率同步特别重要。MIMO - OFDM 系统同步问题包括载波同步、符号同步和帧同步。

1）载波同步。载波频率不同步会破坏子载波之间的正交性，不仅造成解调后输出的信号幅度衰减以及信号的相位旋转，更严重的是带来子载波间的干扰（ICI），同时载波不同步还会影响到符号定时和帧同步的性能。一般来说，MIMO - OFDM 系统的子载波之间的频率间隔很小，因此所能容忍的频偏非常有限，即使很小的频偏也会造成系统性能的急剧下降，所以载波同步对 MIMO - OFDM 系统尤为重要。

2）符号同步。在接收数据流中寻找 OFDM 符号的分界是符号同步的任务。MIMO - OFDM 系统的符号不存在眼图，没有所谓的最佳抽样点，它的特征是一个符号由 N 个抽样值（N 为系统的子载波数）组成，符号定时也就是要确定一个符号开始的时间。符号同步的结果用来判定各个 OFDM 符号中用来做 FFT 的样值的范围，而 FFT 的结果将用来解调符号中的各子载波。当符号同步算法定时在 OFDM 符号的第一个样值时，MIMO - OFDM 接收机的抗多径效应的性能达到最佳。理想的符号同步就是选择最佳的 FFT 窗，使子载波保持正交，且 ISI（符号间干扰）被完全消除或者降至最小。

3）帧同步。帧同步是在 OFDM 符号流中找出帧的开始位置，也就是我们常说的数据帧头检测，在帧头被检测到的基础上，接收机根据帧结构的定义，以不同方式处理一帧中具有不同作用的符号。

（4）分集技术

无线通信的不可靠性主要是由无线衰落信道时变和多径特性引起的，如何在不增加功率和不牺牲带宽的情况下，减少多径衰落对基站和移动台的影响就显得很重要。唯一的方法是采用抗衰落技术，而克服多径衰落的有效方法就是采用第 4 章介绍的各种分集技术。不同分集技术的适用场合不同，一般系统中都会考虑多种技术的结合。在 MIMO - OFDM 中，由于利用了时间、频率和空间三种分集技术，大大增加了系统对噪声、干扰、多径的容限。

3. 智能天线

智能天线可以抗衰落，具有抑制干扰、自动跟踪信号，提升系统通信质量以及采用空时处理算法形成数字波束等智能功能。

智能天线系统在移动通信链路的发射端或接收端带有多根天线。根据信号处理位于通信链路的发射端还是接收端，智能天线技术被定义为多输入单输出（Multiple Input Single Output, MISO）、单输入多输出（Single Input Multiple Output, SIMO）和多输入多输出（Multiple Input Multiple Output, MIMO）等几种方式。下面分别介绍智能化接收、智能化发射及动态信道分配这三种智能天线技术的特点。

（1）智能化接收技术

应用智能天线的 CDMA 系统中，由于不同用户占用同一信道，不同用户带来的多址干扰（MAI）和多径信道带来的码间干扰（ISI）会使到达基站的用户信号产生畸变，所以必须采用信道估计和均衡技术，将各用户信号进行分离和恢复（即多用户检测 MUD）。整个上行信道等效为一个多重单输入多输出系统。

另一方面，为了给智能发射提供依据，在上行中还需要估计反映用户空间位置信息的参量，如 DOA、空域特征（Spatial Signature, SS）等，它们的精度估计将直接影响到下行信道选择性发送的性能。目前，完成智能化接收的方法主要有基于高分辨率阵列信号处理方法和基于信号时域结构方法两类。前一类方法又分为子空间方法和基于参数估计准则的方法，后一类方法主要利用信号的时域信息和先验特征进行空域处理。

（2）智能化发射技术

在蜂窝系统中，为满足多媒体业务通信质量的要求，发射信号功率一定要动态控制，在保证整个蜂窝系统各小区的信号总功率平衡的情况下（各小区干扰基本稳定），满足各种业务的不同传输速率和不同的误码率要求。

智能化发射技术利用用户的空间差异，保证每个用户只接收基站发给它的下行信号，不受同一信道中基站发给其他用户信号的干扰。实现智能化发射有基于反馈和基于上行链路参数估计两种方法。前一种方法是基站通过移动台返回基站的训练信号，估计下行信道的响应情况，其缺点是浪费带宽；后一种方法是利用一些特征参量相对于上、下行链路的不变性，通过各用户对上行信号的估计，确定下行链路的波束形成方案。

（3）动态信道分配技术

在通信中，信道分配是保障通信质量、有效利用信道的核心技术之一。在空分信道引入系统后，空分、频分、时分和码分信道的动态分配技术已成为新的技术难点。后三种信道分配技术是确定性的，可由系统根据用户情况动态分配，但空分信道分配不同。在基站处，接收功率相差不大和用户方向角度差大于天线主波瓣的用户，可分享同一时、频域信道。这样，空分信道分配就成为动态的条件组合问题，且随着用户空间位置的移动，为跟踪用户，空分信道必须相应变化，随时进行动态分配。

8.5.3 软件无线电技术

软件无线电（Software-Defined Radio，SDR）是20世纪90年代初提出的通信新概念和新技术。SDR以现代通信理论为基础，以数字信号处理为核心，以微电子技术为支持，其中心思想是构建一个具有开放性、标准化、模块化的通用数字硬件平台，通过实时的软件控制，实现各种无线电系统的通信功能，并使宽带模-数转换器（A-D）及数-模转换器（D-A）等先进的模块尽可能地靠近射频天线的要求。这种由"A-D—DSP—D-A"硬件平台和各种功能软件模块组成的无线通信系统，通过软件改变硬件配置结构方式实现不同的通信功能，所以具有高度的灵活性、开放性的特点。

一个理想软件无线电的组成结构如图8.10所示。软件无线电主要由天线、射频前端、宽带A-D/D-A转换器、通用和专用数字信号处理器（DSP）以及各种软件组成。软件无线电的天线一般要覆盖比较宽的频段，要求每个频段的特性均匀，

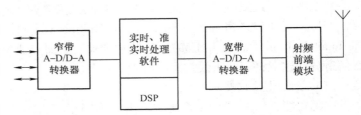

图8.10 理想软件无线电的组成结构

以满足各种业务的需求。射频前端在发射时主要完成上变频、滤波、功率放大等任务，接收时实现滤波、放大、下变频等功能。而模拟信号进行数字化后的处理任务全由DSP承担。为了减轻通用DSP的处理压力，通常把A-D转换器传来的数字信号经过专用数字信号处理器件处理，降低数据流速率，并且把信号变至基带后，再把数据送给通用DSP进行处理。

SDR的核心技术如下：

1）宽带/分频段天线：软件无线电台要求能够在短波到微波相当宽的频段内进行工作，最好能研究一种新型的全向宽带天线，可以根据实际需要用软件智能地构造其工作频段和辐射特性。目前的可行性方案是采取组合式多频段天线。

2）多载波功率放大器（MCPA）。理想的软件无线电在发射方向上把多个载波合成一路信号。通过上变频后，用一种MCPA对宽带的模拟混合信号进行低噪声放大。

3）高速宽带A-D、D-A变换。A-D的主要性能指标是采样速率和采样精度。理想的软件无线电台是直接在射频上进行A-D变换，要求必须具有足够的采样速率。

4）高速并行 DSP。数字信号处理（DSP）芯片是软件无线电所必需的最基本的器件。软件对数字信号的处理是在芯片上进行的。

5）软件无线电的算法。软件的构造，是把对设备各种功能的物理描述建立成数学模型（建模），再用计算机语言描述的算法转换成用计算机语言编制的程序。

软件无线电中的算法具有以下特点：

1）对信号处理的实时性要求很高。

2）应具高度自由化（便于升级）和开放性（模块化、标准化）。

目前软件无线电的算法为数值法，但并不排斥其他算法，或者多种算法的结合。

8.5.4　载波聚合

载波聚合（Carrier Aggregation，CA）是指通过一个或者多个并行射频收发机在多个连续或者不连续的载波或子频段上发送数据。设备可以采用单个宽带 RF 前端和一个 FFT 模块，或者多个传统 RF 前端和 FFT 模块来进行信号处理。选择一个或者多个收发机取决于功耗、成本、设备尺寸以及支持聚合类型灵活性的要求，大于 20MHz 的带宽可以通过 CA 技术来支持。

从 LTE 到 LTE－A 系统的演进过程中，提供系统和用户吞吐量最直接的途径是使用更多的频率资源。LTE－A 的目标是支持下行 1Gbit/s，上行 500Mbit/s 的峰值速率。为了满足这个需求，需要传输带宽达到 100MHz，然而在实际中很少有连续这么大的可用频偏资源，而且大带宽对于基站和终端的硬件设计也带来很大困难，故 LTE－A 采用 CA 将多个分量载波聚合起来达到高带宽的传输，OFDMA 在同一时间分配子载波给不同的用户，因此可调度多个用户同时接收数据，这是引入 CA 的第一个动机。LTE 载波最大支持 20MHz 带宽，而 LTE－A 载波最大支持五个 20MHz 的载波分量（CC）的聚合。CA 引入的第二个动机是有效利用离散的频谱。这种灵活性使得网络运营商的一系列离散频谱能够得以聚合。CA 引入的第三个动机是支持异构网络。典型的异构网络部署包括一层高功率宏小区和一层低功率小区，而且至少有一个载波是两层共用的。在这种场景下，一个小区的传输将对另外一个小区的控制信道造成很大的影响，进而影响调度和信令。不同于两层采用不同的载波这种频谱效率低下的方式，CA 可以使得多个载波被某一层小区使用，而干扰可以通过跨载波调度来避免。如何支持异构网的情形，支持异频下的小区干扰，是形成载波聚合需要重要考虑的一个因素。

CA 对射频器件的影响很大，功率放大、滤波器设计等都要引入新的设计以满足性能要求，所以很多的标准化工作涉及射频/基带性能指标的制定，而射频器件等工程实现也是 CA 标准的研究和制定的重要考虑因素。

8.5.5　多点协作

多点协作传输和接收（Coordinated Multiple Points Transmission/Reception，CoMP）也称为协作 MIMO，是指地理位置上分离的多个传输点，协同参与一个终端的数据传输或者联合接收一个终端发送的数据，参与协作的多个传输点通常指不同小区的基站。

与传统的单基站和 UE 终端进行通信的方式不同，CoMP 技术是多个基站共享物理传输资源等信息，相互协同传输或者联合调度，对数据的无线传输进行优化，实现多基站同时参与同 UE 终端的通信。CoMP 技术可按链路分为下行 CoMP 和上行 CoMP 两种，即下行的多点传输与上行的多点接收技术。对特定 UE 终端来讲，相互协作的多个基站形成协作集，这些基站直接或者间接参与到无线传输中。一般情况下，上行 CoMP 对标准的影响不大，因此，目前 3GPP 标准制定过程中绝大部分的 CoMP 技术研究内容是下行 CoMP 技术，主要是因为下行传输协作问题中面临更多的挑战。

CoMP 与小区间干扰（Inter-Cell Interference Coordination，ICIC）正好相反，将边缘用户的频率错开，以减少同频干扰；另外，将边缘用户置于几个基站的同频率上，几个基站同时为该用户服务，以提高边缘用户的覆盖性能。采用 CoMP 可以降低小区间干扰，主要是可以提升小区边缘用户的频率效率。

CoMP 技术可以看作是多天线技术从单小区向多小区的推广。尽管单节点的多天线技术对 CoMP 研究有借鉴作用，但是由于存在传播时延的差异、节点之间有线的通信速率以及节点间的同步误差等问题，CoMP 采用符合工程实际的技术。这里的节点包括宏基站和各类低功率节点，它们之间的连接有多种类型，具体技术也有所不同。

按用户数据业务的获取方式分类，CoMP 技术可以分为联合处理（Joint Processing，JP）和协同调度/协同波束赋形（Coordinated Scheduling /Coordinated Beam Forming，CS/CBF）。就 JP 而言，终端用户需要接收来自多个相互协作的基站发送的数据，再按相应的优化处理方法将这些数据整合处理。这种技术需要协作集中的所有基站同时拥有为该终端用户发送的数据，这对协作集中基站之间的通信有了更高的要求。一般来说，JP 要求协作集中的基站之间通信链路具有高容量、低时延等特性，目前光纤连接可以满足这样的需求，而传统无线通信系统中的基站之间相互通信的 X2 接口的低容量、高时延特性无法满足联合处理技术的要求。可以看出该技术对传统的无线通信系统及其通信方式影响很大。

CS/CBF 需要对相应基站调度信息与发送信息等在协作集中的基站进行动态决策，但与 JP 不同，其业务数据的发送只发生在服务小区中的基站而不是所有协作集中的基站。协同调度室指根据获得的无线信道信息在协作集中选择最优的基站进行数据传输；协同波束赋形则是指最优基站进行数据传输时，利用定向发射波束与 UE 终端进行通信，从而降低对相邻小区用户的干扰。协同调度与协同波束赋形技术对协作集中基站之间链路的容量和时延并无太多限制，X2 接口就可以满足相互之间通信的需求，因此对传统的无线通信系统及其通信方式并没有很大影响。

8.5.6 HARQ

混合自动重传请求（Hybrid Automatic Repeatre Quest，HARQ）由于信息在信道传输的过程中会产生丢失，所以为了保持信息的完整性，务必需要重传信息至所有的信息都完成接收为止。

按照重传发生时刻，可以将 HARQ 分为同步和异步两种。同步 HARQ 是指 HARQ 的传输（重传）发生在固定时刻，由于接收端预先知道传输发生的时刻，因此不需要额外的信令开销来表示 HARQ 进程的序号，此时的 HARQ 进程号可以从子帧号获得；异步 HARQ 是指 HARQ 的重传可以发生在任意时刻，因为接收端不知道传输的发生时刻，所以 HARQ 的进程处理序号需要连同数据一起发送。

按照重传时数据特性是否发生变化，又可以将 HARQ 分为非自适应性和自适应性两种。自适应传输是指发送端根据实际的信道状态信息，改变部分传输参数；非自适应传输是指传输参数相对于接收端已经知晓，因此包含传输参数的信令在非自适应传输系统中不需要再次传输。

同步 HARQ 的优势：开销小；在非自适应系统中接收端操作复杂度低；提高了信道的可靠性。

异步 HARQ 的优势：在完全自适应系统中，可以采用离散、连续的子载波分配方式，调度具有很大的灵活性；可以支持一个子帧多个 HARQ 进程；重传调度的灵活性强。

LTE 下行链路系统采用异步自适应的 HARQ 技术，上行系统采用同步非自适应的 HARQ 技术；上行链路系统选择同步非自适应的 HARQ 技术，主要是因为上行链路复杂，来自其他小区干扰的不确定性，基站无法精确地估测出各个用户的信干比（SINR）值，下行链路系统采用的是异步自适应的 HARQ 技术，下行 HARQ 时序如图 8.11 所示。

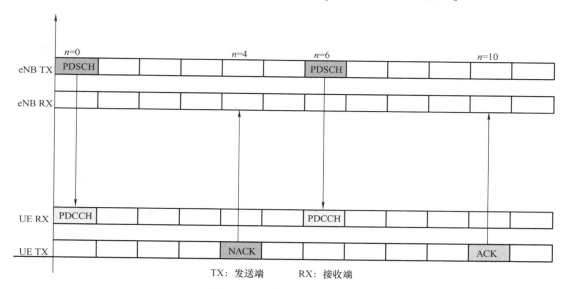

图 8.11 下行 HARQ 时序图

下行传输发送端通过 PDSCH 来调度，PDSCH 对应的 ACK 或者 NACK 在 PUCCH 或者 PUSCH 上发送；下行传输接收端通过 PDCCH 来调度；假设传输信息 1234，每经过一次传输只留下一位，比如 1，2，3，4 依次递进，那么就需要重传四次，才能将所有的信息完整传输完毕（理想状态）。每次传输，我们一般用跟踪（Chase）或者软合并（Soft Combining）来实现所有数据的合并。

当传输大数据时，必须多增加一个递增冗余（Incremental Redundancy，IR）来降低重传时所要消耗的大量开销，即后面传的是前面没接收到的数据，已经接收到的就不再传输。

8.5.7 自适应调制编码

自适应调制编码（Adaptive Modulation and Coding，AMC）是无线信道上采用的一种自适应的编码调制技术，通过调整无线链路传输的调制方式与编码速率，来确保链路的传输质量。在 TD‐LTE 中，主要有三种编码方式：

QPSK：Quadrature Phase Shift Keying，四相相移键控，一个符号代表 2bit；

16QAM：16 Quadrature Amplitude Modulation，16 正交幅度调制，一个符号代表4bit；

64QAM：64 Quadrature Amplitude Modulation，64 正交幅度调制，一个符号代表6bit。

LTE 下行方向的链路自适应技术基于终端反馈的 CQI 参数，从预定义的 CQI 表格中选择具体的调制与编码方式，见表8.2。

表8.2　CQI 参数表

CQI 值	调 制 方 式	编 码 效 率
1	QPSK	0.1523
2	QPSK	0.2344
3	QPSK	0.3770
4	QPSK	0.6016
5	QPSK	0.8770
6	16QAM	1.1758
7	16QAM	1.4766
8	16QAM	1.9141
9	16QAM	2.4063
10	64QAM	2.7305
11	64QAM	3.3223
12	64QAM	3.9023
13	64QAM	4.5234
14	64QAM	5.1152
15	64QAM	5.5547

LTE 在编码方式的选择上，主要取决于 CQI 信道质量，信道质量在 6 以下时，选用 QPSK 编码，7~9 选用16QAM，10 以上选用64QAM。

8.6　LTE 无线网络规划

在 4G 时代，移动通信技术的发展演进以及通信设备厂家间的激烈竞争，使得移动通信存在多制式、多厂商、多层网络并存的现象。同时，随着移动通信的快速发展，用户规模和需求不断增长，为了满足用户的业务需求而不断进行网络建设，导致网络规模越来越大，网络节点数以十万计。另外，运营企业要求 LTE 网络规划、优化朝着高效率和低成本方向发展，并且由于 LTE 系统性能对系统内外干扰高度敏感，使得 LTE 网络规划变得十分复杂。一个精品的网络需要符合覆盖连续、容量合理、成本最优三个基本条件。

8.6.1　LTE 规划要点

网络规划就是根据建网目标，确定基站数目及配置；确定站址位置及天线挂高、方向角、下倾角等工程参数；确定信道配置、邻区、频率等无线参数的过程，所有无线制式的规划概莫能外。只是各种无线制式在规划过程中，由于关键技术的不同，有不同的特殊考虑而已。无线网络规划流程如图 8.12 所示。

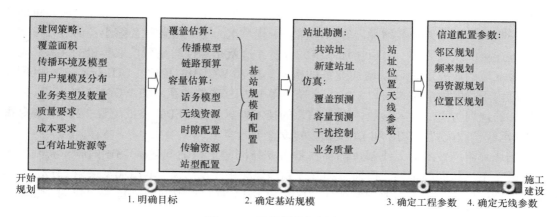

图 8.12　无线网络规划流程

LTE 的网络规划也遵循着无线网络规划流程的各个步骤。相对于以往的无线制式来说，LTE 在物理层、网络结构、调度算法等技术上有很多变革，因此在规划的过程中也有一些特殊的考虑。

和以往无线制式相比，LTE 更注重高速、大流量的用户需求。一般首选大中城市热点区域（如密集城区、高新开发区、校园区）和热点场景（如酒店、写字楼、大型场馆）。为了保证用户体验的连续性，应该保证 LTE 在一定区域范围内的连续覆盖。为了保证用户在 LTE 无线覆盖区域的业务要求，应该注重 LTE 与其他系统之间的互操作性能，避免频繁互操作。

从覆盖规划的角度上分析，GSM、WCDMA 和 LTE 之间也有差异。

GSM 的覆盖能力仅取决于发射端的发射功率和接收端的解调门限。WCDMA 和 LTE 的覆盖能力不仅取决于发射端的发射功率、接收端的解调门限，还取决于系统的负荷状态。系统的负荷越大，覆盖的范围越小，这就是所谓的呼吸效应。LTE 的呼吸效应不如 WCDMA 明显。

LTE 的覆盖能力还取决于对业务边缘速率的要求，边缘速率要求越低，覆盖范围越大。LTE 业务边缘速率和覆盖范围的关系类似 HSDPA 的特点。LTE 的覆盖还和 MIMO 配置、CP 配置、子载波数目相关，在进行链路预算时，需要考虑这些因素。

从容量规划的角度上来说，GSM 是 "硬容量" 特性，而 WCDMA 和 LTE 是 "软容量" 特性。

GSM 在干扰控制满足要求的情况下，系统所支持的用户数可以由时隙数和载频数确定，而 WCDMA 每载波的容量和所处的无线环境、小区内和小区间的干扰情况有很大的关系。

LTE 的每 RB 的容量主要和小区间的干扰情况有关，但系统整体带宽比 WCDMA 增加很多，同时带宽可以灵活配置，使得 LTE 比 WCDMA 支持更大的小区吞吐率，或者是在吞吐率相同的情况下支持更多的用户数。LTE 的容量不仅与载频配置、带宽配置有关，而且还与调度算法、小区间干扰协调算法、MIMO 配置有密切关系。LTE 的业务信道均为共享信道的方式，不能使用 3G 业务容量估算方法。

从支持的业务类型来说，GSM 支持语音业务和低速速率业务，质量目标确定；WCDMA 支持不同速率、不同 QoS 要求的业务类型，在规划过程中各种业务的覆盖和容量特性差别较大；LTE 支持比 WCDMA 更复杂的业务类型，如多媒体广播组播服务（Multimedia Broadcast Multicast Service，MBMS）业务。

　　从覆盖、容量、质量的关系来看，LTE 三者之间相互制约、相互影响。覆盖和容量的关系就是呼吸效应，如果负载增加、容量增加、干扰严重，那么覆盖就会缩小；通过功率控制降低业务连接的质量要求，可以增加系统的容量，这就是牺牲质量可换取容量的关系；通过降低边缘区域的业务质量可以增加业务的覆盖。但和 WCDMA 相比，LTE 仅存在小区间干扰，小区内干扰的影响基本可以忽略，这样使得 LTE 三者的关系不如 WCDMA 的密切。

　　LTE 的规划仿真的输入参数体现了 LTE 的技术特点，如 OFDM 参数配置、MIMO 参数配置、RB 承载参数配置、ICIC 和 DRA 算法的设置等内容。

　　采用蜂窝组网技术的无线制式都存在是否支持同频组网的问题。GSM 同频干扰对系统影响较大，不支持同频组网，需通过频率规划确保频率复用距离。WCDMA 采用 CDMA 扩频技术，支持同频组网，不需要频率规划。TD - SCDMA 对同频组网的支持能力较弱，需要频率规划。

　　LTE 也支持同频组网，频率复用系数为 1。但由于小区间干扰较为严重，LTE 的 1×1 频率复用模型只适合小区中心，不适合小区边缘。小区边缘需要保证同频复用距离，以避免小区间同频干扰。也就是 LTE 的频率规划是中心区域的同频组网和边缘区域的异频组网相结合的方式。鉴于 LTE 是一个同频干扰受限的宽带系统，为保证小区边缘的同频载干比，建议给室内覆盖预留单独的频率资源。

　　综上所述，和 GSM、WCDMA、TD - SCDMA 相比，LTE 在建网目标、覆盖规划、业务类型、网络仿真、频率规划等方面存在较大差异，见表 8.3。

表 8.3　四种制式对比表

比较项	GSM	WCDMA	TD - SCDMA	LTE
建网目标	广域连续覆盖	连续覆盖	连续覆盖	热点区域连续覆盖
覆盖规划	仅取决于发射端的发射功率和接收端的解调门限	覆盖能力还取决于系统的负荷状态，存在明显的呼吸效应	覆盖能力还取决于系统的负荷状态，和 WCDMA 相比，呼吸效应不明显	覆盖能力还取决于负荷的状态，但呼吸效应不明显；覆盖能力还和对业务边缘速率的要求、MIMO 配置、CP 配置、子载波数目相关
业务类型	支持语音业务和低速速率业务，质量目标确定	支持不同速率、不同 QoS 要求的业务类型；在规划过程中，各种业务的覆盖和容量特性差别较大	支持不同速率、不同 QoS 要求的业务类型；在规划过程中，各种业务的覆盖和容量特性差别较大	支持比 WCDMA 更复杂的业务类型
网络仿真	体现覆盖、容量、质量三者相互独立的特性	体现覆盖、容量、质量三者相互影响的特性	体现覆盖、容量、质量三者相互独立的特性，同时体现了 TD - SCDMA 智能天线，上、下行时隙灵活比，多用户检测等特点	输入参数体现了 LTE 的技术特点，OFDM 参数配置、MIMO 参数配置、RB 承载参数配置、ICIC 和 DRA 算法的设置
频率规划	异频组网，需要根据网络现状进行频率规划；当网络结构变化时，需要进行评论重整	支持同频组网，不需要频率规划	同频组网性能较低，需要频率规划	中心区域的同频组网，边缘区域的异频组网；中心区域不需要频率规划，边缘区域需要频率规划

8.6.2　LTE 覆盖估算

覆盖估算的目的是从覆盖的角度计算所需基站的数目。最根本的计算思路是规划覆盖面积与单基站的覆盖面积之比。覆盖估算的基本流程如图 8.13 所示。

在规划初期确立建网目标时，规划覆盖目标是热点区域覆盖，还是城区范围内连续覆盖，规划覆盖面积是多少就已经确定。现在的问题是单基站覆盖面积如何确定。

链路预算就是根据发射端天线口功率和接收端最小接收电平，来考虑无线环境的各种影响因素并计算最大允许路损的过程。覆盖估算讲究两个平衡：

1）上下行覆盖的平衡。

2）业务信道和控制信道覆盖的平衡。

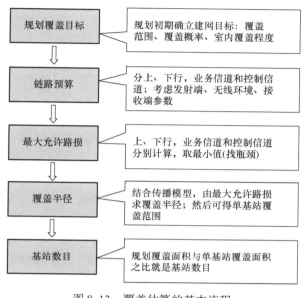

图 8.13　覆盖估算的基本流程

由于基站和手机发射功率不同，最小接收电平也不同，上下行的覆盖能力可能有较大差异，需要分别进行链路预算，找出覆盖受限的短板。由于业务信道、共享信道的调制方式、编码方式、资源占用数目等因素的不同，有可能导致覆盖范围的不同，也需要分别进行链路预算。

根据链路预算，选择最大允许路损计算结果中的最小值，就是计算基站覆盖半径的输入。传播模型描述了路损和距离的关系。也就是说，最大允许路损对应的就是最大覆盖距离。在实际的无线环境中，传播模型要进行必要的系数校正，使其更加符合实际的传播环境。现在常用的传播模型为 COST231 – Hata。最大覆盖距离相当于基站的覆盖半径。按照标准的蜂窝结构（正六边形），可以计算出单基站的覆盖面积。根据规划面积与单基站覆盖面积之比，便可以求出满足覆盖要求的基站数目。

8.6.3　LTE 容量估算

容量估算是通过计算满足一定话务量所需要的无线资源数目，进而计算所需要的载波配置、基站数目。容量估算和覆盖估算的目标有些区别：容量估算是从话务需求得出载波配置、基站数目；覆盖估算仅从覆盖需求得出基站数目，得不出载波配置。容量受限能满足覆盖需求，但不能满足容量需求，最终估算结果以容量估算所得的基站数目为准；覆盖受限则相反，满足了容量需求，不能满足覆盖需求，最终估算结果以覆盖估算所得的基站数目为准。影响无线系统的容量能力有两个因素：吞吐量和用户数，两者相互影响相互制约，如图 8.14 所示。

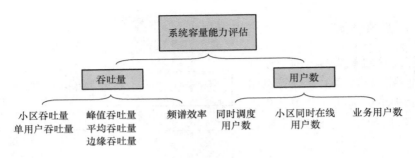

图 8.14　容量能力评估

吞吐量有多种：小区吞吐量、单用户吞吐量、峰值吞吐量、平均吞吐量、边缘吞吐量、理论峰值速率、实测峰值速率等。频谱效率指的是单位频率的吞吐量大小，也可以表征系统的容量能力。

用户数也有多种：支持某种业务的最大用户数、小区同时在线用户数（激活状态，但不一定传数据的用户）、同时调度用户数（某一时刻参与资源分配的用户）。

容量规划的追求目标是最大的吞吐量（小区吞吐量、单用户吞吐量）、最大的接入用户数，但彼此制约，规划时需根据建网目标来综合平衡。

LTE 业务信道是共享的，即同一用户的同一业务占用的资源数是动态变化的。也就是说，除了用户业务的行为是随机的，业务占用资源数目的多少也是随机，都随着无线环境的变化而变化。当使用 Erlang 法进行容量估算就比较粗糙了。

LTE 业务信道的共享性和容量对无线环境自适应性决定了容量估算的复杂性，人工计算是不现实的，也不精确，所以要借助工具来完成这个比较复杂的工作。LTE 容量估算可以考虑使用蒙特卡洛仿真法，请读者自行参考相关资料进行了解。

8.7　LTE 的发展趋势

业界广泛认为移动通信十年为一个周期，目前第四代移动通信技术已在全球大规模商用，第五代移动通信的技术研究和标准化提上议程。目前移动通信界已达成共识，5G 阶段将有全新的空中接口和网络架构，同时 LTE - Advanced 将会持续演进，并将成为 5G 重要的一部分，此外，5G 新空中接口将与 LTE - Advanced 增强技术紧密配合，提升整网性能。

1. 移动宽带能力进一步提升

引入全维多天线进一步提升系统容量。基于 OFDM 的 LTE 易于引入多天线技术，从 LTE 最初版本 R8 到 LTE - A Pro，即 R13/R14，多天线技术持续增强。基于有源天线的全维多天线可以在水平波束赋形基础上进行垂直波束赋形，从而实现密集城市中对不同楼层的覆盖，支持高阶多用户 MIMO，实现小区内和小区间干扰协调。LTE - A Pro R13 版本支持最大 16 端口的全维 MIMO，R14 在 R13 基础上进一步扩展端口能力，支持最大 32 端口的全维 MIMO。未来的 5G 系统将支持更多端口的全维多天线，如 64 端口、128 端口。

载波聚合有效地利用各种离散频谱。LTE 向更多载波数、不同类型频谱、更多技术间的载波聚合发展。LTE - A R10 阶段支持五个载波的聚合（即支持 100MHz 带宽），LTE - A Pro

中支持 32 个载波的聚合，即最大 640MHz 带宽，支持的峰值速率达到 10Gbit/s，系统吞吐量达到 2Gbit/s。

在移动宽带基本业务能力方面，LTE-A Pro 及演进的能力基本匹配 5G 需求，但面向 5G 的虚拟现实等时延敏感型业务，LTE-A Pro 技术还需要进一步优化。

2. 技术和资源整合

（1）LTE 与 WLAN 深度融合

随着产业的整合，越来越多的设备提供商具备多技术研发能力，这为多技术间深度融合提供了基础和动力。随着 LTE-A 系统自身能力的逐步完善和稳定，3GPP 开始研究如何能更好地实现 LTE 与 WLAN 技术的融合，以提升用户体验和网络服务质量。最初，蜂窝技术通过统一业务和网络管理、策略控制、无线资源管理等紧方式实现与 WLAN 的融合发展，WLAN 作为一种无线技术融入蜂窝网络。随着越来越多的 LTE-A 和 WLAN 双模基站设备的规划与研发，两个技术间信息的共享使得更深度融合成为可能，目标是实现智能分流控制、无缝漫游及无缝业务分流，运营商在设备、网络部署和资费上，整合蜂窝和 WLAN 资源。

从网络侧到无线侧，3GPP 和 WLAN 实现更精细化、更深度的融合。最初，网络侧提供有助于网络发现和选择的数据及策略，实现辅助网络发现和选择。在无线侧，LTE 与 WLAN 从融合到聚合。LTE 与 WLAN 融合是指通过 RAN 系统广播或专用信令发送 WLAN 详细信息，辅助接入网选择业务路由。在 LTE-A Pro 阶段，3GPP 进一步研究 LTE 与 WLAN 的聚合，即采用载波聚合或双连接架构，在无线侧将 LTE 和 WLAN 无线资源进行聚合，实现支持 WLAN 接入的同时，WLAN 对核心网是透明的。

（2）使用免许可频谱资源

许可频谱是移动通信运营商保障服务和用户体验的最高优先级考虑，但随着可用许可频谱资源的日益匮乏，并且免许可频谱总存量与许可频谱相当，借用免许可频谱来满足不断增长的业务需求已成为运营商的重要补充。目前运营商在免许可频谱上使用 WLAN，用以蜂窝数据的分流，但运营商希望使用统一的框架来管理许可频谱和免许可频谱，实现统一的网络架构、统一核心网单元、统一的移动性和安全框架，提出进一步优化免许可频谱上使用的技术，即免许可 LTE 技术。

免许可 LTE 技术面向运营商市场，与运营商现有许可频谱捆绑使用。与同样使用免许可频谱的 WLAN 不同，免许可 LTE 技术聚焦运营商场景，主要应用于室内和室外热点场景，目前不考虑企业市场的应用。为确保网络的整体服务质量，并避免未来可能的外部竞争，目前 LAA（授权辅助接入）中免许可频谱自身不能独立工作和组网，仅负责容量提升，必须通过被许可频谱聚合才能使用。也就是说用户必须先通过许可频谱接入系统，然后通过许可频谱的调度，才可以使用免许可频谱资源。为了满足不同区域免许可频谱的管制要求，LAA 采用"发送前监听"的信道占用和接入方案，支持最大传输时间受限的非连续传输、动态的频率选择、载波选择等机制。

面向免许可频谱，3GPP 为运营商提供了多套方案，同时 IEEE 也正在面向运营市场优化 WLAN 技术，这些方案都能在一定程度上解决目前运营商面临的问题，但解决问题的程度不同，涉及的产业阵营和利益环节不同，具体市场的成功与否还取决于成本、产业和市场模式推动等因素。

3. 业务能力扩展

LTE - A Pro 在进一步提升移动宽带能力的同时，积极拓展业务能力，向垂直行业延伸，扩大市场规模。

LTE - A Pro 面向大规模物联网应用提供解决方案。从 R10 开始，3GPP 启动面向物联网的技术优化。LTE - A Pro 在面向大规模物联网应用方面主要包含两条技术路线：窄带物联网 NB - IoT 和增强机器类型通信 eMTC。NB - IoT 系统带宽为 180kHz，主要支持数据速率约为 100kbit/s、低功率、广覆盖（LPWA）物联网应用，如抄表、消防监控、环境监测、智能停车等。NB - IoT 主要解决广覆盖、低终端耗电、低终端成本的问题，NB - IoT 系统带宽为 180kbit/s，支持三种部署模式：独立部署、LTE 保护带部署、LTE 带内部署场景。eMTC 系统带宽为 1.4MHz，主要支持面向数据速率约为 1Mbit/s 的物联网应用，如智能家电、物流跟踪等，eMTC 支持 LTE 带内部署，即在 LTE 系统带宽内选取 1.4MHz 资源用于 eMTC。预计 NB - IoT 和 eMTC 产品最早于 2017 年年底或 2018 年年初面世。

基于 LTE 的车联网（LTE - V）是 LTE - A Pro 的重要发展方向。由于车联网、智能汽车的加速发展，现有的车联网技术 IEEE 802.11p 存在一定技术缺陷，难以完全满足 V2X 应用需求，为 LTE - V 留下了市场空间。整体上来讲，车联网技术发展包含两个阶段，第一阶段为行驶安全，提升交通效率；第二阶段为自动驾驶。两个阶段相比，第一阶段对车辆之间广播通信的容量有较高要求，第二阶段对时延和可靠性有很高要求。LTE - A Pro 目前正面向第一阶段开展标准化工作。LTE - V 包含车车通信、车-基站/设施通信，其中车车通信基于 LTE 终端直通技术进行增强，重点研究高速移动物理层、同步、资源分配与调度等技术方案；车-基站/设施通信在传统蜂窝技术上增强，重点研究相关的系统架构，增强现有的两种广播模式，同时增强上行持续调度传输机制等。

LTE - A Pro 面向垂直行业应用深度优化，在满足垂直行业应用需求的同时，也希望依托蜂窝移动通信产业基础，打破长期存在的物联网市场碎片化局面，为行业用户提供全球标准化的技术解决方案。

目前，3GPP 已启动 5G 新空口技术预研，与此同时，LTE - A Pro 也将持续发展，比如面向大规模物联网的增强、低时延优化等，LTE - A pro 技术研究中积累的经验也将应用于 5G 新空口技术的研究。

思考与练习题

1. 相比于之前的通信系统，LTE 的主要优势在哪里？
2. LTE 有哪两种制式？它们的主要区别是什么？
3. LTE 的体系架构由哪三大部分组成？相对于 3G 网络架构最大的不同是什么？
4. LTE 网络架构有哪些特点？
5. LTE 的关键技术有哪些？各自的特点是什么？
6. LTE 的主要业务有哪些？
7. LTE 网络规划的基本要点有哪些？

第 9 章　5G 移动通信展望

随着 4G 进入规模商用阶段，第五代移动通信（5G）已成为全球研发热点。根据国际电信联盟 ITU 的相关规范，下一代移动通信基础网络正式统一名称为"IMT‐2020"，该名称源自 ITU 在 2012 年初成立的项目组 International Mobile Telecommunication（IMT）for 2020 and Beyond（面向 2020 年及未来的全球移动通信），简称"5G"，预计将会在 2020 年正式得到商用。与 4G、3G、2G 不同，5G 不再是一个单一的无线接入技术，也不是几个全新的无线接入技术，而是多种新型无线接入技术和现有无线接入技术集成后的解决方案总称。

9.1　5G 概况

1. 5G 的研发背景

在过去的 30 年里，移动通信经历了从语音业务到移动宽带数据业务的飞跃式发展，不仅改变了人们的生活方式，也极大地促进了社会和经济的飞速发展。移动互联网（Mobile Internet）和物联网（Internet of Things，IoT）作为未来移动通信发展的两大主要驱动力，为第五代移动通信提供了广阔的应用前景。5G 将满足人们超高流量密度、超高连接数密度和超高移动性的需求，能够为用户提供高清视频、虚拟现实（Virtual Reality，VR）、增强现实（Augment Reality，AR）、云桌面、在线游戏等极致的业务体验。5G 将渗透到物联网等领域，与工业设施、医疗仪器、交通工具等深度融合，全面实现"万物互联"，有效满足工业、医疗、交通等垂直行业的信息化服务需要。

面向 2020 年及未来数据流量的千倍增长，千亿设备连接和多样化的业务需求都将对 5G 系统设计提出严峻挑战。与 4G 相比，5G 将支持更加多样化的场景，融合多种无线接入方式，并充分利用低频和高频等频谱资源。同时，5G 还将满足网络灵活部署和高效运营维护的需求，大幅提升频谱效率、能源效率和成本效率，全面提升服务创新能力，拓展移动通信产业空间，实现移动通信网络的可持续发展。图 9.1 为 5G 的官方 logo。

图 9.1　5G 官方 logo

2. 5G 的发展现状

5G 移动通信发展是全球移动通信领域新一轮技术竞争的开始。及早布局、构造开放式研发环境，力争在未来 5G 技术与商业竞争中获得领先优势，已成为各国信息技术与产业未来发展最为重要的任务之一。目前，全球对于 5G 的研发正在广泛地开展，世界各国和各主流/权威标准化组织都看到了 5G 技术发展的迫切性，制定了相应的研发推进计划，就 5G 的发展愿景、应用需求、候选频段、关键技术指标及使能技术进行广泛地研讨，并初见成果。

（1）欧洲

2013 年初，欧盟在第 7 科技框架计划（the 7th Framework Programme for Research，FP7）启动了面向 5G 研发的面向 2020 年信息社会的移动及无线通信系统（Mobile and wireless communications Enablers for the 2020 Information Society，METIS）项目，计划投资 2700 万欧元，由以爱立信为首的 30 多个成员共同承担，旨在通过构建下一代移动和无线通信系统（5G）的基石，以应对 2020 年及未来所面临的移动网络社会挑战。

同时，欧盟对科技研究框架也作了调整，以 Horizon 2020（地平线 2020 计划）替代原先规划的 FP8。在这之下设立 5G PPP（Public-Private Partnership，公私合作研究组织）机构，作为 5G 研究领域的公私合作组织，可看作是 METIS 2020 项目的一个重大延拓。5G PPP（其机制类似中国的重大科技专项）由政府出资管理项目，吸引民间企业和组织参加，计划在 2014~2020 年期间，政府与私营企业各投资 7 亿欧元，深入研究未来 10 年内 5G 移动通信基础设施的解决方案、架构、技术以及标准等。

英国政府在科研推进方面有其相对独立的 5G 研发规划。2012 年年末，英国政府资助 3500 万英镑，由萨里大学牵头，联合多家企业，致力于未来用户需求、5G 网络关键性能指标和核心技术的研究与评估验证。2014 年 11 月 4 日，英国萨里大学以及全球知名移动通信基础网络运营商、电信设备制造商、英国通信管理局、媒体、通信研究机构（华为、沃达丰、英国电信、Tefefonica、EE、BBC、OfCom、三星、Aeroflex、AIRCOM International、Fujitsu、Rohde&Schwarz）联合成立 5G 创新中心（5G Innovation Center，5GIC）。5GIC 将成为全球 5G 研究项目中非常重要的平台，终极目标是在 2018 年之前向世人展示 5G 移动通信技术。

（2）北美

美国运营商积极推进 5G 试验及商用进程，很多重要的行业企业、高等院校（如 Verizon、高通、伯克利等）都投入 5G 移动通信研究，参与各种国际化行业组织，贡献其研究成果。Verizon 联合多个厂商成立"Verizon 5G 技术论坛"，并联合日、韩运营商成立 5G 开放试验规范联盟。此外，北美移动通信行业组织 4G Americas 也将工作重心转向 5G，并更名为 5G Americas。

（3）亚太地区

2013 年 5 月，韩国科技部、ICT 和未来计划部（MSIP）共同推动成立了韩国"5G Forum"，旨在推动其国内的 5G 移动通信进展。具体的行动规划包括发展及提出 5G 国家战略规划、中长期的技术研究规划、服务概念及需求、培育工业化基石、促进国内外移动通信生态系统的建立，其成员包括三星（Samsung）、韩国电子与电信研究协会（ETRI）、韩国科学与技术院（KAIST）等。2015 年 12 月进行了 pre-5G 核心服务的试运行。2016 年 3 月，韩国 SK 电讯与三星成功在室外进行了 28GHz 5G 测试。预计 2017 年 12 月起提供 5G 核心服务的模拟服务后，在 2018 年平昌冬奥会期间试运行，并决定在 2020 年推出全面的 5G 移动通信商用服务。

2013 年 9 月，日本电波产业协会（ARIB）在高级无线通信研究委员会（ADWICS）内成立了"2020 and Beyond Ad Hoc"特别讨论会，旨在研究用于 2020 年及未来（5G）的无线通信系统。该讨论会设置两个工作组：服务与系统概念工作组、系统结构及无线接入技术工作组。其中：服务与系统概念工作组主要研究 2020 年及未来的移动通信系统（但不仅限于 IMT）中的服务及系统概念，包括用户行为、需求、频谱分配、业务预测等；系统结构及无线接入技术工作组主要研究用于 2020 年及其以后的技术，包括无线接入技术、主要的网络技术等。日本预计将在 2020 年东京奥运会前实现 5G 商用。

　　中国政府从 3G 移动通信开始就一直非常重视电信标准的自主研发工作，在 863 计划和重大科技专项框架下进行了持续性的国家科研资金资助，并由此诞生了 TD – SCDMA 以及 TD – LTE 标准。从 2013 年开始，又对 5G 移动通信研究进行了首期总计近 1.7 亿人民币的资助，资助对象包括国内主要的企业、科研院校。二期资助计划也完成了项目评审。另一方面，中国工信部、发改委和科技部于 2013 年 5 月共同推动成立 "IMT – 2020 推进组"，形成 5G 移动通信技术框架，协同产学研用各方力量，积极融入国际 5G 发展进程，旨在推动国内自主研发的 5G 移动通信技术成为国际标准，并首次提出了我国要在 5G 移动通信标准制定中起到引领作用的宏伟目标。

　　当前，制定全球统一的 5G 标准已成为业界共同的呼声，国际电信联盟（ITU）已启动了面向 5G 标准的研究工作，并明确了 IMT – 2020 工作计划：2015 年完成 IMT – 2020 国际标准前期研究，2016 年开展 5G 技术性能需求和评估方法研究，2017 年底启动 5G 候选方案征集，2020 年底完成标准制定。图 9.2 给出了 5G 的时间工作计划。

图 9.2　5G 时间工作计划

3. 5G 的特点

　　5G 技术发展呈现出新的特点，在推进技术变革的同时，5G 研究将更加注重用户体验；网络平均吞吐速率、传输时延以及对虚拟现实、3D、交互式游戏等新兴移动业务的支撑能力等将成为衡量 5G 系统性能的关键指标。与传统的移动通信系统理念不同，5G 系统研究将不仅仅把点到点的物理层传输与信道编译码等经典技术作为核心目标，而更是以多点、多用户、多天线、多小区协作组网作为突破重点，在体系构架上寻求系统性能的大幅度提高。同时，室内移动通信业务已占据应用的主导地位，5G 室内无线覆盖性能及业务支撑能力将作为系统优先设计目标，从而改变传统移动通信系统 "以大范围覆盖为主、兼顾室内" 的设计理念。在频谱利用方面，高频段频谱资源将更多地应用于 5G 移动通信系统，但由于受到高频段无线电波穿透能力的限制，无线与有线的融合、光载无线组网等技术将被更为普遍地应用。可 "软" 配置的 5G 无线网络将成为未来的重要研究方向，运营商可根据业务流量的动态变化实时调整网络资源，有效地降低网络运营的成本和能源的消耗。

　　按照目前业界的初步估计，包括 5G 在内的未来无线移动网络业务能力的提升将在三个维度上同时进行：

1）通过引入新的无线传输技术将资源利用率在 4G 的基础上提高 10 倍以上。

2）通过引入新的体系结构（如超密集小区结构等）和更加深度的智能化能力将整个系统的吞吐率提高 25 倍左右。

3）进一步挖掘新的频率资源（如高频段、毫米波与可见光等），使未来无线移动通信的频率资源扩展 4 倍左右。

综合来看，5G 技术特点：

1）速度快：5G 峰值网络的速率是 10Gbit/s，这意味着 5G 网络商用后，超高清视频、3D 电影、虚拟现实游戏等应用都将在终端中成为现实。

2）低延时：5G 网络端到端时延要求是 1ms。目前 3G 的时延是 100ms，4G 的时延是 20~30ms。"低延时"是远程精确控制类（如自动驾驶汽车）工业级应用成功的关键。

3）高连接：5G 网络可以承载 1000 亿个网络连接，包括人与人、物与物、人与物的相连，这是一个更广阔和开放的物联网世界。5G 网络才能使物联网得以真正的腾飞，能够使包含人在内的万物通过公用的网络连接起来。5G 网络的高速率、低时延，是它能够胜任物联网的关键。

4）低能耗：5G 能让整个移动网络的每比特能耗降低 1000 倍，这对运营商来说意味着一大笔成本节省，同时也符合绿色环保的新时代要求。技术的进步，不应以消耗更多的能源为代价，否则创新就失去了意义。

一般认为，2G、3G、4G 系统都是服务于通信的，而 5G 不仅是下一代移动通信网络的基础设施，还是真正的变革到物联网、服务于全联接社会的构筑。可以说，5G 不单单是现有技术的演进，也不仅是纯粹的创新，它是二者的集大成者。

9.2 5G 网络体系架构

1. 5G 网络设计原则

为了应对 5G 需求和场景对网络提出的挑战，并满足 5G 网络优质、灵活、智能、友好的整体发展趋势，5G 网络需要通过基础设施平台和网络架构两个方面的技术创新和协同发展，最终实现网络变革。

当前的电信基础设施平台是基于专用硬件实现的。5G 网络将通过引入互联网和虚拟化技术，设计实现基于通用硬件的新型基础设施平台，从而解决现有基础设施平台成本高、资源配置能力不强和业务上线周期长等问题。

在网络构架方面，基于控制转发分离和控制功能重构的新型网络架构，提高了接入网在面向 5G 复杂场景下的整体接入性能。简化核心网结构，提供灵活高效的控制转发功能，支持高智能运营，开放网络能力，提升全网整体服务水平。

2. 新型设施基础平台

实现 5G 新型设施平台的基础是网络功能虚拟化（NFV）和软件定义网络（SDN）技术。NFV 技术通过软件与硬件的分离，为 5G 网络提供更具弹性的基础设施平台，组件化的网络功能模块实现控制面功能可重构。NFV 使网元功能与物理实体解耦，采用通用硬件取代专用硬件，可以方便快捷地把网元功能部署在网络中任意位置，同时对通用硬件资源实现按需分配和动态伸缩，以达到最优的资源利用率。SDN 技术实现控制功能和转发功能的分离。控制功能的抽离和聚合，有利于通过网络控制平面从全局视角来感知和调度网络资源，实现网络连接的可编程。

　　3. 5G 网络逻辑构架

　　为了满足业务与运营需求，5G接入网和核心网功能需要进一步加强。未来的 5G 网络将是基于 SDN、NFV 和云计算技术的更加灵活、智能、高效和开放的网络系统。新型 5G 网络架构包括接入云、控制云和转发云三个域，如图 9.3 所示。控制云主要负责全局控制策略的生成，接入云和转发云主要负责策略执行。

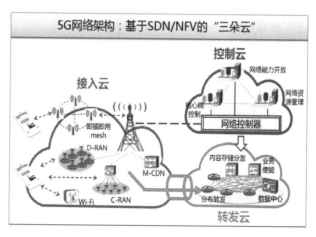

图 9.3　5G 网络架构

　　接入云支持多种无线制式的接入，包含各种类型基站和无线接入设备，融合集中式和分布式两种无线接入网架构，实现更灵活的组网部署和更高效的无线资源管理。5G 的网络控制功能和数据转发功能将解耦，形成集中统一的控制云和灵活高效的转发云。控制云通过网络功能重构，实现局部和全局的会话控制、移动性管理和服务质量保证，并构建面向业务的网络能力开放接口，从而满足业务的差异化需求并提升业务的部署效率。转发云基于通用的硬件平台，在控制云高效的网络控制和资源调度下，实现海量业务数据流的高可靠、低时延、均负载的高效传输。

　　基于"三朵云"的新型 5G 网络架构是移动网络未来的发展方向，但实际网络发展在满足未来新业务和新场景需求的同时，也要充分考虑现有移动网络的演进途径。5G 网络架构的发展会存在局部变化到全网变革的中间阶段，通信技术与 IT 技术的融合会从核心网向无线接入网逐步延伸，最终形成网络架构的整体演变。

9.3　5G 关键技术

　　传统的移动通信升级换代都是以多址接入技术为主线，5G 的无线技术创新来源将更加丰富。5G 技术创新主要来源于超高效能的无线传输技术和高密度无线网络技术两方面。

　　在无线技术领域，将引入能进一步挖掘频谱效率提升潜力的技术，大规模天线阵列、超密集组网、新型多址和全频谱接入等技术已成为业界关注的焦点。其中基于大规模 MIMO 的无线传输技术将有可能使频谱效率和功率效率在 4G 的基础上再提升一个量级，该项技术走向实用化的主要瓶颈问题是高维度信道建模与估计以及复杂度控制。全双工技术将可能开辟新一代移动通信频谱利用的新格局。超密集网络中的网络协同与干扰管理将是提升高密度无线网络容量的核心关键问题。

　　在网络技术领域，体系结构变革将是新一代无线移动通信系统发展的主要方向。现有的扁平化系统结构演进/长期演进（System Architecture Evolution，SAE/Long Term Evolution，LTE）体系结构促进了移动通信系统与互联网的高度融合，高密度、智能化、可编程则代表了未来移动通信演进的进一步发展趋势，而内容分发网络（CDN）向核心网络的边缘部署，可有效减少网络访问路由的负荷，并显著改善移动互联网用户的业务体验。

此外，基于滤波的正交频分复用（F-OFDM）、滤波器组多载波（FBMC）、全双工、灵活双工、终端直通（D2D）、多元低密度奇偶检验（Q-ary LD-PC）码、网络编码、极化码等也被认为是 5G 重要的潜在无线关键技术。如图 9.4 所示，5G 系统将会构建在以新型多址、大规模天线、超密集组网、全频谱接入为核心的技术体系之上，全面满足面向 2020年及未来的 5G 技术需求。

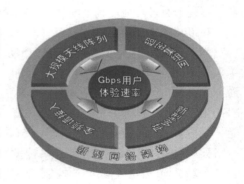

图 9.4　5G 系统

9.3.1　无线传输技术

1. 大规模 MIMO 技术

多天线技术作为提高系统频谱效率和传输可靠性的有效手段，已经应用于多种无线通信系统，如 3G 系统、LTE、LTE-A、WLAN 等。面对 5G 在传输速率和系统容量等方面的性能挑战，天线数目的进一步增加仍将是 MIMO 技术继续演进的重要方向。根据概率统计学原理，当基站侧天线数远大于用户天线数时，基站到各个用户的信道将趋于正交。这种情况下，用户间干扰将趋于消失，而巨大的阵列增益将能够有效地提升每个用户的信噪比，从而能够在相同的时频资源上支持更多用户传输。因此，采用大数量的天线，为大幅度提高系统的容量提供了一个有效的途径。由于多天线所占空间、实现复杂度等技术条件的限制，目前的无线通信系统中，收发端配置的天线数量都不多，比如在 LTE 系统中最多采用了 4 根天线，LTE-A 系统中最多采用了 8 根天线。但由于其巨大的容量和可靠性增益，针对大天线数的 MIMO 系统相关技术吸引了研究人员的关注。

2010 年，贝尔实验室的 Marzetta 研究了在多小区、TDD 情况下，各基站配置无限数量天线的极端情况的多用户 MIMO 技术，提出了大规模 MIMO（large scale MIMO，或者称 Massive MIMO）的概念，发现了一些与单小区、有限数量天线时的不同特征。之后，众多的研究人员在此基础上研究了基站配置有限天线数量的情况。在大规模 MIMO 中，基站配置数量非常大（通常几十到几百根，是现有系统天线数量的 1~2 个数量级以上）的天线，在同一个时频资源上同时服务若干个用户。在天线的配置方式上，这些天线可以是集中地配置在一个基站上，形成集中式的大规模 MIMO，也可以是分布式地配置在多个节点上，形成分布式的大规模 MIMO。大规模天线阵列在现有多天线基础上通过增加天线数可支持数十个独立的空间数据流，将数倍提升多用户系统的频谱效率，对满足 5G 系统容量与速率需求起到重要的支撑作用。

大规模 MIMO 带来的好处主要体现在以下几个方面：

1）大规模 MIMO 的空间分辨率与现有 MIMO 相比显著增强，能深度挖掘空间维度资源，使网络中的多个用户可以在同一时频资源上利用大规模 MIMO 提供的空间自由度与基站同时进行通信，从而在不需要增加基站密度和带宽的条件下大幅度提高频谱效率。

2) 大规模 MIMO 可将波束集中在很窄的范围内，从而大幅度降低干扰。

3) 大规模 MIMO 可大幅降低发射功率，从而提高功率效率。

4) 当天线数量足够大时，最简单的线性预编码和线性检测器趋于最优，并且噪声和不相关干扰都可忽略不计。

大规模天线阵列应用于 5G，需解决信道测量与反馈、参考信号设计、天线阵列设计、低成本实现等关键问题。近两年针对大规模 MIMO 技术的研究工作主要集中在信道模型、容量和传输技术性能分析、预编码技术、信道估计与信号检测技术等方面，但仍存在一些问题。例如，由于理论建模和实测模型工作较少，还没有被广泛认可的信道模型；由于需要利用信道互易性减少信道状态信息获取的开销，目前的传输方案大都假设采用 TDD 系统，用户都是单天线的，且其数量远小于基站天线数量；导频数量随用户数量线性增加，开销较大，信号检测和预编码都需要高维矩阵运算，复杂度高，并且由于需要利用上下行信道的互易性，难以适应高速移动场景和 FDD 系统；在分析信道容量及传输方案的性能时，大都假设独立同分布信道，从而认为导频污染是大规模 MIMO 的瓶颈问题，使得分析结果存在明显的局限性等。

因此，为了充分挖掘大规模 MIMO 的潜在技术优势，需要深入研究符合实际应用场景的信道模型，分析其对信道容量的影响，并在实际信道模型、适度的导频开销、可接受的实现复杂度下，分析其可达到的频谱效率、功率效率，并研究最优的无线传输方法、信道信息获取方法、多用户共享空间无线资源的联合资源调配方法。可以预见到，大规模 MIMO 技术将成为 5G 区别于现有系统的核心技术之一。

2. 新型多载波技术

作为多载波技术的典型代表，OFDM 技术在 4G 中得到了广泛应用。在未来的 5G 中，OFDM 仍然是基本波形的重要选择。但是，面对 5G 更加多样化的业务类型、更高的频谱效率和更多的连接数等需求，OFDM 将面临挑战，新型多载波技术可以作为有效的补充，更好地满足 5G 的总体需求。

OFDM 可以有效地对抗信道的多径衰落，支持灵活的频率选择性调度，这些特性使它能够高效支持移动宽带业务。但是，OFDM 也存在一些缺点，例如：较高的带外泄露、对时频同步偏差比较敏感以及要求全频带统一的波形参数等。

为了更好地支撑 5G 的各种应用场景，新型多载波技术的研究需要关注多种需求。首先，新型多载波需要能更好地支持新业务。和 4G 主要关注移动宽带业务不同，5G 的业务类型更加丰富，尤其是大量的物联网业务，例如：低成本大连接的机器通信业务，低时延高可靠的车对车通信（Vehicle – to – Vehicle communication，V2V）业务等，这些业务对基础波形提出了新的要求。新型多载波技术除兼顾传统的移动宽带业务之外，也需要对这些物联网业务具有良好的支持能力。其次，由于新技术和新业务的不断涌现，新的多载波技术需要具有良好的可扩展性，以便通过增加参数配置或简单修改就可以支撑未来可能出现的新业务。此外，新型多载波技术还需要和其他技术实现良好兼容。5G 的多样化需求需要通过融合新型调制编码、新型多址、大规模天线和新型多载波等新技术来共同满足，作为基础波形，新型多载波技术需要和这些技术能够很好地结合。

围绕着这些需求，业界已提出了多种新型多载波技术，例如：基于子带滤波的 OFDM（Filtered OFDM，F – OFDM）技术、通用滤波多载波（Universal Filtered Multicarrier，UFMC）技术和滤波器组多载波（Filter Bank Multicarrier，FBMC）技术等。这些技术的共同特征是都使用了滤波机制，通过滤波减小子带或子载波的频谱泄露，从而放松对时频同步的要求，避免了 OFDM 的主要缺点。在这些技术中，F-OFDM 和 UFMC 都使用了子带滤波器，其中，F-OFDM 使用了时域冲击响应较长的滤波器，并且子带内部采用了和 OFDM 一致的信号处理方法，因此可以更好地兼容 OFDM。而 UFMC 则使用了冲击响应较短的滤波器，并且没有采用 OFDM 中的 CP 方案。

FBMC 则是基于子载波的滤波，在基于滤波器组的多载波技术中，发送端通过合成滤波器组来实现多载波调制，接收端通过分析滤波器组来实现多载波解调。合成滤波器组和分析滤波器组由一组并行的成员滤波器构成，其中各个成员滤波器都是由原型滤波器经载波调制而得到的调制滤波器。与 OFDM 技术不同，在 FBMC 中，由于原型滤波器的冲击响应和频率响应可以根据需要进行设计，各载波之间可以不再正交，不需要插入循环前缀，换取了波形时频局域性上的设计自由度，这种自由度使 FBMC 可以更灵活地适配信道的变化，能实现各子载波带宽设置、各子载波之间的交叠程度的灵活控制，从而可灵活控制相邻子载波之间的干扰，并且便于使用一些零散的频谱资源；而且各子载波之间不需要同步，同步、信道估计、检测等可在各子载波上单独进行处理，因此尤其适合难以实现各用户之间严格同步的上行链路。同时，FBMC 不需要 CP，因此系统开销也得以减小。但另一方面，由于各载波之间相互不正交，子载波之间存在干扰；采用非矩形波形，导致符号之间存在时域干扰，需要通过采用一些技术来进行干扰的消除。

3. 全双工技术

全双工技术是同时、同频地进行双向通信的技术。由于在无线通信系统中，网络侧和终端侧存在固有的发射信号对接收信号的自干扰，因此在现有的无线通信系统中，由于技术条件的限制，不能实现同时同频的双向通信，双向链路都是通过时间或频率进行区分的，对应于 TDD 和 FDD 方式。由于不能进行同时、同频双向通信，理论上浪费了一半的无线资源（频率或时间）。

全双工技术理论上具有可提高一倍频谱利用率的巨大潜力，可实现更加灵活的频谱使用，同时由于器件技术和信号处理技术的发展，同频同时的全双工技术逐渐成为研究热点，是 5G 系统充分挖掘无线频谱资源的一个重要方向。但全双工技术同时也面临一些具有挑战性的难题，例如，由于接收和发送信号之间的功率差异非常大，导致严重的自干扰，因此实现全双工技术应用的首要问题是自干扰的抵消。近年来，研究人员发展了各类干扰抵消技术，包括模拟端干扰抵消、对已知干扰信号的数字端干扰抵消及两者的混合方式，还有利用附加的放置在特定位置的天线进行干扰抵消以及后来的一些改进技术等。通过这些技术的联合应用，在特定的场景下能消除大部分的自干扰。研究人员也开发了实验系统，通过实验来验证全双工技术的可行性，在部分条件下达到了全双工系统理论容量的 90% 左右。

虽然实验证明了全双工技术是可行的，但这些实验系统都基本是单基站、小终端数量的，没有对大量基站和大量终端的情况进行实验验证。并且现有结果显示，全双工技术并不能在所有条件下都获得理想的性能增益。比如，天线抵消技术中需要多个发射天线，对大带宽情况下的消除效果还不理想，并且大都只能支持单数据流工作，不能充分发挥 MIMO 的能力，因此还不能适用于 MIMO 系统；MIMO 条件下的全双工技术与半双工技术的性能分析还大多是一些简单的、面向小天线数的仿真结果比较，特别是对大规模 MIMO 条件下的性能差异还缺乏深入的理论分析，因此需要在建立更合理的干扰模型的基础上对之进行深入、系统的分析。

综上所述，在多小区大动态范围下的全双工技术中的干扰消除技术、资源分配技术、组网技术、容量分析、与 MIMO 技术的结合以及大规模组网条件下的实验验证，是需要深入研究的重要问题。

4. 新型多址技术

移动互联网和物联网将成为未来移动通信发展的主要驱动力，5G 不仅需要大幅度提升系统频谱效率，而且还要具备支持海量设备连接的能力。此外，5G 在简化系统设计及信令流程方面也提出了很高的要求，这些都将对现有的正交多址技术形成严峻挑战。

新型多址技术通过发送信号在空/时/频/码域的叠加传输来实现多种场景下系统频谱效率和接入能力的显著提升，在接收侧利用先进的接收算法分离多用户信息，不仅可以有效提升系统频谱效率，还可成倍增加系统的接入容量。此外，新型多址技术通过免调度传输，可有效简化信令流程，并降低空口传输时延，节省终端功耗。目前业界提出的技术方案主要包括基于多维调制和稀疏码扩频的稀疏码分多址（SCMA）技术，基于复数多元码及增强叠加编码的多用户共享接入（MUSA）技术，基于非正交特征图样的图样分割多址（PDMA）技术以及基于功率叠加的非正交多址（NOMA）技术。

5. 全频谱接入技术

全频谱接入通过有效利用各类移动通信频谱（包含高低频段、授权与非授权频谱、对称与非对称频谱、连续与非连续频谱等）资源来提升数据传输速率和系统容量。全频谱接入涉及 6GHz 以下低频段和 6GHz 以上高频段，其中低频段是 5G 的核心频段，因其较好的信道传播特性，用于无缝覆盖，其技术方案将有效整合大规模 MIMO、新型多址、新波形、先进调制编码等关键技术；高频段作为辅助频段，具有更加丰富的空闲频谱资源，利用其超大带宽来满足热点高容量场景极高传输速率要求，通过密集部署来达到极高流量密度。全频谱接入采用低频和高频混合组网，充分挖掘低频和高频的优势，共同满足无缝覆盖、高速率、大容量等 5G 需求。考虑高频段传播特性与 6GHz 以下频段有明显不同，全频谱接入重点研究高频段在移动通信中应用的关键技术，目前业界统一的认识是研究 6～100GHz 频段，该频段拥有丰富的空闲频谱资源，可有效满足未来 5G 对更高容量和速率的需求，并可支持 10Gbit/s 以上的用户传输速率。

高频通信在军事通信和无线局域网（WLAN）等领域已经获得应用，但是在蜂窝通信领域的研究尚处于起步阶段。高频信号在移动条件下，易受到障碍物、反射物、散射体以及大气吸收等环境因素的影响，高频信道与传统蜂窝频段信道有着明显差异，如传播损耗大、信道变化快、绕射能力差等，因此需要对高频信道测量与建模、高频新空口、组网技术以及器件等内容开展深入研究。5G 新空口如图 9.5 所示。

图 9.5　5G 新空口

9.3.2 无线网络技术

1. 超密集异构网络技术

由于 5G 系统既包括新的无线传输技术，也包括现有的各种无线接入技术的后续演进，5G 网络必然是多种无线接入技术共存，大量不同级小区的重叠（Macro、Micro、Pico、Femto），不同制式的网络重叠（Cellular、WiFi、Wimax），使得网络拓扑和特性变得极为复杂。

根据统计，通过语音编码技术、MAC 和调制技术的改进带来了频谱效率几倍的提升，采用更宽的带宽带来了传输速率几十倍的提升，而由于小区半径的缩小带来频谱效率的提升达到 2700 倍以上。因此，减小小区半径，提高频谱资源的空间复用率以提高单位面积的传输能力，是保证未来支持 1000 倍业务量增长的核心技术。以往的无线通信系统中，减小小区半径是通过小区分裂的方式完成的。但随着小区覆盖范围的变小以及最优的站点位置往往不能确定，进一步的小区分裂难以进行，因此只能通过增加低功率节点数量的方式提升系统容量，这就意味着站点部署密度的增加。根据预测，未来无线网络中，在宏站的覆盖区域，各种无线传输技术的各类低功率节点的部署密度将达到现有站点部署密度的 10 倍以上，站点之间的距离达到 10m 甚至更小，支持高达每平方千米 25000 个用户，甚至未来激活用户数和站点数的比例将达到 1：1，即每个激活的用户都将有一个服务节点，从而形成超密集异构网络。

超密集组网将是满足 2020 年以及未来移动数据流量需求的主要技术手段。超密集组网通过更加"密集化"的无线网络基础设施部署，可获得更高的频率复用效率，从而在局部热点区域实现百倍量级的系统容量提升，以及提高业务在各种接入技术和各覆盖层次间分担的灵活性。

虽然超密集异构网络展示了美好的前景，但由于节点之间距离的减少，将导致一些与现有系统不同的问题。在 5G 网络中，可能存在同一种无线接入技术之间同频部署的干扰，不同无线接入技术之间由于共享频谱的干扰和不同覆盖层次之间的干扰，如何解决这些干扰带来的性能损伤，实现多种无线接入技术、多覆盖层次之间的共存，是一个需要深入研究的重要问题。由于近邻节点传输损耗差别不大，可能存在多个强度接近的干扰源，导致更严重的干扰，使现有的面向单个干扰源的干扰协调算法不能直接适用于 5G 系统；由于不同业务和用户 QoS 要求的不同，不同业务在网络中的分担、各类节点之间的协同策略、网络选择、基于用户需求的系统能效最低的小区激活、节能配置策略是保证系统性能的关键问题。为了实现大规模的节点协作，需要准确、有效地发现大量的相邻节点；由于小区边界更多、更不规则，导致更频繁、更为复杂的切换，难以保证移动性能，因此，需要针对超密集网络场景发展新的切换算法；由于用户部署的大量节点突然、随机地开启和关闭，使得网络拓扑和干扰图样随机、大范围地动态变化，各小站中的服务用户数量往往比较少，使得业务的空间和时间分布出现剧烈的动态变化，因此，需要研究适应这些动态变化的网络动态部署技术；站点的密集部署将需要庞大、复杂的回传网络，如果采用有线回传网络，会导致网络部署的困难和运营商成本的大幅度增加。为了提高节点部署的灵活性，降低部署成本，利用和接入链路相同的频谱和技术进行无线回传传输，是解决这个问题的一个重要方向。无线回传方式中，无线资源不仅为终端服务，而且为节点提供中继服务，使无线回传组网技术非常复杂，因此，接入与回传联合设计、干扰管理与抑制、小区虚拟化技术等是超密集组网的重要研究方向。

2. 自组织网络技术

在传统的移动通信网络中，网络部署、运维等基本依靠人工的方式，需要投入大量的人力，给运营商带来巨大的运行成本。并且，随着移动通信网络的发展，依靠人工的方式难以实现网络的优化。因此，为了解决网络部署、优化的复杂性问题，降低运维成本相对总收入的比例，使运营商能高效运营、维护网络，在满足客户需求的同时，自身也能够持续发展，由下一代移动通信网（Next Generation Mobile Network，NGMN）联盟中的运营商主导，联合主要的设备制造商提出了自组织网络（Self - Organizing Network，SON）的概念。SON 的思路是在网络中引入自组织能力（网络智能化），包括自配置、自优化、自愈合等，实现网络规划、部署、维护、优化和排障等各个环节的自动进行，最大限度地减少人工干预。目前，自组织网络成为新铺设网络的必备特性，逐渐投入商用，并展现出显著的优势。

5G 系统采用了复杂的无线传输技术和无线网络架构，使得网络管理远远比与现有网络复杂，网络深度智能化是保证 5G 网络性能的迫切需要。因此，自组织网络将成为 5G 的重要技术。

5G 将是融合、协同的多制式共存的异构网络，各种无线接入技术内部和各种覆盖能力的网络节点之间的关系错综复杂，网络的部署、运营、维护将成为一个极具挑战性的工作。为了降低复杂度和成本，提高网络运维质量，未来 5G 网络应该能支持更智能的、统一的 SON 功能，能统一实现多种无线接入技术、多覆盖层次的联合自配置、自优化、自愈合。

目前，针对 LTE、LTE - A 以及 UMTS、WiFi 的 SON 技术发展已经比较完善，逐渐开始在新部署的网络中应用。但现有的 SON 技术都是面向各自网络，从各自网络的角度出发进行独立的自部署和自配置、自优化和自愈合，不能支持多网络之间的协同。因此，需要研究支持协同异构网络的 SON 技术，如支持在异构网络中的基于无线回传的节点自配置技术，异系统环境下的自优化技术，如协同无线传输参数优化、协同移动性优化技术，协同能效优化技术，协同接纳控制优化技术等，以及异系统下的协同网络故障检测和定位，从而实现自愈合功能。

5G 将采用超密集的异构网络节点部署方式，在宏站的覆盖范围内部署大量的低功率节点，并且存在大量的未经规划的节点，因此，在网络拓扑、干扰场景、负载分布、部署方式、移动性方面都将表现出与现有无线网络明显不同之处，网络节点的自动配置和维护将成为运营商面临的重要挑战。比如，邻区关系由于低功率节点的随机部署远比现有系统复杂，需要发展面向随机部署、超密集网络场景的新的自动邻区关系技术，以支持网络节点即插即用的自配置功能；由于可能存在多个主要的干扰源，以及由于用户移动性、低功率节点的随机开启和关闭等导致的干扰源的随机、大范围变化，使得干扰协调技术的优化更为困难；由于业务随时间和空间的动态变化，使得网络部署应该适应这些动态变化。因此，应该对网络动态部署技术进行优化，如小站的动态与半静态开启和关闭的优化、无线资源调配的优化；为了保证移动平滑性，必须通过双连接等形式避免频繁切换和对切换目标小区进行优化选择；由于无线回传网络结构复杂、规模庞大，也需要自组织网络功能以实现回传网络的智能化。

由于 5G 将采用大规模 MIMO 无线传输技术，使得空间自由度大幅度增加，从而带来天线选择、协作节点优化、波束选择、波束优化、多用户联合资源调配等方面的灵活性。对这些技术的优化，是 5G 系统 SON 技术的重要内容。

3. 软件定义网络

软件定义网络（Soft Dened Networking，SDN）技术是源于 Internet 的一种新技术。在传统的 Internet 网络架构中，控制和转发是集成在一起的，网络互联节点（如路由器、交换机）是封闭的，其转发控制必须在本地完成，使得它们的控制功能非常复杂，网络技术创新复杂度高。为了解决这个问题，美国斯坦福大学研究人员提出了软件定义网络的概念，其基本思路是将路由器中的路由决策等控制功能从设备中分离出来，统一由中心控制器通过软件来进行控制，实现控制和转发的分离，从而使得控制更为灵活，设备更为简单。软件定义网络分成应用层、控制层、基础设施层三层结构。其中控制层通过接口与基础设施层中的网络设施进行交互，从而实现对网络节点的控制。因此，在这种架构中，路由不再是分布式实现的，而是集中由控制器定义的。软件定义网络自提出后引起了广泛的关注，各研究机构进行了接口的标准化工作、关键技术的研究和实验，部分厂商也推出了解决方案等。但总体来说，SDN 技术还有待进一步完善。

现有的无线网络架构中，基站、服务网关、分组网关除了完成数据平面的功能外，还需要参与一些控制平面的功能，如无线资源管理、移动性管理等均需要在各基站的参与下完成，形成分布式的控制功能，网络没有中心式的控制器，使得与无线接入相关的优化难以完成，并且各厂商的网络设备（如基站等）往往配备制造商自己定义的配置接口，需要通过复杂的控制协议来完成其配置功能，其配置参数往往非常多，优化和网络管理非常复杂，使得运营商对自己部署的网络只能进行间接控制，业务创新方面能力严重受限。因此，将 SDN 的概念引入无线网络，形成软件定义无线网络，是无线网络发展的重要方向。

在软件定义无线网络中，将控制平面从网络设备的硬件中分离出来，形成集中控制，网络设备只根据中心控制器的命令完成数据的转发，使运营商能对网络进行更好的控制，简化网络管理，更好地进行业务创新。在现有的无线网络中，不允许不同的运营商共享同一个基础设施为用户提供服务。而在软件定义无线网络中，通过对基站资源进行分片实现基站的虚拟化，从而实现网络的虚拟化，不同的运营商可以通过中心控制器实现对同一个网络设备的控制，支持不同运营商共享同一个基础设施，从而降低运营商的成本，同时也可以提高网络的经济效益。由于采用了中心控制器，未来无线网络中的不同接入技术构成异构网络的无线资源管理、网络协同优化等也将变得更为方便。SDN 虽然存在诸多的好处，但在无线网络中的应用仍将面临资源分片和信道隔离、监控与状态报告、切换等技术挑战，这些关键技术的研究才刚刚开始。

4. 内容分发网络

内容分发网络（Content Distribution Network，CDN）是为了解决互联网访问质量而提出的概念。在传统的内容发布方式中，内容发布由内容提供商的服务器完成，随着互联网访问量的急剧增加，使得其服务器可能处于重负载状态，互联网中的拥塞问题更加突出，网站的响应速度受到严重影响，使网站难以为用户提供高质量的服务。CDN 通过在网络中采用缓存服务器，并将这些缓存服务器分布到用户访问相对集中的地区或网络中，根据网络流量和各节点的连接、负载状况以及到用户的距离和响应时间等综合信息，将用户的请求重新导向离用户最近的服务节点上，使用户可就近取得所需内容，解决 Internet 网络拥挤的状况，提高用户访问网站的响应速度。

在无线网络中，由于智能终端等应用的日益普及，使移动数据业务的需求越来越大，内容越来越多。为了加快网络访问速度，在无线网络中采用 CDN 技术成为自然的选择，在各类无线网络中得以应用，也将成为 5G 系统的一个重要的技术。

9.4　5G 应用场景及发展趋势

9.4.1　5G 应用场景

5G 将解决多样化应用场景下差异化性能指标带来的挑战，不同应用场景面临的性能挑战有所不同，用户体验速率、流量密度、时延、能效和连接数都可能成为不同场景的挑战性指标。从移动互联网和物联网主要应用场景、业务需求及挑战出发，可归纳出连续广域覆盖、热点高容量、低功耗大连接和低时延高可靠四个 5G 主要技术场景，如表 9.1 所示。

连续广域覆盖和热点高容量场景主要满足 2020 年及未来的移动互联网业务需求，也是传统的 4G 主要技术场景。低功耗大连接和低时延高可靠场景主要面向物联网业务，是 5G 新拓展的场景，重点解决传统移动通信无法很好支持的物联网及垂直行业应用的问题。

表 9.1　5G 主要场景及关键性能挑战

场　　景	关　键　挑　战
连续广域覆盖	用户体验速率：100Mbit/s
热点高容量	用户体验速率：1Gbit/s
	峰值速率：数十 Gbit/s
	流量密度：数十 Tbit/s/km²
低功耗大连接	连接数密度：10^6/km²
	超低功耗，超低成本
低时延高可靠	空口时延：1ms
	端到端时延：ms 量级
	可靠性：接近 100%

1. 连续广域覆盖场景

连续广域覆盖场景如图 9.6 所示，是移动通信最基本的覆盖方式，以保证用户的移动性和业务连续性为目标，为用户提供无缝的高速业务体验。该场景的主要挑战在于随时随地（包括小区边缘、高速移动等恶劣环境）为用户提供 100Mbit/s 以上的用户体验速率。

2. 热点高容量场景

热点高容量场景如图 9.7 所示，主要面向局部热点区域，为用户提供极高的数据传输速率，满足网络极高的流量密度需求。1Gbit/s 用户体验速率、数十 Gbit/s 峰值速率和数十 Tbit/s/km² 的流量密度需求是该场景面临的主要挑战。

图9.6　连续广域覆盖场景

图9.7　热点高容量场景

3. 低功耗大连接场景

低功耗大连接场景如图9.8所示，主要面向智慧城市、环境监测、智能农业、森林防火等以传感和数据采集为目标的应用场景，具有小数据包、低功耗、海量连接等特点。这类终端分布范围广、数量众多，不仅要求网络具备超千亿连接的支持能力，满足 $10^6/\mathrm{km}^2$ 连接数密度指标要求，而且还要保证终端的超低功耗和超低成本。

4. 低时延高可靠场景

低时延高可靠场景如图9.9所示，主要面向车联网、工业控制等垂直行业的特殊应用需求，这类应用对时延和可靠性具有极高的指标要求，需要为用户提供毫秒级的端到端时延和接近100%的业务可靠性保证。

图9.8　低功耗大连接场景

图9.9　低时延高可靠场景

9.4.2　5G 场景和关键技术的关系

连续广域覆盖、热点高容量、低功耗大连接和低时延高可靠四个5G典型技术场景具有不同的挑战性指标需求，在考虑不同技术共存可能性的前提下，需要合理选择关键技术的组合来满足这些需求，图9.10给出了5G主要场景及其适用的技术。

在连续广域覆盖场景，受限于站址和频谱资源，为了满足 100Mbit/s 用户体验速率需求，除了需要尽可能多的低频段资源外，还要大幅提升系统频谱效率。大规模天线阵列是其

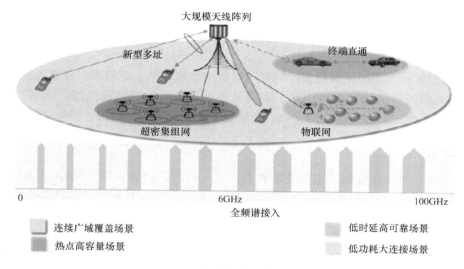

图 9.10　5G 主要场景及其适用的技术

中最主要的关键技术之一，新型多址技术可与大规模天线阵列相结合，进一步提升系统频谱效率和多用户接入能力。在网络架构方面，综合多种无线接入能力以及集中的网络资源协同与 QoS 控制技术，为用户提供稳定的体验速率保证。

在热点高容量场景，极高的用户体验速率和极高的流量密度是该场景面临的主要挑战，超密集组网能够更有效地复用频率资源，极大提升单位面积内的频率复用效率；全频谱接入能够充分利用低频和高频的频率资源，实现更高的传输速率；大规模天线、新型多址等技术与前两种技术相结合，可实现频谱效率的进一步提升。

在低功耗大连接场景，海量的设备连接、超低的终端功耗与成本是该场景面临的主要挑战。新型多址技术通过多用户信息的叠加传输可成倍提升系统的设备连接能力，还可通过免调度传输有效降低信令开销和终端功耗；F－OFDM 和 FBMC 等新型多载波技术在灵活使用碎片频谱、支持窄带和小数据包、降低功耗与成本方面具有显著优势；此外，终端直接通信（D2D）可避免基站与终端间的长距离传输，可实现功耗的有效降低。

在低时延高可靠场景，应尽可能降低空口传输时延、网络转发时延及重传概率，以满足极高的时延和可靠性要求。为此，需采用更短的帧结构和更优化的信令流程，引入支持免调度的新型多址和 D2D 等技术以减少信令交互和数据中转，并运用更先进的调制编码和重传机制以提升传输可靠性。此外，在网络架构方面，控制云通过优化数据传输路径，控制业务数据靠近转发云和接入云边缘，可有效降低网络传输时延。

9.4.3　5G 发展趋势

移动通信已经极大地改变了人们的生活，但人们对更高性能移动通信的追求从未停止。为了应对未来爆炸性的移动数据流量增长、海量的设备连接、不断涌现的各类新业务和应用场景，5G 系统将应运而生。

未来 5G 网络将向性能更优质、功能更灵活、运营更智能和生态更友好的方向发展。

1. 网络性能更优质

5G 网络将提供超高接入速率、超低时延、超高可靠性的用户体验，满足超高流量密度、超高连接数密度及超高移动性的接入要求，同时将为网络带来超百倍的能效提升和超百倍的比特成本降低，以及数倍频谱效率的提升。

2. 网络功能更灵活

5G 以用户体验为中心，支持多样的移动互联网和物联网业务需求。在接入网，5G 网络将支持基站的即插即用和自组织组网，实现易部署、易维护的轻量化接入网拓扑；在核心网，网络功能在演进的分组核心网（EPC）基础上进一步简化与重构，提供高效灵活的网络控制与转发功能。

3. 网络运营更智能

5G 网络将全面提升智能感知和决策能力，通过对地理位置、用户偏好、终端状态和网络上下文等各种特性的实时感知和分析，制定决策方案，实现数据驱动的精细化网络功能部署、资源动态伸缩和自动化运营。

4. 网络生态更友好

5G 将以更友好和更开放的网络面向新产业生态和垂直行业。通过网络能力开放，向第三方提供灵活的业务部署环境，实现与第三方应用的友好互动。5G 网络能够提供按需定制服务，刺激业务和网络创新环境，提升网络服务价值。

未来，5G 将渗透到社会的各个领域，以用户为中心构建全方位的信息生态系统。5G 将使信息突破时空限制，提供极佳的交互体验，为用户带来身临其境的信息盛宴；5G 将拉近万物的距离，通过无缝融合的方式，便捷地实现人与万物的智能互联；5G 将为用户提供光纤般的接入速率，"零"时延的使用体验，千亿设备的连接能力，超高流量密度、超高连接数密度和超高移动性等多场景的一致服务，业务及用户感知的智能优化，同时将为网络带来超百倍的能效提升和超百倍的比特成本降低，最终实现"信息随心至，万物触手及"的总体愿景。

思考与练习题

1. 5G 的需求主要体现在哪些方面？
2. 5G 网络的优势有哪些？
3. 简述 5G 的关键技术。
4. 简述 5G 应用场景。
5. 简述 5G 的发展趋势。
6. 简述 5G 对物联网、移动互联网发展的影响。
7. 中国在 5G 建设中的进展有哪些？

附录　TD‐LTE 数据业务和 FTP 下载验证

1. TD‐LTE 数据业务上传验证

（1）网管数据配置

进入 Windows Server 2008 操作系统。数据配置前，首先打开网管服务器，如附图 1 所示。其中用户名：admin；密码为空；服务器地址：需要根据自己所在服务器地址进行填写。

附图 1　打开网管服务器

创建子网，如附图 2 所示。

附图 2　创建子网

填写用户标识和子网 ID，如附图 3 所示。其中，用户标识可以自由设置，子网 ID 不可重复。

附图 3　用户标识和子网 ID

创建网元，如附图 4 所示。

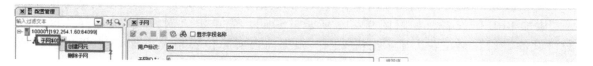

附图 4　创建网元

填写相关信息，如附图 5 所示。由于学校是两个网元，故在配置时两个网元需要配置不同的 ID。网元 IP 地址即基站和外部通信的 ENodeB 地址。若 CC 板插在 2 号槽位则配置为192.254.2.16，根据前台 BBU 机架类型选择 8200。

附图 5　子网信息

填写运营商配置，如附图 6 所示。

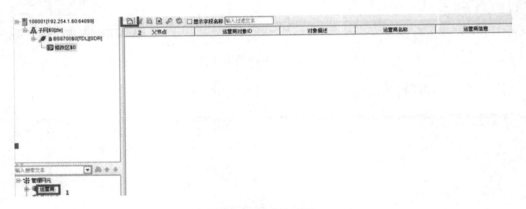

附图 6　运营商配置

填写运营商信息，如附图 7 所示。其中，运营商信息可以任意填写。

附图 7　运营商信息填写

填写 PLMN 信息，如附图 8 所示。其中，移动国家码填写 460，移动网络码填写 07。

添加 BBU 侧设备，如附图 9～12 所示（说明：先单击"网元"，选中修改区，双击"设备"后，会在右边显示出机架图。根据前台实际位置情况添加 CCC 板以及其他单板）。

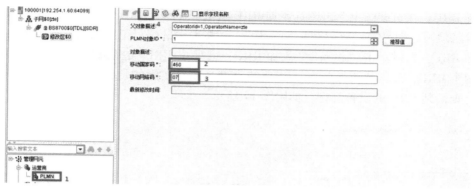

附图 8 PLMN 信息填写

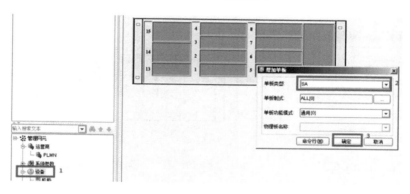

附图 9 SA 配置

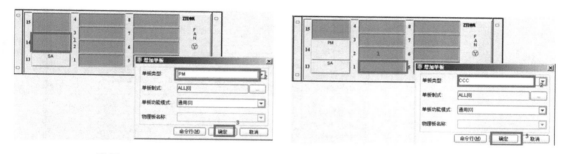

附图 10 PM 配置　　　　　　　　　　　　附图 11 CCC 配置

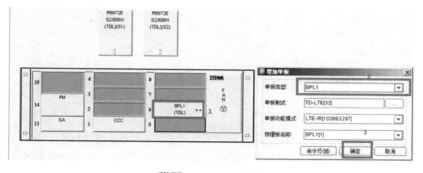

附图 12 BPL1 配置

　　配置 RRU：在机架图上单击图标添加 RRU 机架和单板，RRU 编号可以自动生成，用户也可以自己填写。但是前台有限制是 51 – 107，请按前台的编号范围填写。如附图 13 所示：

　　添加 RRU：右键单击"设备"，添加 RRU，会弹出 RRU 类型选择框，选中类型即可。由于有两个 RRU，故需要添加两次。RRU 的类型必须与实际的硬件设备保持一致，可在实际设备上查询到 RRU 的设备类型。如附图 14 所示。

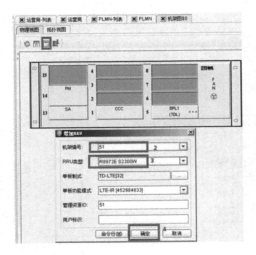

附图 13　RRU1 配置

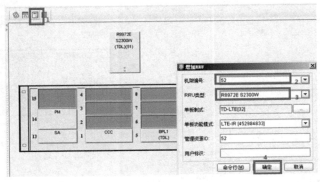

附图 14　RRU2 配置

　　时钟配置，如附图 15 所示，选择默认配置即可。

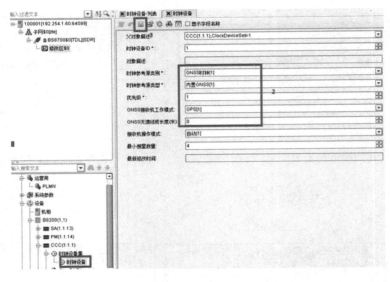

附图 15　时钟配置

　　光纤配置：光纤配置是配置光接口板和 RRU 的拓扑关系。光纤的上级对象光口和下级对象光口必须存在，上级对象光口可以是基带板的光口也可以是 RRU 的光口；需要检查 RRU 是否支持级联；光口的速率和协议类型必须匹配。单击下拉箭头，可以选择上下级光口。两个 RRU 需要增加两条光纤。如附图 16、附图 17 所示。

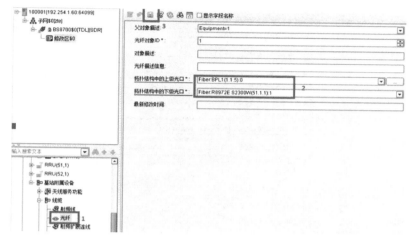

附图 16 光纤 1 配置

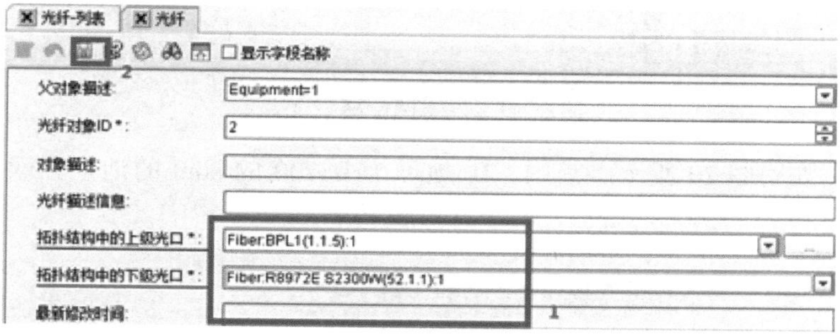

附图 17 光纤 2 配置

物理层端口配置，如附图 18 所示。

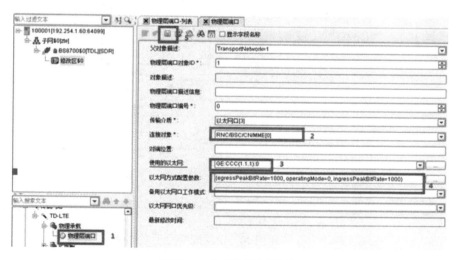

附图 18 物理层端口配置

221

以太网链路层配置，如附图 19 所示。

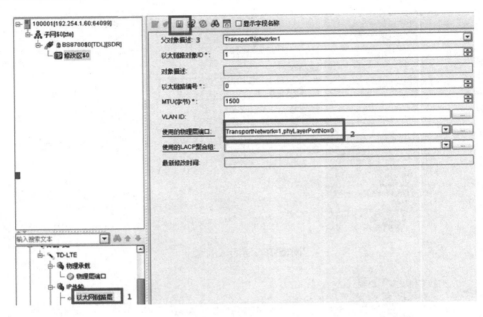

附图 19　以太网链路层配置

IP 层配置，如附图 20 所示。其中，IP 地址为 B8200 的 eth0 的地址，网关 IP 为核心网的 IP 地址。

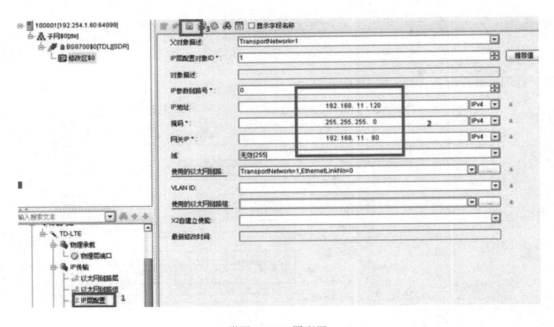

附图 20　IP 层配置

带宽配置，如附图 21～23 所示。

附图 21 带宽配置

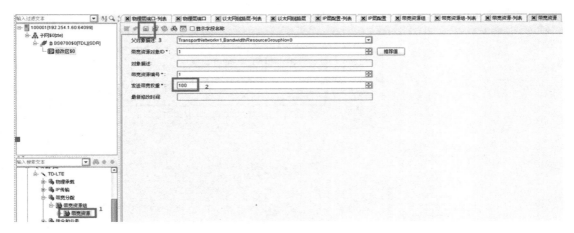

附图 22 带宽资源配置

附图 23 带宽资源 QoS 纵列

223

SCTP 配置，如附图 24 所示。

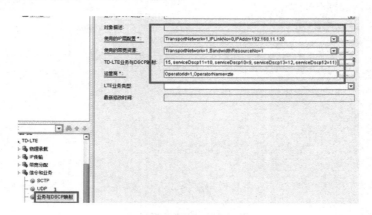

附图 24　SCTP 配置

业务与 DSCP 映射配置，如附图 25 所示。

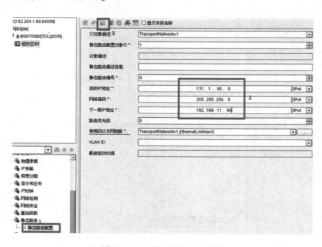

附图 25　业务与 DSCP 映射配置

静态路由配置，如附图 26 所示。

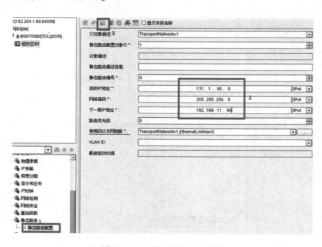

附图 26　静态路由配置

OMCB 通道配置，如附图 27 所示。

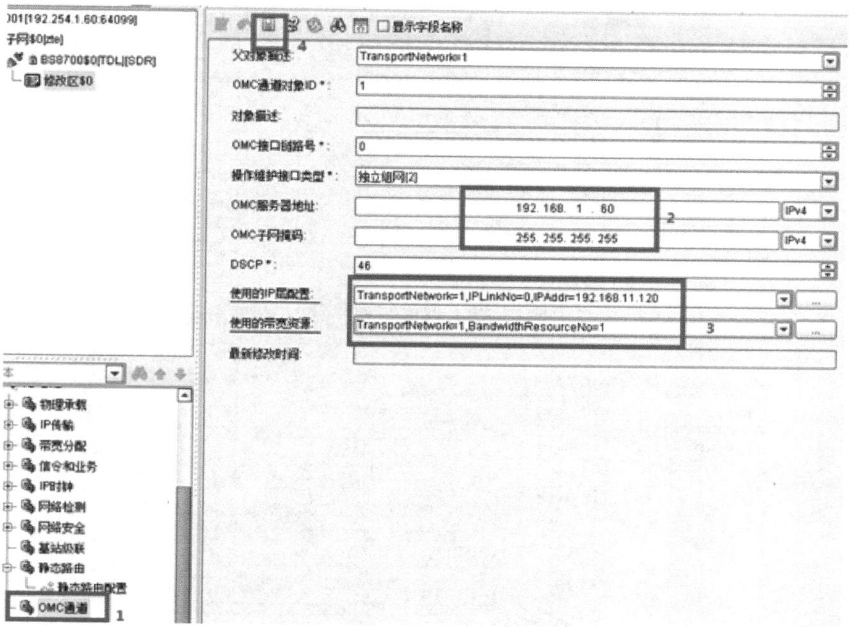

附图 27 OMCB 通道配置

创建无线网络，如附图 28 所示。

附图 28 创建无线网络

基带资源配置，如附图 29 所示。若配置两个 RRU，则需要配置两条基带资源。
S1AP 配置，如附图 30 所示。

附图 29　基带资源配置

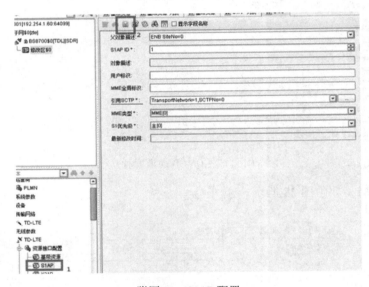

附图 30　S1AP 配置

E – UTRAN TDD 小区配置，如附图 31 所示。

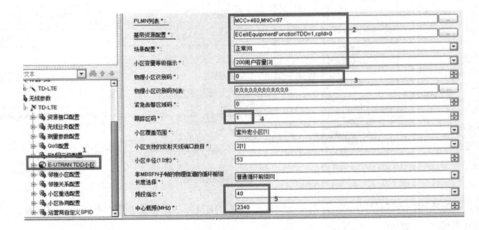

附图 31　小区 1 配置

注意，若是网元有两个 RRU，需要再创建一个小区，具体创建方式与附图 31 一致，只需注意"小区 ID""小区标识""小区识别码"即可。如附图 32 所示。

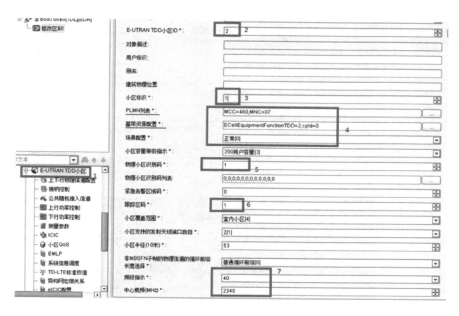

附图 32　再创建小区

邻接小区创建，如附图 33 所示。

附图 33　邻接小区创建

至此，数据配置完成。

数据同步需先让网管进行排队与前台的 BBU 建立好通信链路后进行同步，如附图 34 ~ 36 所示。

附图34　启动软件

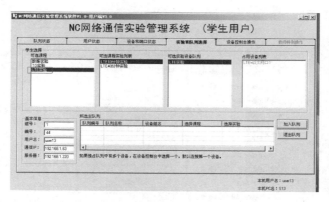

附图35　登录管理系统

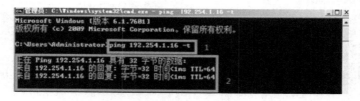

附图36　进入管理系统

测试网管与 BBU 是否建立连接，如附图 37 所示。

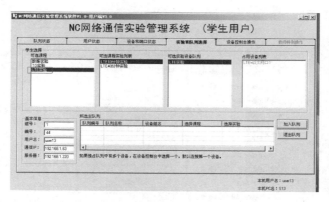

附图37　测试网管与 BBU 是否建立连接

数据同步，如附图 38、附图 39 所示。

附图 38　整表同步

附图 39　确认同步

验证数据配置是否正确，如附图 40 所示。

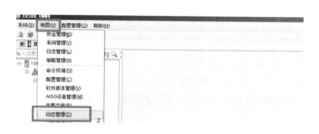

附图 40　验证数据配置是否正确

验证小区运行状态，如附图 41 所示。

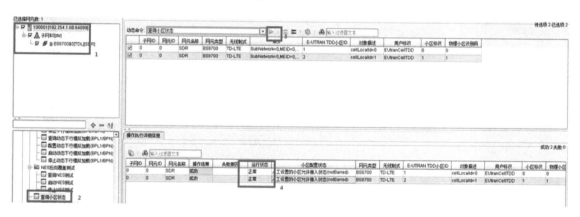

附图 41　验证小区运行状态

（2）手机 VOIP 电话验证

查看手机是否注册成功，并打开数据业务。附图 42 所示为注册成功。是否打开数据业务，可从手机信号上查看，附图 42 的手机信号为绿色时代表数据业务打开；若为普通的白色则未打开，需要手动进行数据业务开启。

ᗺᑏ ⁴ᴳ.ᵢₗₗ65% ▐ᴱᴰ▎ 晚上10:22

附图42 查看手机状态

启动 VOIP 语音客户端，如附图43所示。

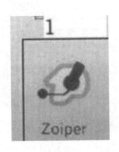

附图43 启动 VOIP 语音客户端

拨打电话：拨打内网号码，如888002。被叫摘机，可进入通话阶段。电话打通则验证完成。

2. FTP 下载验证

1）手机注册上网络，并打开数据业务。

2）打开并配置手机便携式热点，如附图44所示。

笔记本电脑连接上手机的便携式热点，如附图45所示。

附图44 打开便携式热点　　　　　附图45 电脑连接上手机的便携式热点

230

测试是否能 ping 通 FTP 服务器，如附图 46 所示。

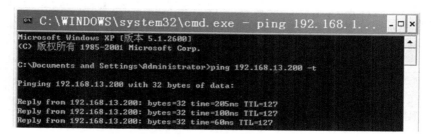

附图 46　ping 通 FTP 服务器

连接 FTP 服务器有三种方式。

（1）第一种方式

1）打开 IE 浏览器输入 ftp：//192. 168. 13. 200，如附图 47 所示。

附图 47　输入地址

2）输入 FTP 服务器用户名：zte123，密码：zte123456，如附图 48 所示。

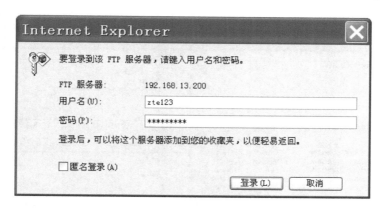

附图 48　输入账号密码

3）进入 FTP 根目录，可选取相关资源进行下载。如附图 49 所示。

附图 49　进入 FTP

（2）第二种方式

1）首先需要在连接手机热点的笔记本电脑上安装 FTP 应用客户端 FileZilla。打开该软件填写连接服务器相关信息，即主机：192.168.13.200；用户名：zte123；密码：zte123456；端口：无。如附图 50 所示。

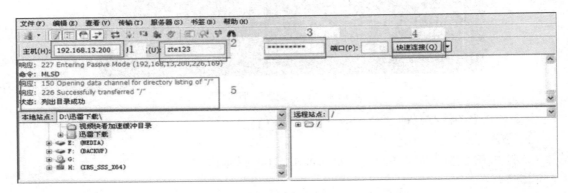

附图 50　连接客户端

2）客户端与服务器连接成功后，可进行相关文件、文档下载，如附图 51 所示。

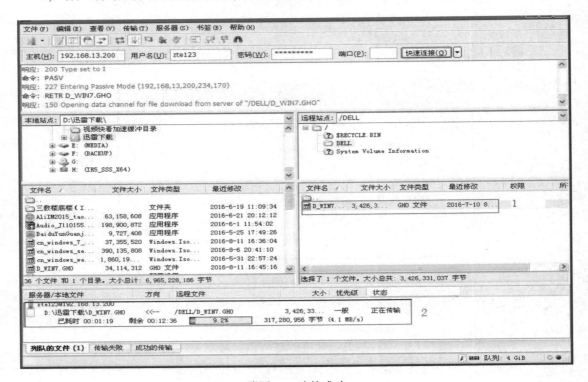

附图 51　连接成功

（3）第三种方式

1）手机注册上 4G 网络后，打开手机的 IE 浏览器，输入 FTP 服务器地址 http：//192.168.13.200，如附图 52 所示。

http://192.168.13.200
页面导航
新增网页
新增网页
新增网页

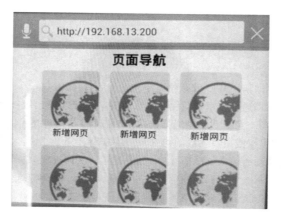

附图52　界面显示

2）进入FTP服务器的web页面，显示相关信息，如附图53所示。

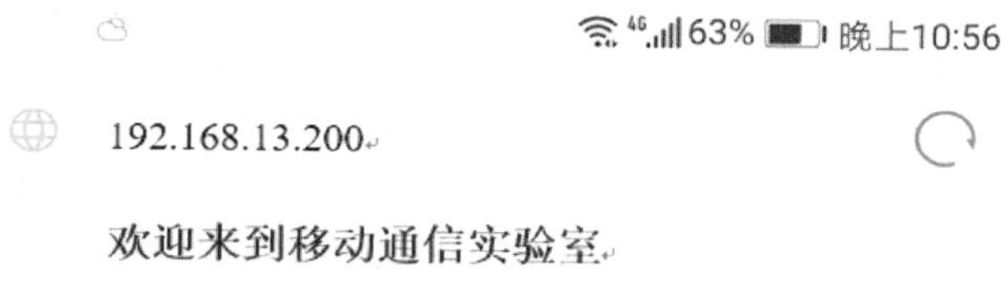
63% 晚上10:56
192.168.13.200
欢迎来到移动通信实验室

附图53　显示相关信息

至此，业务验证完毕。

参 考 文 献

［1］李兆玉，何维，等．移动通信［M］．北京：电子工业出版社，2017．

［2］杨东凯，修春娣．现代移动通信技术及应用［M］．北京：电子工业出版社，2013．

［3］董利，陈金鹰，刘世林，等．第五代移动通信初探［J］．通信与信息技术，2013（5）：30－34．

［4］达尔曼．4G 移动通信技术权威指南［M］．堵久辉，缪庆育，译．北京：人民邮电出版社，2012．

［5］任永刚，张亮．第五代移动通信系统展望［J］．信息通信，2014（8）：70－75．

［6］蔡跃明，吴启晖，田华，等．现代移动通信［M］．2 版．北京：机械工业出版社，2011．

［7］Dharma Prakash Agrawal．无线移动通信系统［M］．曾庆安，谭明新，译．北京：电子工业出版社，2016．

［8］曹达仲，侯春萍，由磊，等．移动通信原理、系统及技术［M］．2 版．北京：清华大学出版社，2011．

［9］霍龙社．演进的移动分组核心网架构和关键技术［M］．北京：机械工业出版社，2013．

［10］张盈唐，吴启程，等．4G 大变革：引领移动互联新时代［M］．北京：电子工业出版社，2015．

［11］何琳琳，杨大成．4G 移动通信系统的主要特点和关键技术［J］．移动通信，2004（2）．

［12］袁晓超．4G 通信系统关键技术浅析［J］．中国无线电，2005（12）．

［13］葛晓虎，赖槿峰，张武雄．5G 绿色移动通信网络［M］．北京：电子工业出版社，2017．

［14］魏红，游思琴．移动通信技术与系统应用［M］．北京：人民邮电出版社，2010．

［15］杨家玮，张文柱，李钊，等．移动通信［M］．北京：人民邮电出版社，2010．

［16］达尔曼，等．4G：LTE/LTE－Advanced 宽带移动通信技术（影印版）［M］．南京：东南大学出版社，2012．

［17］张玉艳，方莉．第三代移动通信［M］．北京：人民邮电出版社，2009．

［18］中兴通讯公司．CDMA 网络规化与优化［M］．2 版．北京：电子工业出版社，2005．

［19］彭小平．第一代到第五代移动通信的演进［J］．中国新通信，2007（4）：18－22．

［20］罗凌，焦元媛，陆冰，等．第三代移动通信技术与业务［M］．2 版．北京：人民邮电出版社，2007．

［21］杨明达．4G 通信技术热点及前景［C］．"ICT 助力两型社会建设"学术研讨会论文集，2008．

［22］杨云江，苏博，等．3G 网络与移动终端应用技术［M］．北京：清华大学出版社，2016．